선형대수학 그림 동화

R과 함께하는 벡터와 매트릭스 이야기

I Wonder by Sam

선형대수학 그림 동화

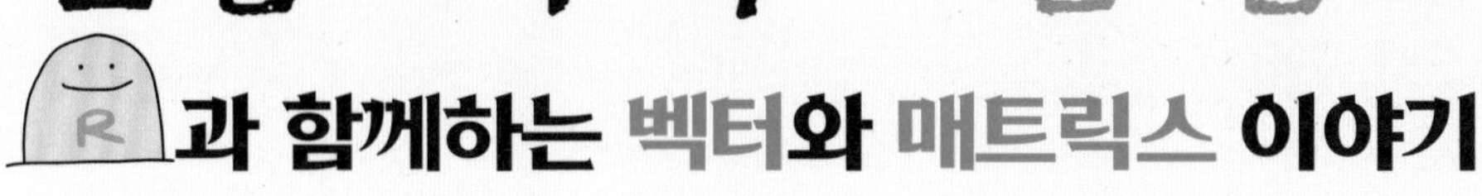

과 함께하는 벡터와 매트릭스 이야기

정구홍 지음

- 동화처럼 읽으며 배우는
- 데이터 과학 학습을 위한
- 필수 선형대수 이야기

카오스북
CHAOS BOOK

선형대수학 그림 동화

R과 함께하는 벡터와 매트릭스 이야기

발행일 2023년 2월 28일 초판 1쇄
저자 정구홍
발행인 오성준
발행처 카오스북
디자인 김재석

등록 제2020-000074호
주소 서울특별시 은평구 통일로73길 31
전화 02-3144-8755, 8756
팩스 02-3144-8757

사이트 www.chaosbook.co.kr
ISBN 979-11-87486-42-8 93410
정가 32,000원

지은이

정구홍

버클리대학교(UC Berkeley)에서 학사, 석사 그리고 박사학위를 받았다. 현재 캘리포니아 실리콘밸리에서 데이터 과학자로 재직 중이며, 버클리대학교 데이터 과학 석사 프로그램에서 데이터 과학 강의를 진행하고 있다.

이 책은 저자가 수년 동안 고려대학교, 계명대학교, 명지대학교, 서울대학교, 서울시립대학교, 카이스트, 그리고 버클리대학교에서 가르친 수업 및 대학원생들과 같이 진행한 연구를 토대로 구성되었다. 데이터 과학에 관심이 있지만 선형대수를 따로 체계적으로 공부할 기회가 없었던 대학생 및 대학원생, 그리고 실무자들에게 도움이 되었으면 하며, 수학에 관심이 많은 중고등학생들에게도 유용한 책이 될 것이라 생각한다.

추천사

머신러닝과 AI가 큰 관심을 받고 있지만 이를 처음 접하고 공부를 시작하는 사람들에게 가장 큰 장애물이 바로 선형대수일 것입니다. 배경 지식이 없는 이들에게, 이 책은 어렵고 복잡하게 느껴질 수 있는 내용을 친근하게 소개해야 한다는 매우 어려운 과제에 대한 해답을 보여 줍니다. 귀엽고 친근한 캐릭터들이 들려 주는 이야기를 따라가다 보면 어느덧 멀게만 느껴졌던 선형대수라는 산속을 즐겁게 산책하는 자신을 발견할 수 있을 것입니다.

강승모 | 고려대학교 건축사회환경공학부 교수

이 책은 데이터 과학과 최적화 문제를 풀기 위해 필수적으로 알아야 할 선형대수를 만화 형식과 동화 같은 이야기로 쉽게 알려 줍니다. 처음 책을 펼쳐 보고 수학책이 이렇게 쉽게 읽힐 수 있다는 사실과 수학책이 친근하게 다가올 수도 있구나 하는 경험에 놀랐습니다. 만화 캐릭터와 함께 R로 실습하는 코드를 따라가다 보면 기초부터 응용까지 누구나 차근차근 이해할 수 있습니다. 선형대수를 배우고 싶고 배워야 하지만 수학에 대한 거부감과 어려움을 느끼는 모든 학생들에게 추천합니다.

권오훈 | 계명대학교 공과대학 교통공학전공 교수

선형대수는 최근 각광받고 있는 머신러닝 개발자의 필수 학문 중 하나입니다. 선형대수의 기본 개념인 벡터, 행렬, 그리고 선형 변환 같은 다소 추상적 내용을 이해하기 위해서는 대수학의 많은 기초 개념을 필요로 합니다. 이 책은 이러한 기초 개념을 재미있는 캐릭터들과 그래프를 통해 쉽게 이해할 수 있도록 구성되었습니다. 선형대수의 기본 개념에 보다 쉽게 접근하고자 하는 독자들에게 적극 추천하며, 대학 선형대수 과정의 주교재 및 보조 교재로 적극 추천합니다.

김남석 | 충북대학교 정보통신공학부 교수

데이터 과학에 필수적인 선형대수는 그 중요성 만큼 많은 교재들과 교육 자료들이 발간되어 있습니다. 각각의 책들이 다루는 범위와 수준 또한 다양하여 어떤 부분을 중점적으로 공부할 것인지 고민된다는 얘기들을 많이 듣습니다. 이때 제가 학생들에게 강조하는 부분은 개념의 정의와 개념 간 관계의 이해입니다. 그런 점에서 이 책은 선형대수의 기초 개념 이해에 큰 도움이 됩니다. R을 통해 풀어 볼 수 있는 예제 또한 친절하게 덧붙어 있는 이 책을 데이터 과학 분야에 첫 발을 내딛는 독자들을 위한 기본 교재로 적극 추천합니다.

김동규 | 서울대학교 건설환경공학부 교수

쉽게 써진 책이지만, 선형대수 전반을 명료하게 설명하는 저자의 내공이 느껴지는 책입니다. 이 책으로 대학 수학의 첫걸음을 뗄 많은 학생들이 우리 사회에 어떤 변화를 만들어 갈지 궁금합니다.

김현명 | 명지대학교 교통공학과 교수

이 책은 선형대수를 처음 공부하는 학생뿐 아니라 머신러닝을 다루는 데이터 전문가에게 기초적이고 필수적인 수학 지식을 만화를 통해 쉽게 전달합니다. 저자는 오픈소스 기반 통계 연산 및 시각화 언어인 R 소스 코드를 제공함으로써 이론 학습의 놀이 환경을 충분하게 제공합니다.

남대식 | 인하대학교 물류전문대학원 아태물류학부 교수

어렵게 느껴지던 선형대수 개념들을 시각적으로 접할 수 있기 때문에, 데이터 구조와 수학적 개념 이해에 무척 도움이 됩니다. 저 또한 이 책을 강의 보조 교재로 채택하여 머신러닝, 딥러닝의 기초 개념 정립에 활용할 예정입니다.

박민주 | 한남대학교 빅데이터응용학과 교수

누군가 내게 "지인들 중 가장 외계인 같은 사람이 있다면 누구인가요?"라고 묻는다면 주저없이 이 책의 저자 '구홍이 형'이라고 대답할 것입니다. 예나 지금이나 나는 늘상 바쁘다는 말을 입에 달고 사는데, 돌이켜 보면 이 책의 저자 구홍 형으로부터 "바쁘다"는 말을 들은 기억이 전혀 없습니다. 그런데도 형이 지나온 시간 뒤로는 본업인 연구와 강의를 넘어 각종 요리, 악기 연주, 운동 등 다방면에 걸친 성과들이 즐비합니다. 그것도 가사와 육아를 열심히 분담하며 가정의 평화까지 일구어 낸 형은 그 모든 활동과 성과를 전혀 바쁜 티 내지 않으며 이루어 낸 것입니다. 오래전 어느 일본 만화가가 그린 회귀분석 만화 교재의 번역본을 통해 쉽게 개념을 익혔던 적이 있었는데, 어렵게만 느껴지는 선형대수를 쉽고 재미있게 그려 낸 한국판 만화 교재의 출간이 무척 반갑고, 또 그 책의 저자가 다른 누구도 아닌 구홍 형이라는 사실이 너무나 자랑스럽습니다. 이 땅의 수많은 공학도들이 이 책을 통해 이론을 쉽게 이

해하고, 더불어 구홍 형만의 화법에서 드러나는 여유와 위트를 즐기게 되길 바랍니다.

박신형 | 서울시립대학교 교통공학과 교수

몇 해 전 정구홍 박사님으로부터 이 책에 대한 아이디어를 듣고는 반신반의했습니다. 대학교에서 처음 선형대수를 배웠을 때의 어려웠던 기억과 더불어 과연 얼마나 쉽게 설명이 가능할까 하는 생각이 들었기 때문입니다. 수학은 우리가 사는 세상을 낯선 체계와 언어로 만들어 놓은 것이기에 언제나 어렵게 느껴질 수밖에 없고, 그중에서도 선형대수는 눈에 보이지 않는 좀 더 낯선 체계를 다루기에 더욱 더 그렇다고 할 수 있습니다. 이 책의 저자 정구홍 박사님은 언제나 새로운 도전을 하는 사람입니다. 그리고 그 도전의 중심에는 항상 주위 사람들을 위한 배려가 있습니다. 이 책은 그런 측면에서 그분이 이웃과 살아가는 방식을 잘 보여 준다고 할 수 있습니다. 이 책을 통해 수많은 이들이 선형대수라는 어려운 내용을 쉽게 배울 수 있길, 더불어 생각하는 방법과 생각을 전하는 방법을 익힐 수 있길 기대합니다. 중학생부터 대학원생들까지 많은 분들에게 이 책을 추천합니다.

여화수 | 카이스트 건설 및 환경공학과 교수

이 책은 그동안 딱딱하게 느껴질 수밖에 없었던 행렬 및 벡터의 개념과 연산을 R을 이용하여 생동감 있게 설명하고 있습니다. 변환하고 회전하는 벡터와 매트릭스들의 춤의 결과물로 데이터 및 계량 분석에 필수적인 선형대수를 설명하면서 이 분야에 대한 저자 나름의 깊은 사고와 지식을 보여 주고 있습니다. 데이터 및 계량 분석을 위해 행렬과 벡터가 왜 필요하며 어떠한 문제를 해결할 수 있을까에 대한 해답을 재미있고 쉽게 알고 싶은 연구자에게는 필독서가 될 수밖에 없을 것입니다.

김강수 | 한국개발연구원 선임 연구원

빅데이터와 AI가 전 세계적 화두로 떠오르며, 이를 이루는 기본 언어인 선형대수의 중요성이 점점 높아지고 있습니다. 허나, 그 중요성에도 불구하고 교과서를 펼치면 두통이 먼저 찾아드는 사람들이 많을 것입니다. 실리콘밸리 한복판에서 데이터 과학자로 일하며 버클리대학교와 대한민국의 여러 대학에서 선형대수를 가르치고 있는 저자가 데이터 전문가의 시점에서 편하게 선형대수를 즐길 수 있게 만든 책이 세상에 나왔다는 사실이 얼마나 회소식인지 모르겠습니다. 이 책을 읽고 나면 교과서와 논문에 딱딱하게 쓰여진 행렬과 벡터가 춤을 추는 사랑스러운 캐릭터로 보이는 마법을 경험하게 될 것입니다.

이진우 | 카이스트 조천식녹색교통대학원 교수

어렵게 배운 수학 지식을 공학에 응용할 때 대부분은 개념적 이해가 부족하여 또 한 번 어려움을 겪곤 합니다. 저자가 그림과 이야기로 풀어 쓴 이 책은 공학도들이 선형대수의 기본 개념을 더 잘 이해하고 활용하는 데 큰 도움이 되리라 확신합니다. 지하철에서도 틈틈이 읽을 수 있을 정도로 부담이 없기에 더욱 특별하다고 생각됩니다.

이청원 | 서울대학교 건설환경공학부 교수

정구홍 박사는 만화 주인공 같은 석학입니다. 평소 요리를 즐겨 하는 저자는 버클리대학교 공학박사로서 국내외 후학들을 지도하고 있기도 합니다. 창의적 사고 방식을 가진 저자가 첫 작품으로 공학도와 데이터 과학자들을 위해 전혀 새로운 방식의 책을 만들었습니다. 데이터 분석의 기본이지만 이해가 쉽지 않은 선형대수라는 학문을 조그만 캐릭터들과 함께 따라가다 보면 쉽고 재미있게 익힐 수 있을 것입니다. 디지털 트랜스포메이션 시대에 데이터 분석을 공부하고자 하는 독자들에게 만화 같은 교과서로 적극 추천합니다.

임규건 | 한국지능정보시스템학회 회장, 한양대학교 경영대학 교수

정구홍 박사는 나의 오랜 은인이자 선배 그리고 친한 형입니다. 그런 형이 교수 생활만 10년을 한 저에게 직접 그린 만화 한 편을 보내 주며 추천사를 부탁했습니다. 선형대수를 만화로 그리다니…. 처음에는 적잖이 당황했지만 부탁 받은 서평을 쓰기 위해 열심히 읽다 보니 오래전 형이 대학원 1년차였던 제게 교통공학을 설명해 주던 때의 추억이 떠올랐습니다. 이 만화는 그때 제게 설명했던 그 방식 그대로 얘기하는 선형대수 그림 동화책입니다. 책을 다 읽었을 때는 마치 한 학기를 마치는 날의 느낌이 들 정도로 잘 만들어진 책이라 생각했습니다. 제게는 책과 함께 옛 추억도 더불어 선물받은 느낌이었습니다. 선형대수를 배워야 하는 독자들에게 이 책을 적극 추천하며 이 책이 학습자 모두에 대한 응원이 되길 기대합니다.

장기태 | 카이스트 조천식녹색교통대학원 교수

책의 출간을 진심으로 축하합니다. 선형대수는 이공계열 학생들에게 필수 과목으로, 특히 4차 산업혁명 관련 디지털 역량의 기초를 강화하는 중요한 학문입니다. 이 책은 대학생 혹은 대학원생들이 알아야 하는 선형대수의 기본 이론을 만화의 형식과 동화 같은 구성으로 누구나 쉽게 이해할 수 있게 설명한 주옥 같은 교과서, 아니 동화책이라 생각합니다. 이 책이 앞으로 많은 학생들에게 좋은 길잡이가 될 수 있기를 기대합니다.

황태성 | 인하대학교 아태물류학부 교수

이야기를 시작하기 전에

안녕하세요? 제 이름은 쌤입니다.

옛날에 어떤 왕이 가장 용감하고 무술이 뛰어난 휘하 장군들에게 눈에 안대를 씌우고 코끼리를 만져 보게 한 후, 무엇인 것 같은지 얘기해 보라 했더니

"이게 무엇인가?"

다리를 만진 장군은 "코끼리는 기둥 같습니다" 하였고, 꼬리를 만진 장군은 "뱀 같습니다" 했다고 합니다.

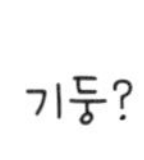

지금부터 그 크기가 얼마나 방대한지 알 수 없지만

제가 공부를 하면서 알게 된 수학이라는 코끼리의 작은 한 부분에 대한 이야기를 여러분들과 나누려 합니다. 그리고 그 첫 번째 주제를 **선형대수학**(Linear Algebra)으로 정했습니다.

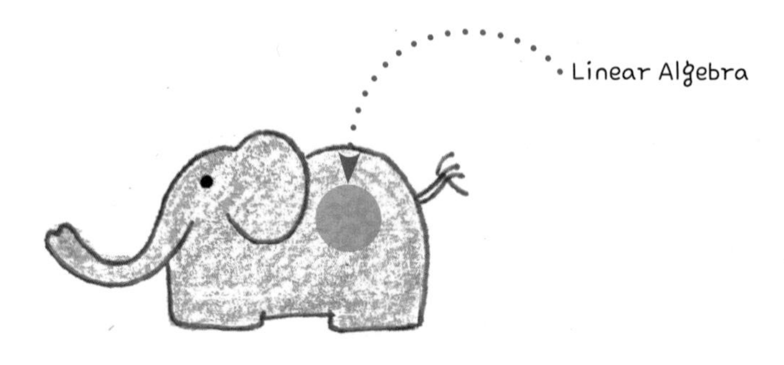

그 이유는 많은 사람들이 이공계 대학 또는 대학원 과정 중 가장 중요한 과목 중 하나라 생각하고,

특히 최근 들어 우리 일상에 가장 영향을 미치는 **데이터 과학**(Data Science)에 관심 있는 사람이라면 반드시 알아야 하는 주제일 뿐 아니라

개인적으로는 제게 늘 긍정적으로 생각할 수 있게 만들어 준, 사랑하는 주제이기 때문입니다.

어느 유명한 만화가의 말에 전적으로 동감하기에

유명 만화가

"만화는 재미가 우선이다!"

"와~, 유명 만화가다!"

최대한 재미 있게 이야기해 보려고 준비했습니다.

가... 감동도 함께 드리려 노력했습니다.

제가 준비한 이야기는 동화와 만화책, 그리고 선형대수학 교재의 교차 지점에서 만나는 형식입니다.

이야기의 주인공인 **벡터**(vector)와 **매트릭스**(matrix)는 이렇게 생겼으며

"안녕하세요, 나는 벡터 브이 원입니다."

"안녕하세요, 나는 매트릭스 A입니다."

자신들만의 언어가 있으며, 춤 추기를 즐깁니다.

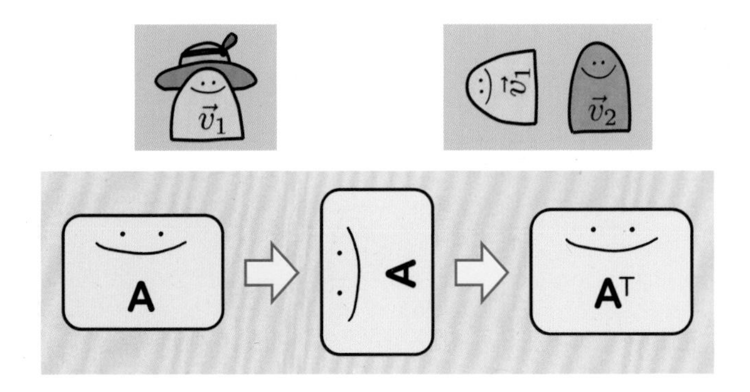

이들이 추는 춤은 특별한 의미가 있으며, 이 춤들의 결과물은 다른 벡터가 있는 목적지로 안내하는 지도를 만들고

서로에게 하고 싶은 중요한 이야기를 전하는 방법이기도 합니다.

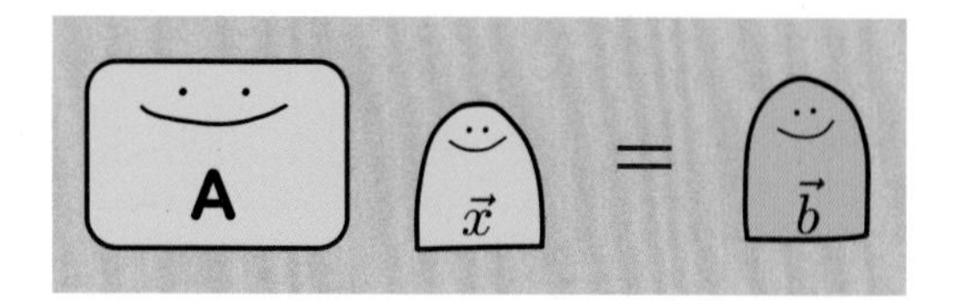

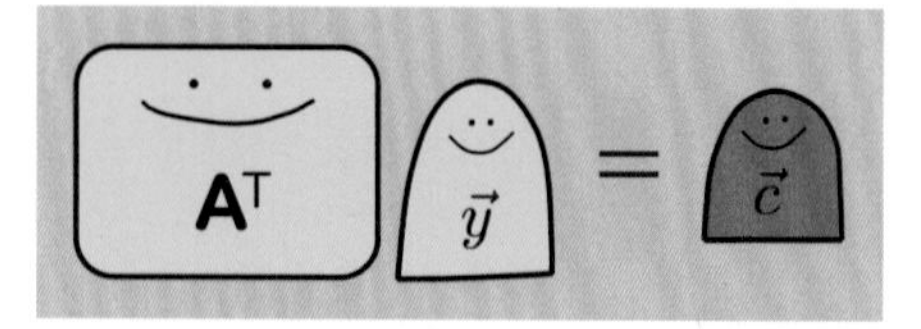

더불어 저를 도와 이야기를 진행할 R을 소개하겠습니다.

"R이다!."

함께 이야기를 이끌어 갈 R은 매트릭스와 벡터들이 추는 춤의 결과물을 알려 주고, 지도를 만드는 데 도움을 줄 것입니다.

아래와 같이 파란색 테두리 상자 속에 표기된 방식으로 R에게 매트릭스나 벡터들에 대한 정보와 그들이 추는 춤의 결과물을 물어 보면 R이 친절하게 알려 줄 것입니다.

```
Rank(A)
```

2

지도 만드는 사람들이 R에게 이야기를 거는 방식은 몇 가지 있습니다. 저는 그중 Jupyter notebook이라는 도구를 통해 R에게 이야기할 것입니다.

여러분도 https://jupyter.org/에서 R을 활용할 수 있는 Jupyter notebook을 이용해 책에서 제가 R과 하는 대화를 직접 시도해 보길 바랍니다.

그리고, 이 책에 나온 모든 R 코드와 이 책에 나온 내용을 바탕으로 수업하실 분들을 위해 강의 노트를 아래 사이트에 올려 두었습니다. 강의 노트는 주기적으로 업데이트할 계획입니다.

https://github.com/koohong/I-wonder-by-Sam

책 속에서 제가 하고자 하는 이야기의 주된 흐름은 다음과 같습니다. 먼저 벡터들의 실제 모습을 이렇게 보여드리고

R은 그들을 어떻게 표현하는지

```
v1 <- matrix(c(1,-1), nrow = 2)
print(v1)
```

$$\begin{bmatrix} 1 \\ -1 \end{bmatrix}$$

또 지도 만드는 사람들은 어떻게 표현하는지 보이면서 제 이야기를 이어갑니다.

$$\vec{v}_1 = \begin{bmatrix} 1 \\ -1 \end{bmatrix}$$

지도 만들기를 시작하기 전에, 앞서 얘기한 매트릭스와 벡터의 표현, R의 표현, 그리고 지도 만드는 사람들의 표현, 이렇게 세 가지 표현에 익숙해질 수 있도록 자세히 설명하고, R과 함께 연습 문제도 풀어 볼 계획입니다.

더불어 벡터와 매트릭스들의 홍미로운 습성과

그들이 사는 **스페이스**(space)에 대해 자세하게 이야기를 이어갈 것입니다.

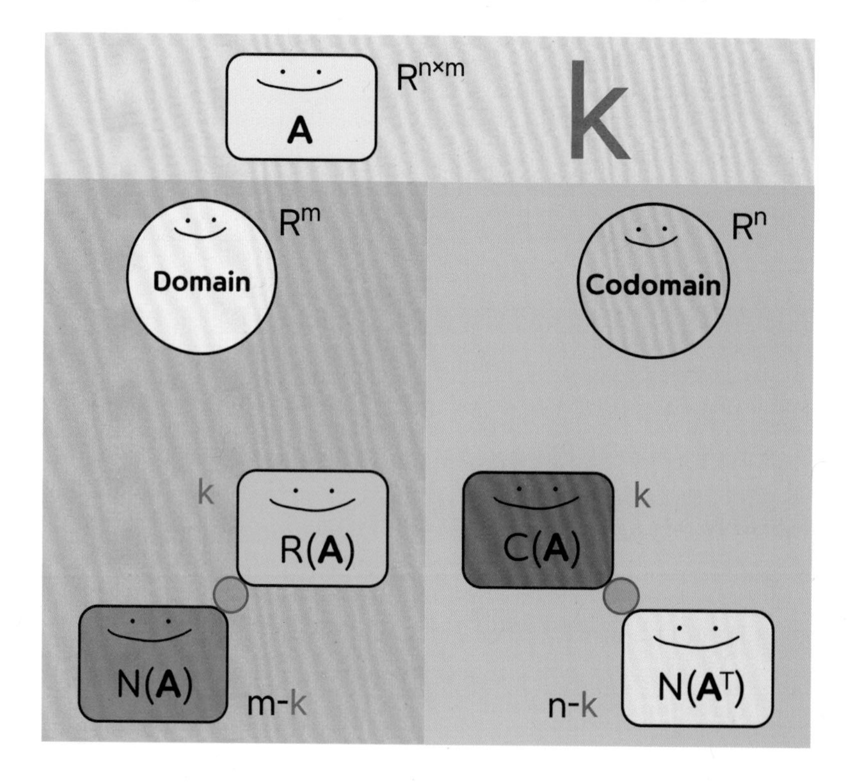

[source: Gilbert Strang]

위의 과정에 익숙해질 수 있도록 R과 함께 하는 연습 문제들을 여러 개 준비하였습니다.

연습 문제들을 통해 매트릭스와 벡터로 지도를 만들기 위해 꼭 알아야 할 중요한 내용에 대하여 이야기할 예정이므로

지도 만들기 전문가가 되려면 책 속에서 제가 하는 R과의 대화법은 이야기 도중이나 이야기를 다 들은 후 반드시 직접 시도해 보아야 합니다.

선형대수학을 반드시 알아야 할 이공계 대학 또는 대학원생을 위해,

또한 선형대수학을 배워야 할 이유가 있어 이제 처음 시작하는 독자들을 위해 최선을 다해 재미있게 이야기를 준비했습니다.

세상에서 가장 재미있고 감동적이며 유익한 선형대수 동화책이 될 수 있기 바라면서요!

가..가능할까요?

이 책에서 이렇게 파란색 글자는 제 이야기 속에만 등장하는 내용이나 제가 강조하고 싶은 내용입니다.

이렇게 **두꺼운 글자(볼드체)**는 지도를 만들 때 알아야 하는 단어를 처음 소개할 때 사용하였고, 한국어 책이니 만큼 영문 용어는 한글 표기 기준에 따라 한글 발음을 표기하고 그 옆에 영문으로 표기해 두었습니다.

매트릭스(matrix), 이런 식으로 말이에요.

굳이 영문 용어를 한글 용어로 번역하지 않고 영문 발음 그대로 표기한 이유는, 제가 아는 벡터와 매트릭스들이 자신들의 언어와 영어를 섞어 쓰기 때문입니다.

그뿐 아니라 이야기를 도와 줄 R도 자신의 언어와 영어를 섞어 씁니다.

정말입니다~.

이야기 도중에도 영문으로 나오는 용어들에 대해 설명하겠지만, 정확한 한국어 용어가 궁금한 독자들은 아래 **대한수학회** 웹페이지 방문을 추천합니다.

http://www.kms.kr.kr/mathdict/list.html

제 이야기에 나오는 벡터와 매트릭스 관련 일부 용어는 또 책 뒤에 따로 정리해 두었습니다. 이야기를 읽는 도중에도 쉽게 찾아 볼 수 있게 말이에요.

준비한 여러 이야기 중 아래와 같이 코끼리가 먼저 등장한 후 이어지는 이야기는

매트릭스와 벡터로 지도 만드는 법을 처음 배우는 독자들에게는 쉽지 않은 이야기일 수도 있습니다.

하지만, 지도 만드는 사람들이라면 꼭 알아야 할 내용이니, 조금 더 관심을 가지고 두 번 세 번 읽어 보기를 바랍니다.

제가 준비한 이야기가 이제 막 선형대수 공부를 시작한 독자들의이해를 보다 쉽게 하고,

또 어떤 분들에게는 흥미로운 이야깃거리로,

일상에서 데이터 과학에 관심이 있지만 따로 선형대수학을 공부할 시간이 부족한 독자들에게는 유용한 정보로,

만화가 귀여워 방심하고 재미 있게 읽기 시작하다 마침내 선형대수와 선형 프로그래밍까지 흥미를 가지고 나아가게 될 중고등학생들에게는 수학에 관심을 두게 되는 계기로,

그리고 누군가에게는 작은 응원의 메시지가 되기를 바라며 제 이야기를 시작하겠습니다.

I wonder by Sam.

Sam 드림

차례

1

벡터들의 세계 들어가기

Welcome to Vector's World!
$\vec{v}_1$
$\vec{v}_2$
$\vec{v}_3$
$\vec{x}$
$\vec{b}$
$\vec{0}$
$\vec{r}_1$
$\vec{r}_2$

1.1 벡터가 움직일 수 있는 방향에 대하여

우리가 할 이야기의 주인공 벡터(vector)는 그들의 세계에서는 실제 이렇게 생겼습니다.

그들은 화살표(→)를 머리에 써서 자신이 **벡터**라는 정체를 드러내고, 화살표 아래 자신의 이름 '브이 원($\vec{v}_1$)'을 적어 자기를 소개합니다.

"안녕하세요, 벡터 브이 원입니다."

이렇게 생긴 벡터가 우리와 같이 지도 만드는 사람의 눈에는 아래와 같이 보이고

$$\vec{v}_1 = \begin{bmatrix} 1 \\ -1 \end{bmatrix}$$

R은 다음과 같이 표현합니다.

```
v1 <-matrix(c(1,-1), nrow =2))
print(v1)
```

$$\begin{bmatrix} 1 \\ -1 \end{bmatrix}$$

벡터는 그들 언어로 여러 개의 숫자를 한 줄로 품을 수 있는 존재라는 뜻이며, 숫자들을 가로로 품었는지, 세로로 품었는지에 따라 **로우 벡터**(row vector)와 **컬럼 벡터**(column vector)로 나뉩니다.

"안녕하세요, 벡터 브이 원입니다.
저는 컬럼 벡터입니다."

$$\vec{v}_1 = \begin{bmatrix} 3 \\ 4 \end{bmatrix}$$

$$\vec{r}_1 = \begin{bmatrix} 1 & -1 & 3 \end{bmatrix}$$

"안녕하세요, 벡터 알 원입니다.
저는 로우 벡터예요."

위의 두 벡터를 R은 다음과 같이 표현합니다.

```
v1 <- matrix(c(3,4), nrow = 2)
```

```
print(v1 )
```

$$\begin{bmatrix} 3 \\ 4 \end{bmatrix}$$

```
r1 <- matrix(c(1,-1,3),nrow=1)
```

```
print(r1 )
```

$$\begin{bmatrix} 1 & -1 & 3 \end{bmatrix}$$

사실, 지도 만드는 사람에게 벡터가 로우 벡터(row vector)인지 컬럼 벡터(column vector)인지보다 더 중요하고 필요한 정보는 **벡터의 사이즈**(size of vector)입니다.

벡터의 사이즈는 **벡터 안에 품은 숫자의 개수**를 알려 주는 정보로서 벡터들끼리 춤을 출 때 짝을 찾아 주는 중요한 기준이 됩니다.

아래 두 벡터 $\vec{v}_1$과 $\vec{r}_1$의 **사이즈**는 각각 2와 3입니다.

$$\vec{v}_1 = \begin{bmatrix} 3 \\ 4 \end{bmatrix}$$

"나의 사이즈는 2입니다."

$$\vec{r}_1 = \begin{bmatrix} 1 & -1 & 3 \end{bmatrix}$$

"나의 사이즈는 3입니다."

사람들이 모임에서 처음 만나면 자기소개하듯, 벡터들도 만나면 먼저 자기소개를 합니다. 벡터들이 자기소개를 할 때는 ① 자신이 움직일 수 있는 방향, ② 자신이 볼 수 있는 방향, 그리고 ③ 자기의 걸음 크기에 대하여 이야기합니다.

그리고 사이즈가 같은 벡터끼리 자기소개할 때는 항상 $\vec{0}$(벡터 제로)를 기준으로 소개합니다. $\vec{0}$는 모든 벡터들의 기준이 되는, 그들 세계에서 가장 유명한 벡터입니다. 너무도 유명해서 $\vec{0}$를 부르는 특별한 애칭도 있답니다.

"나, 벡터 제로예요."

"하이, 널(Null)!"

벡터들은 $\vec{0}$를 Null(널)이라는 애칭으로 부르는데, 그 말은 벡터들의 언어로 다시 시작할 수 있는 곳이란 뜻입니다.

이제 벡터들이 사는 세계에서 벡터끼리 만났을 때 하는 중요한 자기소개 세 가지 중 하나인 벡터가 움직일 수 있는 방향에 대해 이야기하겠습니다.

벡터들이 움직일 수 있는 방향은 각자의 사이즈에 상관없이 두 방향밖에 없는데, 벡터의 사이즈가 2일 때는 벡터가 움직일 수 있는 방향을 다음 그림과 같이 $\vec{0}$를 기준으로 표현할 수 있습니다.

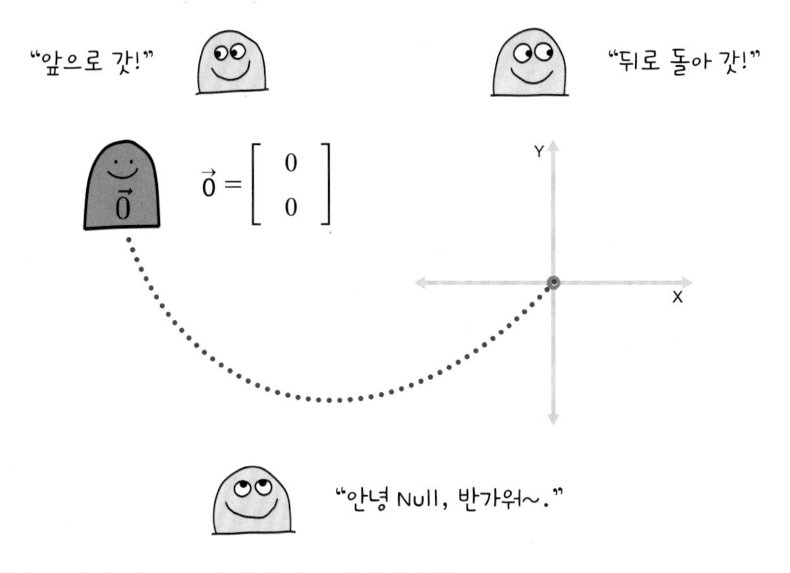

위 지도에서 보라색 점(●)은 $\vec{0}$의 위치를 나타냅니다.

다음 그림에서 $\vec{0}$와 $\vec{v}_1$을 이어 주는 파란색 화살표(⟶)는 벡터가 움직일 수 있는 두 방향 중 한 방향을 가리킵니다.

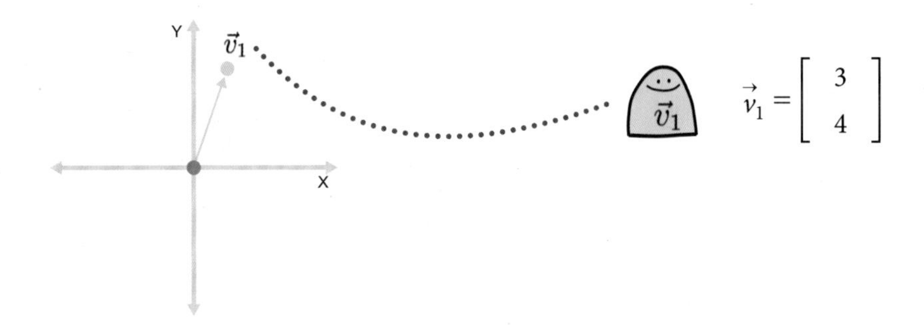

위 그림에 파란색 화살표로 나타낸 방향을 $\vec{v}_1$의 **방향**(direction of $\vec{v}_1$)이라 하고 지도 만드는 사람들은 다음과 같이 표현합니다.

$\vec{v}_1$이 움직일 수 있는 두 번째 방향을 알아 볼까요?

다음 지도의 $\vec{v}_1$에서 $\vec{0}$로 향한 주황색 화살표(→)가 $\vec{v}_1$이 움직일 수 있는 두 번째 방향입니다.

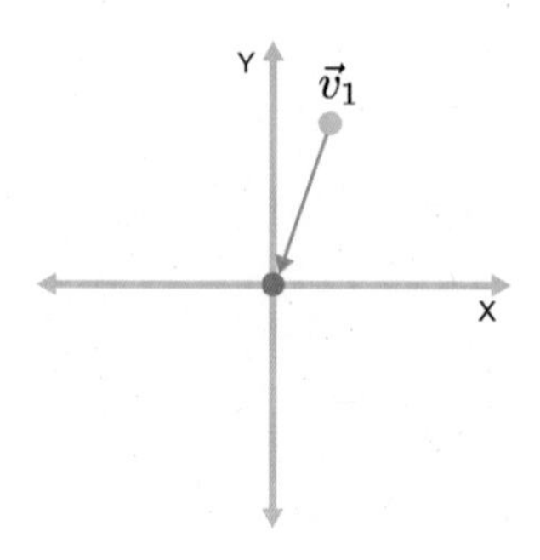

지도에 주황색 화살표로 나타낸 방향을 $\vec{v}_1$의 **반대 방향**(역방향 opposite direction of $\vec{v}_1$)이라 하고 지도 만드는 사람들은 다음과 같이 표현합니다.

"$\vec{v}_1$의 앞에 -(마이너스)가 있습니다!"

$\vec{v}_1$이 움직일 수 있는 두 방향을 모두 나타내면 아래 지도의 점선 화살표와 같습니다.

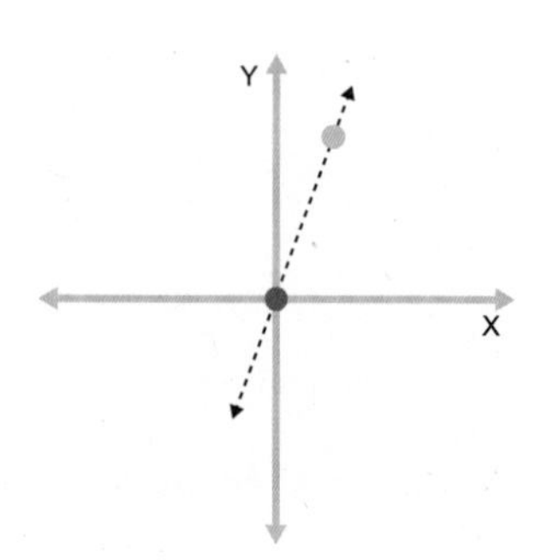

벡터의 사이즈가 2나 3인 경우는 위에서와 같이 벡터가 움직이는 방향을 지도로 표현할 수 있지만 사이즈가 4 이상 되면 벡터의 움직이는 방향을 그림으로 표현할 수 없습니다.

하지만 다행히 벡터는 그 사이즈가 4 이상이 되어도 움직일 수 있는 방향은 항상 두 방향밖에 없으므로 지도 만드는 사람들은 앞서 얘기한 대로 다음과 같이 간편하고 쉽게 표현할 수 있는 것이죠.

벡터의 방향에 익숙해지기 위해 연습 문제를 준비했습니다.

♣♣♣♣♣♣♣♣♣♣♣♣

[연습 문제]

다음 벡터들의 역방향(opposite direction)을 표시해 보세요.

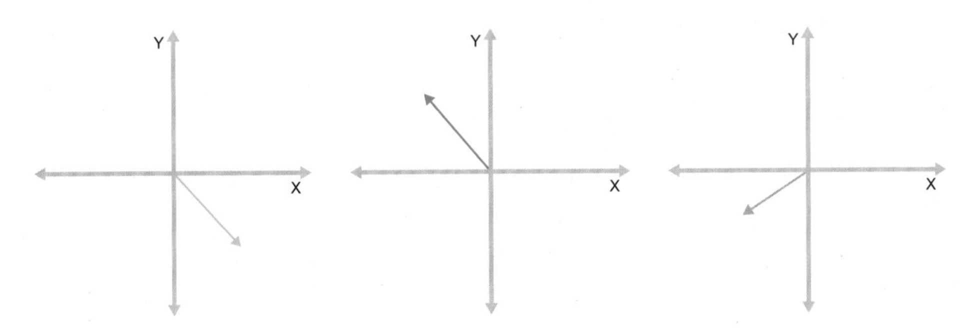

정답은 다음과 같습니다.

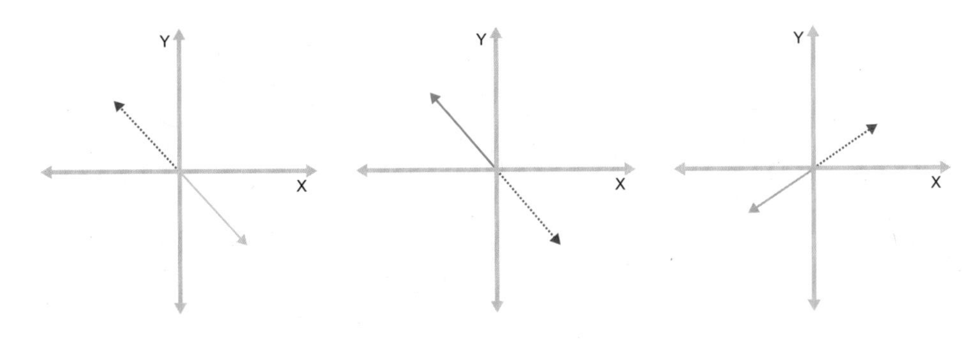

♣♣♣♣♣♣♣♣♣♣♣♣♣♣♣♣♣♣♣♣♣♣♣♣♣♣♣♣

벡터들은 자신들이 움직일 수 있는 방향으로만 걸어 다닐 수 있는데 이렇게 벡터가 걸어 다니는 곳을 그 벡터의 **서브스페이스**(subspace)라고 합니다.

서브스페이스에 대해 이야기할 때는 항상 누구의 서브스페이스인지도 같이 이야기합니다.

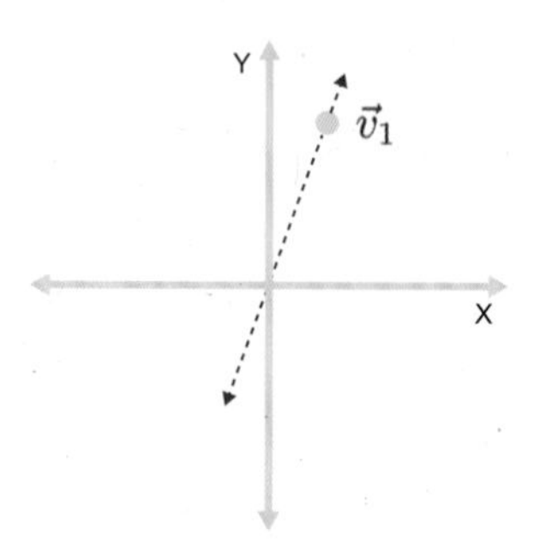

"$\vec{v}_1$이 걸어 다니는 길은 $\vec{v}_1$의 서브스페이스입니다."

위 그림의 검정색 점선 화살표는 **$\vec{v}_1$의 서브스페이스**(벡터 브이 원의 서브스페이스)로, 그들 세계에서는 $\vec{v}_1$이 걸어 다니는 길이란 의미입니다.

벡터들끼리 자신의 서브스페이스를 걸어 다니다 종종 다른 벡터를 만나기도 합니다. 이렇게 자신의 서브스페이스에서 만나는 벡터들을 서로 **디펜던트(dependent)한 벡터**들이라고 하는데, 이 말은 같은 서브스페이스에 속한 이웃 같은 벡터라는 뜻입니다.

다음 그림에서 두 벡터 $\vec{v}_1$과 $\vec{v}_2$는 움직일 수 있는 방향이 같으므로 항상 같은 서브스페이스를 걸어 다닐 것입니다.

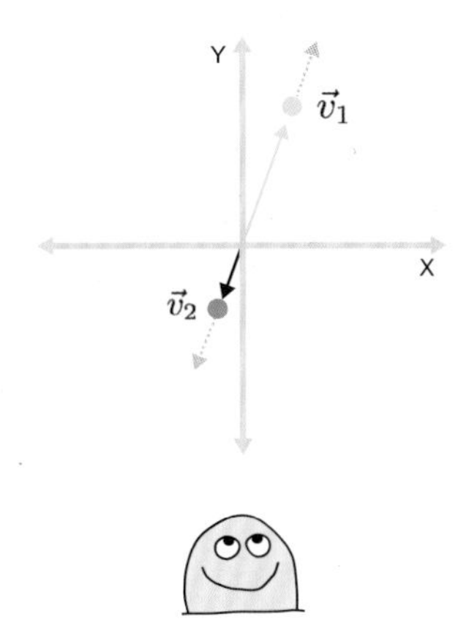

$\vec{v}_1$은 $\vec{v}_2$의 서브스페이스 안에 있고, $\vec{v}_2$는 $\vec{v}_1$의 서브스페이스 안에 있습니다. $\vec{v}_1$과 $\vec{v}_2$가 **디펜던트**(dependent)하다는 것은 서로 걸어 다니는 길이 같다는 것을 의미합니다.

$\vec{v}_2$와 $\vec{v}_1$이 다음과 같은 숫자를 포함하는 벡터일 때,

$$\vec{v}_2 = \begin{bmatrix} -1.5 \\ -2.0 \end{bmatrix} \qquad \vec{v}_1 = \begin{bmatrix} 3 \\ 4 \end{bmatrix}$$

지도 만드는 사람들은 다음과 같이 표현하고, $\vec{v}_2$는 $-\vec{v}_2$의 방향으로 2걸음 가면 $\vec{v}_1$을 만날 수 있다고 이야기합니다.

$$-2\vec{v}_2 = \vec{v}_1$$

$\vec{v}_2$ 앞에 붙은 숫자 '-2'는 $\vec{v}_2$가 걸어간 방향과 걸음 수를 알려 주는 역할을 하는데

이렇게 벡터들이 가야 할 걸음 수를 벡터들의 **리니어 컴비네이션**(linear combination)이라고 합니다.

$$-2\vec{v}_2 = \vec{v}_1$$

위의 지도를 R은 다음과 같이 표현합니다.

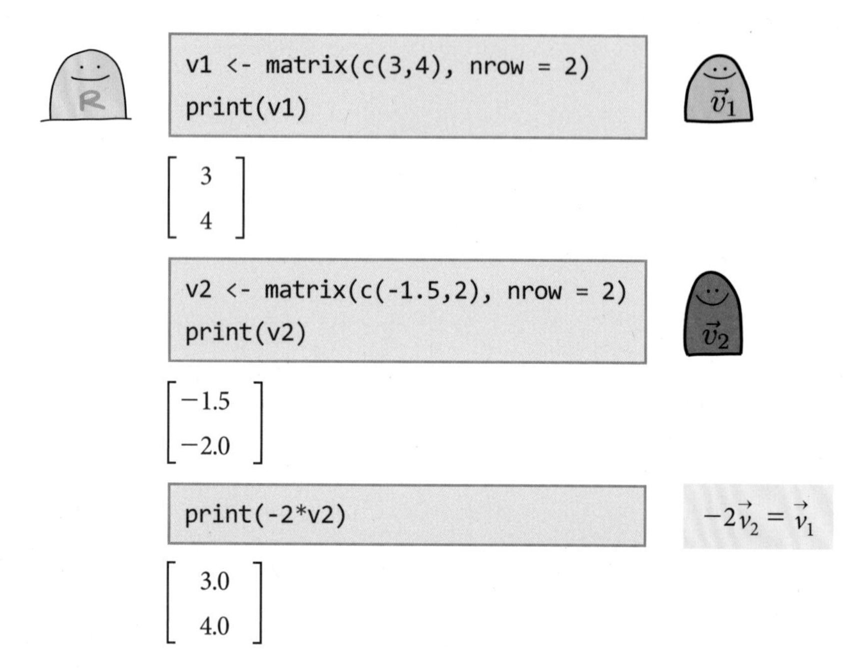


```
v1 <- matrix(c(3,4), nrow = 2)
print(v1)
```

$$\begin{bmatrix} 3 \\ 4 \end{bmatrix}$$

```
v2 <- matrix(c(-1.5,2), nrow = 2)
print(v2)
```

$$\begin{bmatrix} -1.5 \\ -2.0 \end{bmatrix}$$

```
print(-2*v2)
```

$$-2\vec{v}_2 = \vec{v}_1$$

$$\begin{bmatrix} 3.0 \\ 4.0 \end{bmatrix}$$

벡터들의 리니어 컴비네이션을 사용해 지도를 표현하는 데 익숙해지도록 연습 문제를 준비했습니다.

♣♣♣♣♣♣♣♣♣♣♣♣♣

[연습 문제]

첫 번째 연습 문제입니다.

아래 그림의 벡터들을 참조하여 (a), (b), (c) 각 벡터의 리니어 컴비네이션을 표현해 보세요.

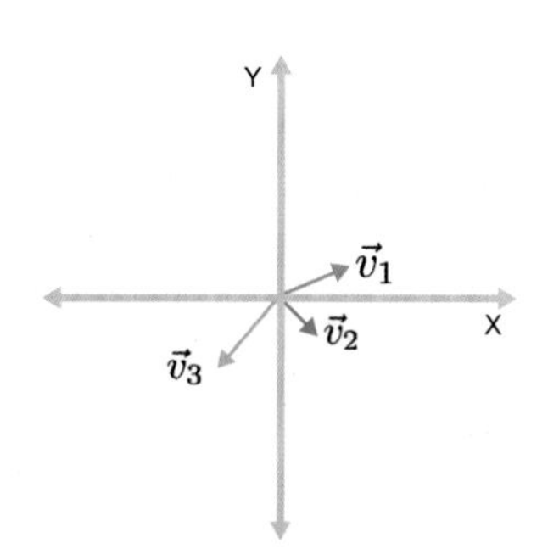

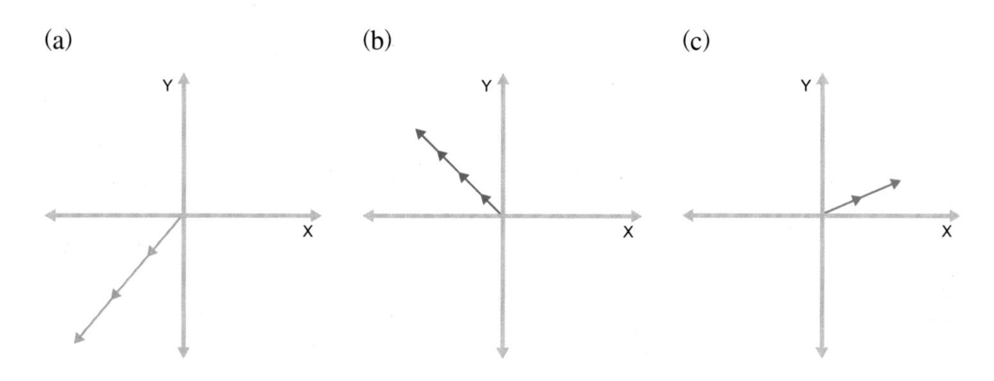

정답은 이 책의 뒷부분에 있습니다.

두 번째 연습 문제입니다.

아래 그림의 벡터들을 참조하여, (a), (b), (c) 각 벡터의 리니어 컴비네이션을 표현해 보세요.

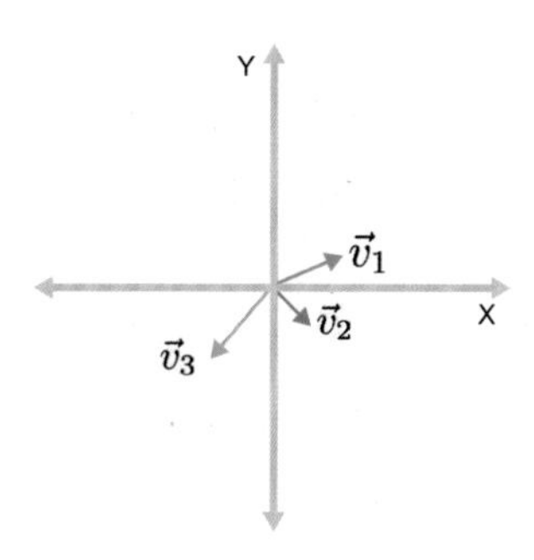

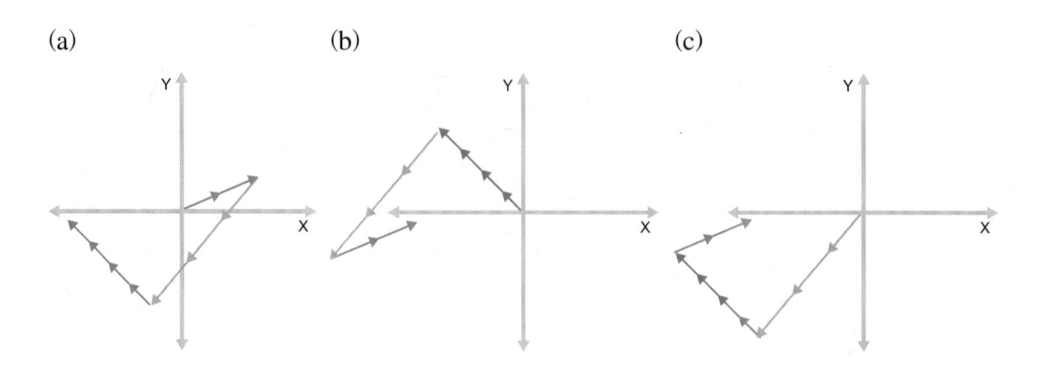

정답은 이 책의 뒷부분에 있습니다.

벡터들이 종종 사용하는 용어 중에 **스팬**(span)이라는 단어가 있습니다. 이 단어는 지도 만드는 법을 처음 배우는 사람들에겐 쉽지 않은 개념으로 생각할 수 있는데, 벡터들 사이에서는 곁에 다가가 이야기를 들어 주고 응원해 주다는 뜻으로 사용됩니다.

그래서 아래 지도를 보고 지도 만드는 사람들은 $\vec{v}_2$의 방향으로 두 걸음 가면 $\vec{b}$를 만날 수 있다는 것을 알고, 아.. '$\vec{v}_2$가 $\vec{b}$를 스팬할 수 있구나', 또는 '$\vec{v}_2$가 $\vec{b}$를 만날 수 있구나'라고까지만 해석하지만,

$$2\vec{v}_2 = \vec{b}$$

$$\vec{v}_2 + \vec{v}_2 = \vec{b}$$

벡터들은 위의 지도를 보고 아... $\vec{v}_2$가 $\vec{b}$에게 다가가 이야기를 들어 주고 응원해 줄 수 있겠구나라고 생각합니다.

"아래 그림 속 글자와
작은 돌멩이처럼 말이에요."

1.2 벡터가 바라볼 수 있는 방향과 벡터들의 춤

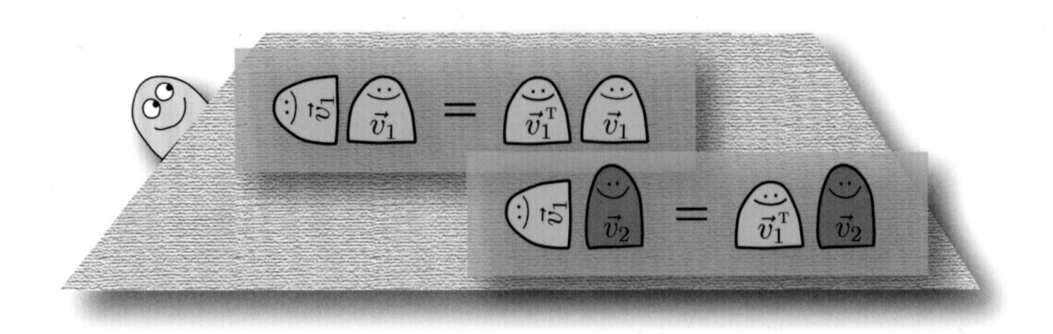

이번에는 벡터들이 만나면 하는 자기소개 중 두 번째 소개인 벡터가 볼 수 있는 방향에 대해 이야기하겠습니다.

벡터들의 세계에서 각각의 벡터들이 볼 수 있는 방향을 **오쏘고널**(orthogonal) 방향이라고 이야기합니다. 오쏘고널이라는 개념은 사이즈가 같은 벡터 사이에서 다음과 같이 사용할 수 있습니다.

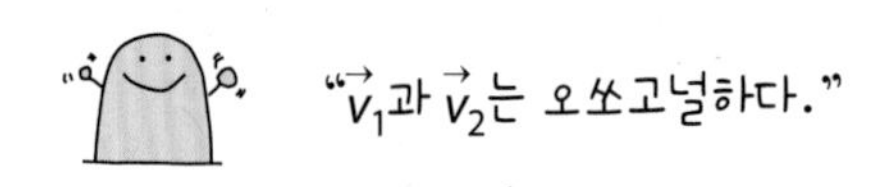

$\vec{v}_1$과 $\vec{v}_2$는 오쏘고널하다는 말은 $\vec{v}_1$과 $\vec{v}_2$가 서로의 바라볼 수 있는 방향으로 걸어 다닐 수 있다는 것을 의미합니다.

다음의 벡터들처럼 사이즈가 2인 경우 벡터들끼리 서로 오쏘고널한지 그렇지 않은지는 그림으로 쉽게 알아볼 수 있습니다.

$\vec{v}_1$ $\vec{v}_2$ $\vec{v}_3$

$$\vec{v}_1 = \begin{bmatrix} 8 \\ 6 \end{bmatrix} \quad \vec{v}_2 = \begin{bmatrix} 4 \\ 0 \end{bmatrix} \quad \vec{v}_3 = \begin{bmatrix} 3 \\ -4 \end{bmatrix}$$

아래 그림에서 검정색 화살표는 $\vec{v}_1$이 바라볼 수 있는 방향, 그리고 빨간색 화살표는 $\vec{v}_2$가 바라볼 수 있는 방향을 나타냅니다.

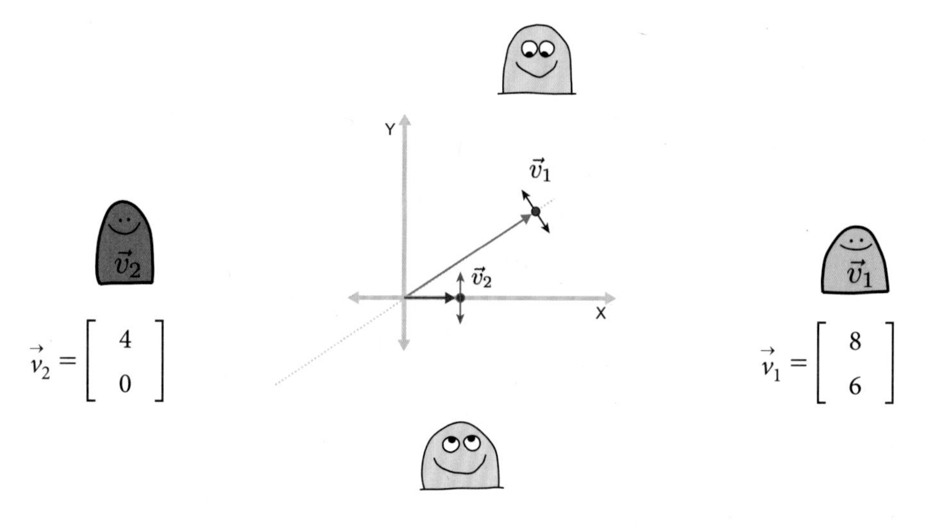

검정색 화살표와 빨간색 화살표를 모든 벡터의 기준이 되는 $\vec{0}$로 가져와 아래와 같이 다시 그리면

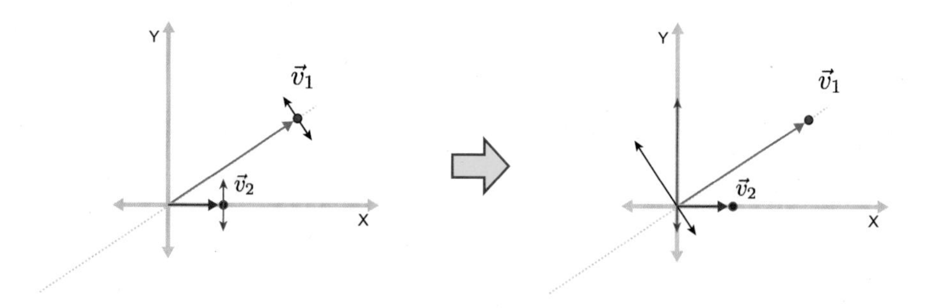

$\vec{v}_1$은 $\vec{v}_2$가 볼 수 있는 방향으로 걸어가지 않고, $\vec{v}_2$는 $\vec{v}_1$이 볼 수 있는 방향으로 걸어가지 않습니다. 따라서 $\vec{v}_1$과 $\vec{v}_2$는 오쏘고널하지 않습니다.

아래 지도에서 검정색 화살표는 $\vec{v}_1$이 볼 수 있는 방향, 그리고 초록색 화살표는 $\vec{v}_3$가 볼 수 있는 방향을 나타냅니다.

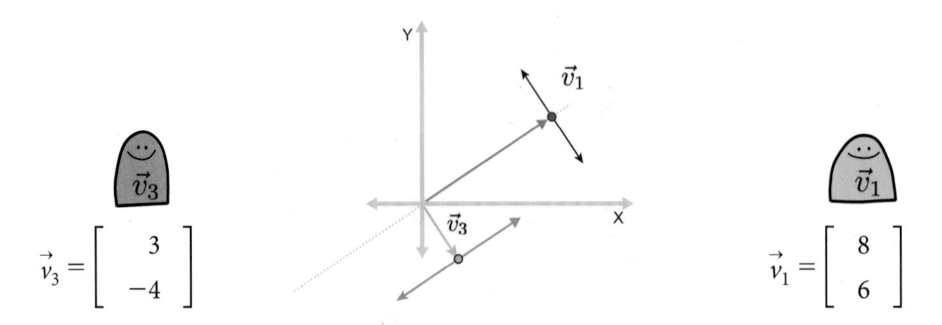

검정색 화살표와 초록색 화살표를 모든 벡터의 기준이 되는 $\vec{0}$로 가져와 아래와 같이 다시 그리면,

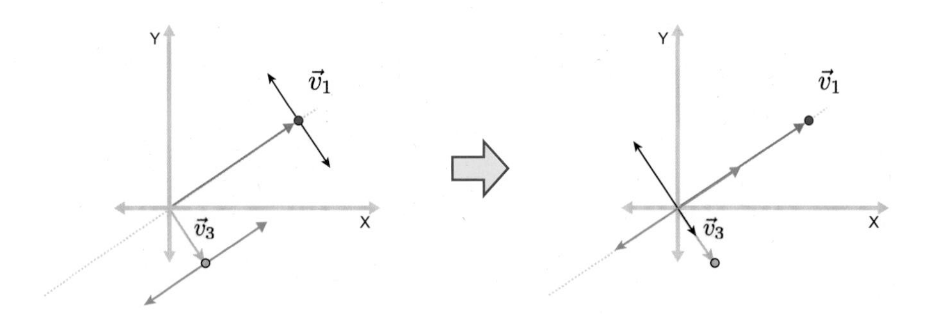

$\vec{v}_1$은 $\vec{v}_3$가 볼 수 있는 방향으로 걸어가고, $\vec{v}_3$는 $\vec{v}_1$이 볼 수 있는 방향으로 걸어가고 있습니다. 이런 경우 **$\vec{v}_1$과 $\vec{v}_2$는 오쏘고널합니다.**

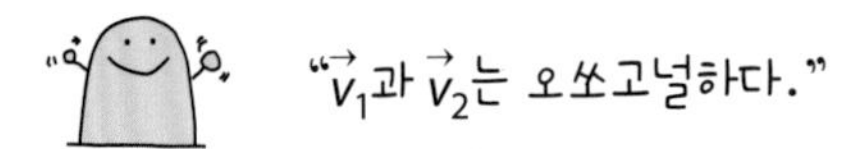

벡터의 사이즈가 4 이상이면, 그림으로 벡터들끼리 오쏘고널한지 알아볼 수 없습니다.

하지만, 벡터의 사이즈가 아무리 커도 벡터 간에 서로 오쏘고널한지 알아볼 수 있는 춤이 있습니다. 벡터의 세계에선 그 춤을 **닷 프로덕트**(dot product)라고 하는데, 춤의 결과물로 나온

숫자 하나를 보고 두 벡터가 서로 오쏘고널한지 그렇지 않은지 알 수 있습니다.

닷 프로덕트라는 춤을 벡터 세계의 모습으로 표현하면 실제 이렇게 생겼습니다.

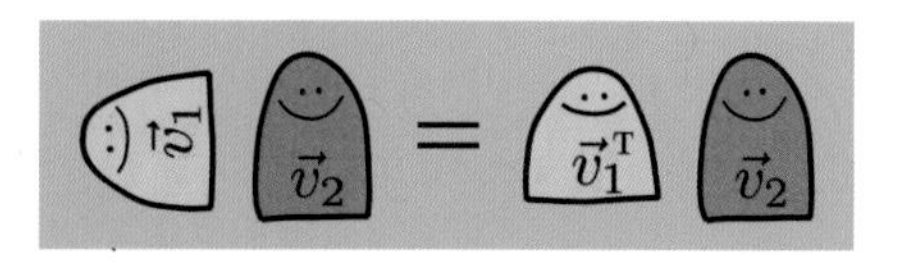

위 그림 왼쪽 벡터가 옆으로 누운 모습을 **트랜스포즈**(transpose)라고 하는데, 준비 운동하듯 매우 쉬운 움직임입니다. 트랜스포즈한 벡터를 **T**라는 문자를 어깨에 붙여 표현하기도 합니다.

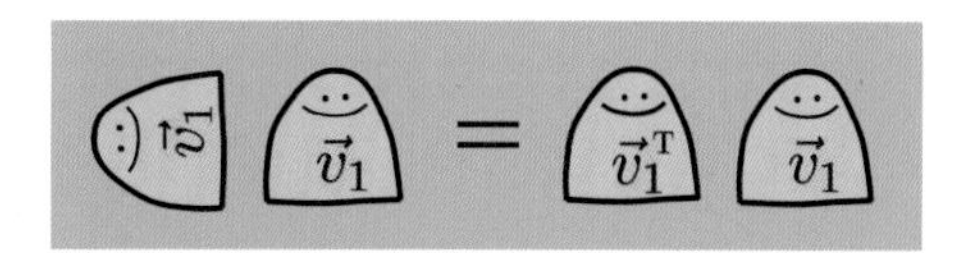

트랜스포즈는 벡터들 세계에서 닷 프로덕트 춤을 출 수 있게 상대 벡터의 디멘션(dimension)을 맞춰 주세요라고 하는 요청입니다.

"함께 춤출 수 있게 디멘션을 맞춰 주세요."

가령 사이즈가 2인 $\vec{v}_1$을 트랜스포즈하면 디멘션은 2×1에서 1×2로 바뀌지만, 그 사이즈는 바뀌지 않습니다.

$R^{2\times1}$ $\vec{v}_1 = \begin{bmatrix} 8 \\ 6 \end{bmatrix}$ $R^{1\times2}$  $\vec{v}_1^{\,T} = \begin{bmatrix} 8 & 6 \end{bmatrix}$

아래 두 벡터 $\vec{v}_1$과 $\vec{v}_2$를 예로 들어 닷 프러덕트를 해 볼까요?

상대 벡터끼리 디멘션을 맞춘다는 말은 아래 그림처럼 각 벡터의 사이즈는 변함 없지만, **닷**

프러덕트 춤을 추기 위해 어느 한쪽을 **트랜스포즈한다**는 것을 의미합니다.

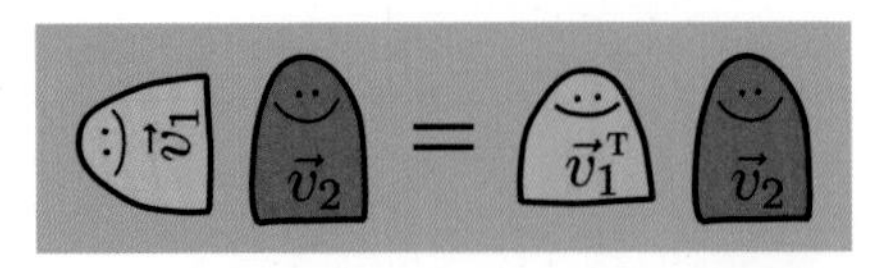

R의 세계에선 트랜스포즈를 t( )를 사용하여 다음과 같이 표현합니다.

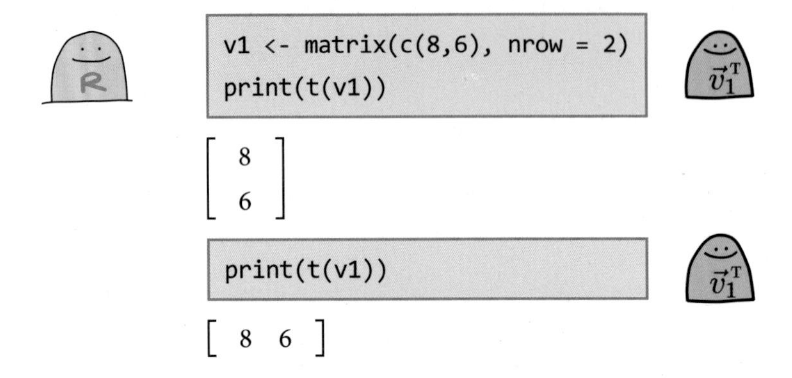

```
v1 <- matrix(c(8,6), nrow = 2)
print(t(v1))
```

$$\begin{bmatrix} 8 \\ 6 \end{bmatrix}$$

```
print(t(v1))
```

$$\begin{bmatrix} 8 & 6 \end{bmatrix}$$

벡터들의 닷 프러덕트는 그림으로 표현하면 다음과 같이 생겼고, 그 결과물은 숫자 하나입니다.

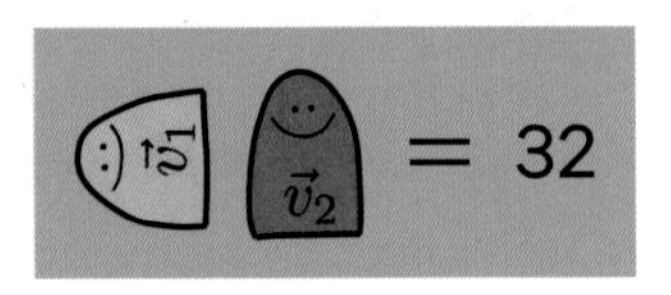

지도 만드는 사람들은 벡터들의 닷 프러덕트 과정을 다음과 같이 표현합니다.

$$\begin{aligned} \vec{v}_1 \cdot \vec{v}_2 &= 8 \cdot 4 + 6 \cdot 0 \\ &= 32 \end{aligned}$$

R은 닷 프러덕트 결과물을 다음과 같은 R의 언어를 사용해 알려 줍니다.

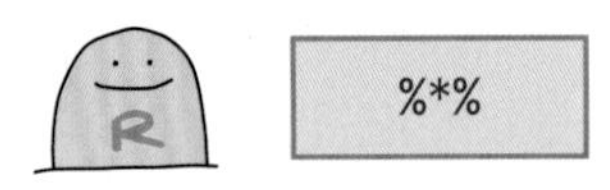

```
%*%
```

이렇게요.

```
print(t(v1)%*%v2)
```

32

벡터들은 닷 프러덕트를 추면서 자연스레 디멘션을 맞추지만,

지도 만드는 사람들은 R에게 닷 프러덕트 결과물을 물어보기 전에 %*%의 앞과 뒤에 있는 벡터의 디멘션이 맞는지 다음과 같이 확인해 봐야 합니다.

지도 만드는 사람들은 이 춤을 출 각각의 벡터의 디멘션만 다음과 같은 식으로 표기해

$$(1 \times 2)\ (2 \times 1) = (1 \times 1)$$

$$(\mathbf{1} \times \cancel{2})(\cancel{2} \times \mathbf{1}) = (\mathbf{1} \times \mathbf{1})$$

벡터의 디멘션을 나타내는 숫자 중 서로 같은 숫자가 만나면 둘 다 없어지고, 남은 숫자가 닷 프러덕트 춤의 결과물로 나온 벡터의 디멘션을 알려 줍니다.

기억해야 할 것은 R에게 %*%라는 표현을 쓸 때, R은 %*%의 앞과 뒤 벡터의 디멘션이 이미 맞춰져 있다고 판단한다는 사실입니다.

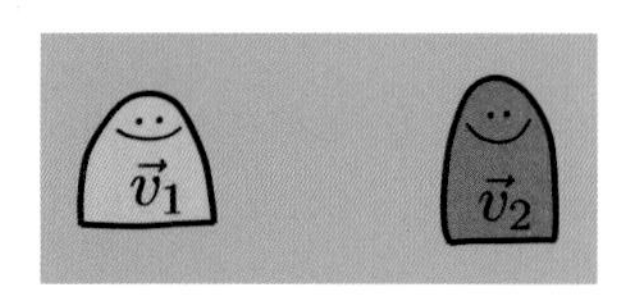

닷 프러덕트 벡터의 디멘션이 맞춰져 있지 않으면 마치 건전지를 거꾸로 넣은 계산기처럼 R은 여러분이 부탁한 춤을 이해하지 못합니다.

벡터들의 닷 프러덕트는 트랜스포즈로 시작해 디멘션을 맞추고 각 벡터의 트랜스포즈 전 같은 위치에 있던 숫자들의 곱을 더하는 것으로 마무리됩니다.

그리고 닷 프러덕트의 결과가 0이면 두 벡터는 오쏘고널하고, 닷 프러덕트의 결과가 0이 아닌 두 벡터는 오쏘고널하지 않다고 할 수 있습니다.

다음 그림과 같이 서로 오쏘고널하지 않은 두 벡터의 경우, 한 벡터를 해당 벡터의 서브스페이스에서 조금 움직여 주면 오른쪽 지도에서처럼 다른 벡터의 얼굴 부분에 해당하는 화살표를 볼 수 있습니다.

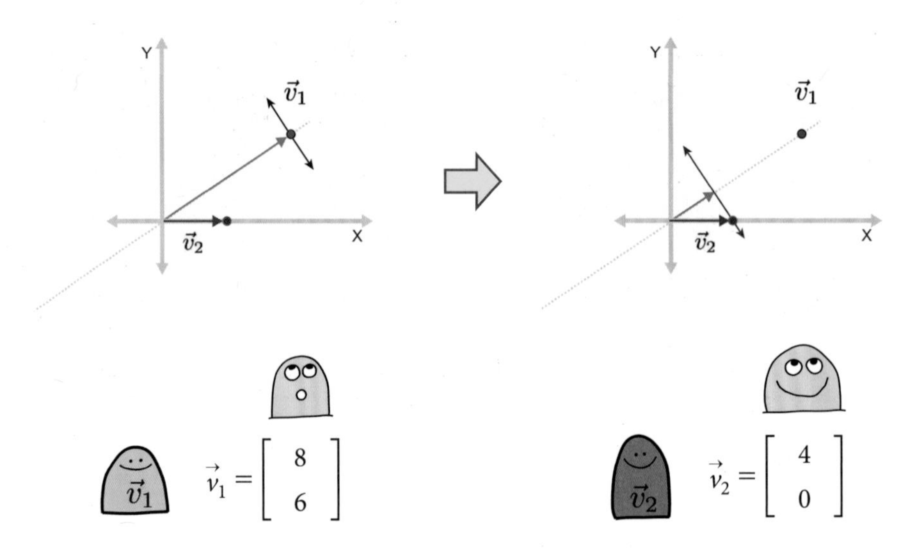

$\vec{v}_1$이 자신이 서브스페이스 안에서 얼마만큼 움직이면 $\vec{v}_2$를 볼 수 있는지, $\vec{v}_2$가 자신의 서브스페이스 안에서 얼마만큼 움직이면 $\vec{v}_1$을 볼 수 있는지는

사이즈가 같은 벡터들의 또 하나의 아름다운 춤, **프로젝션**(projection)을 통해 확인할 수 있습니다.

다음에 벡터들끼리 만났을 때 하는 자기소개 세 가지 중 마지막 소개인 벡터들의 걸음 크기에 대한 이야기를 하면서 프로젝션에 대해서도 함께 이야기하겠습니다.

1.3 벡터의 놈(norm)과 프로젝션

지금까지 벡터들이 서로 만났을 때 하는 세 가지 자기소개 중 움직일 수 있는 방향과 볼 수 있는 방향에 대해 이야기했습니다. 이번에는 자기소개의 마지막 한 가지 벡터의 걸음 크기에 대해 이야기하겠습니다.

벡터들은 자기 걸음의 크기를 **놈**(norm)이라는 춤으로 표현하는데, 놈(norm)은 이번 이야기에 같이 등장하는 **프로젝션**(projection)이라는 또 다른 춤의 기본 동작입니다.

$\vec{v}_1$ $\vec{v}_2$ $\vec{v}_3$

$$\vec{v}_1 = \begin{bmatrix} 8 \\ 6 \end{bmatrix} \quad \vec{v}_2 = \begin{bmatrix} 4 \\ 0 \end{bmatrix} \quad \vec{v}_3 = \begin{bmatrix} 3 \\ -4 \end{bmatrix}$$

사이즈 2인 벡터들의 걸음 크기는 아래 그림처럼 화살표 길이로 표현해 보여 줄 수 있지만,

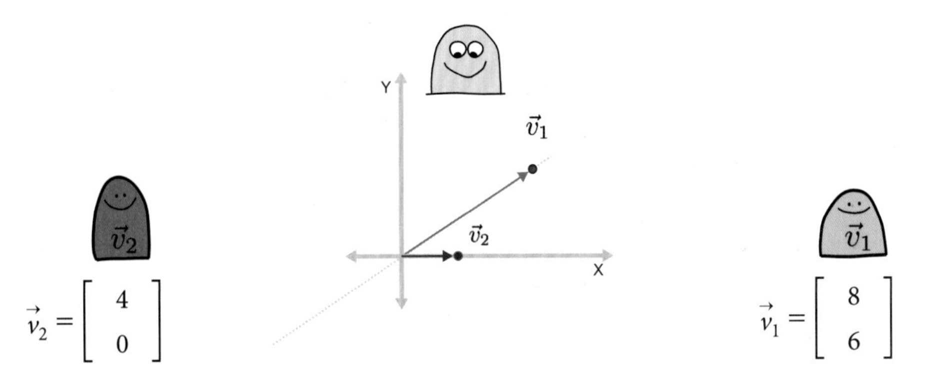

사이즈가 4 이상인 벡터들의 걸음 크기는 그림으로 표현할 수 없습니다. 이렇게 사이즈가 큰 벡터들이 서로에게 각자의 걸음 크기를 알려 줄 때는

벡터가 단독으로 추는 **놈**(norm)이라는 춤으로 이야기합니다.

이 춤은 $\vec{v}_1$ 단독으로 추는 닷 프러덕트로 시작하여 **스퀘어 루트**(square root)라는 전통 모자를 쓰는 것으로 마무리됩니다.

이 춤은 지도 만드는 사람들 눈에는 다음과 같이 보이는데, 끝에 표기된 춤의 결과물 10이 $\vec{v}_1$의 걸음 크기입니다.

$$
\begin{aligned}
\|\vec{v}_1\| &= \sqrt{\vec{v}_1 \cdot \vec{v}_1} \\
&= \sqrt{8^2 + 6^2} \\
&= \sqrt{100} \\
&= 10
\end{aligned}
$$

지도 만드는 사람들이 벡터의 걸음 크기에 대해 R에게 물으면

"얼른 알려주세요."

R도 다음 절차에 따라 도서관(library)에서 놈(norm)에 대해 설명해 주는 'pracma'라는 책을 먼저 빌려 읽은 후에야 지도 만드는 사람들에게 대답해 줄 수 있습니다.

"잠시만요, 저도 라이브러리에서 관련 책을 참조해야 돼요."

```
library(pracma)
```

R이 pracma라는 책을 처음 빌리는 경우라면, 이 책을 빌리기 위한 도서 대출 카드를 만들어야 합니다.

도서 대출 카드는 다음 절차를 통해 만들 수 있는데, 한 번만 만들면 됩니다.

```
install.packages("pracma")
```

이제 R은 Norm( )이라는 자신들의 세계에서 쓰는 언어를 통해 다음과 같이 $\vec{v}_1$의 놈(norm)을 보여 줍니다.

```
v1 <- matrix(c(8,6), nrow = 2)
```

```
Norm(v1)
```

```
10
```

닷 프러덕트와 놈(norm)은 **프로젝션**(projection)을 포함해 많은 춤을 추기 위한 매우 중요한 기본 동작입니다.

그림의 가운데를 가로지르는 검정색 가로선은 지도 만드는 사람들이 '**분수**'라고 얘기하는 표시이고, 벡터들은 이 공간을 무대라고 생각합니다.

놈(norm)을 추는 $\vec{v}_1$의 오른쪽 모자 위에 표시된 숫자 '2'는 지도 만드는 사람들이 '**제곱**'이라고 하는 표시인데, 벡터들에게는 이제 스퀘어 루트(square root) 모자를 벗겠습니다라는 뜻입니다.

벡터들이 프로젝션 춤을 추는 이유는 서로 오쏘고널하지 않은 두 벡터 중 한 벡터가 다른 벡터를 보고자 할 때 어느 방향으로 몇 걸음 걸어야 하는지 알고 싶기 때문입니다.

가령, 아래 그림에서 $\vec{v}_1$이 $\vec{v}_2$를 보고자 한다면, $\vec{v}_1$이 $\vec{0}$의 지점에서 $\vec{v}_1$ 방향으로 $\vec{v}_1$ 자신의 한 걸음보다는 조금 작은 걸음 크기로 움직이면 된다는 것을 알 수 있습니다.

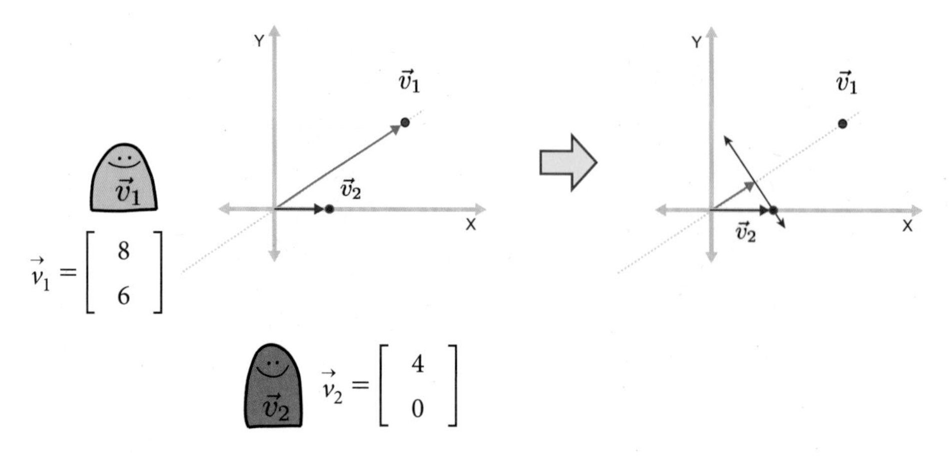

$\vec{v}_2$를 $\vec{v}_1$에 프로젝트하는 춤은 $\vec{v}_2$가 보고 싶은 $\vec{v}_1$이 $\vec{0}$를 기준으로 이동해야 할 방향과 걸음 수를 확인합니다.

다음 그림의 초록색 상자는 실제 프로젝션 춤을 추는 벡터들의 모습이고, 회색 상자는 벡터들의 실제 춤이 지도 만드는 사람들의 눈에는 어떻게 보이는지 표현한 것입니다.

$$\text{Proj}_{\vec{v}_1}\vec{v}_2 = \frac{\vec{v}_1 \cdot \vec{v}_2}{\|\vec{v}_1\|^2} \cdot \vec{v}_1$$

$$= \frac{\vec{v}_1 \cdot \vec{v}_2}{\vec{v}_1^{\,T} \cdot \vec{v}_1} \cdot \vec{v}_1$$

$$= \frac{32}{100} \cdot \vec{v}_1$$

$$= 0.32\vec{v}_1$$

프로젝션 춤의 결과인 회색 상자 안 $0.32\vec{v}_1$은 $\vec{v}_1$이 $\vec{v}_2$를 보기 위해 **$\vec{v}_1$의 방향과 걸음 크기로 한 걸음보다는 작은 0.32걸음만큼 걸어가라**는 의미입니다.

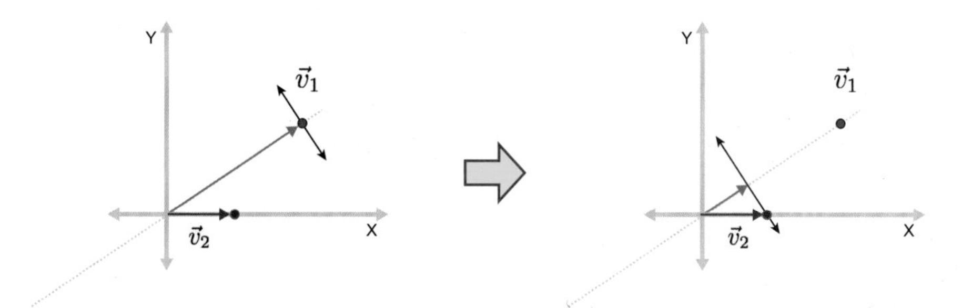

R은 벡터가 추는 프로젝션 춤을 다음과 같이 표현합니다.

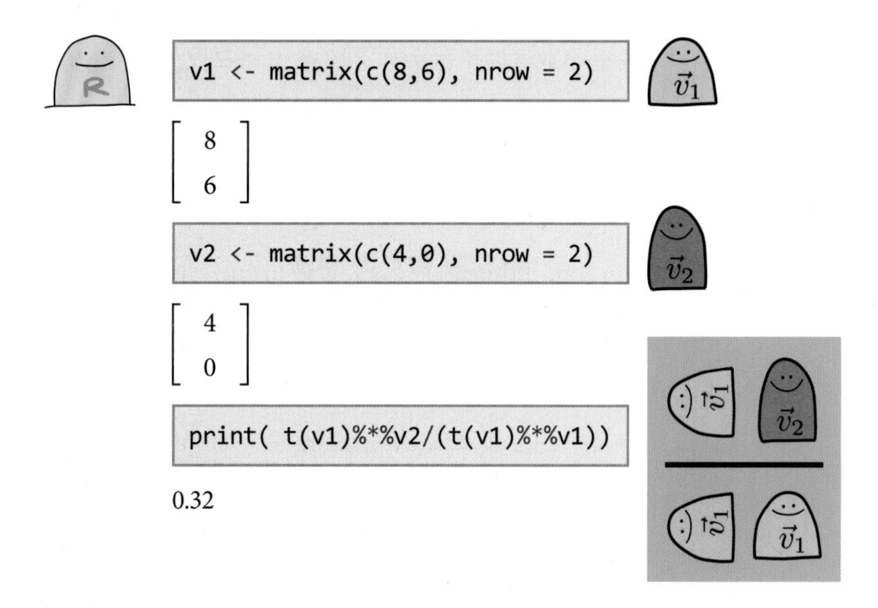

```
v1 <- matrix(c(8,6), nrow = 2)
```

$$\begin{bmatrix} 8 \\ 6 \end{bmatrix}$$

```
v2 <- matrix(c(4,0), nrow = 2)
```

$$\begin{bmatrix} 4 \\ 0 \end{bmatrix}$$

```
print( t(v1)%*%v2/(t(v1)%*%v1))
```

0.32

이번에는 $\vec{v}_1$을 보기 위해서 $\vec{v}_2$가 하는 움직임을 보겠습니다. 그림에서 $\vec{v}_2$가 자신의 방향과 자신의 걸음으로 $\vec{0}$에서 두 걸음 정도 움직이면 $\vec{v}_1$을 볼 수 있을 듯합니다.

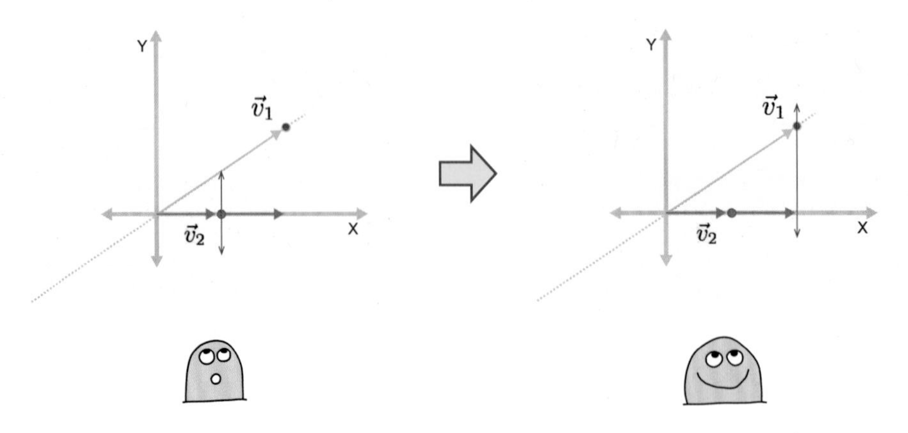

$\vec{v}_1$을 보기 위해 $\vec{v}_2$가 움직여야 하는 방향과 걸음의 수를 지도 만드는 사람들은 다음과 같이 표현하고,

$$\text{Proj}_{\vec{v}_2}\vec{v}_1 = \frac{\vec{v}_1 \cdot \vec{v}_2}{\vec{v}_2 \cdot \vec{v}_2} \cdot \vec{v}_2 = \frac{32}{16} \cdot \vec{v}_2 = 2\vec{v}_2$$

R은 다음과 같이 표현합니다.

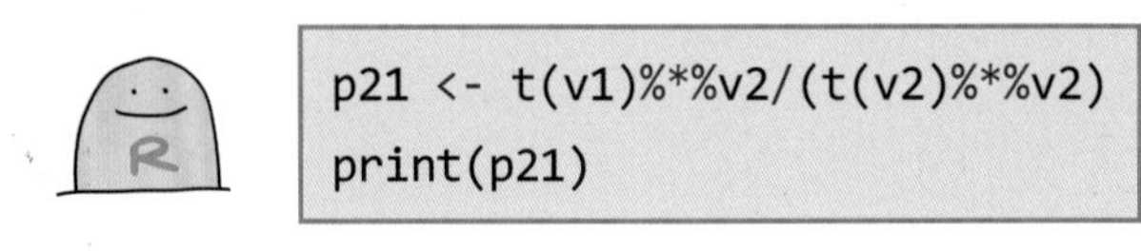

```
p21 <- t(v1)%*%v2/(t(v2)%*%v2)
print(p21)
```

2

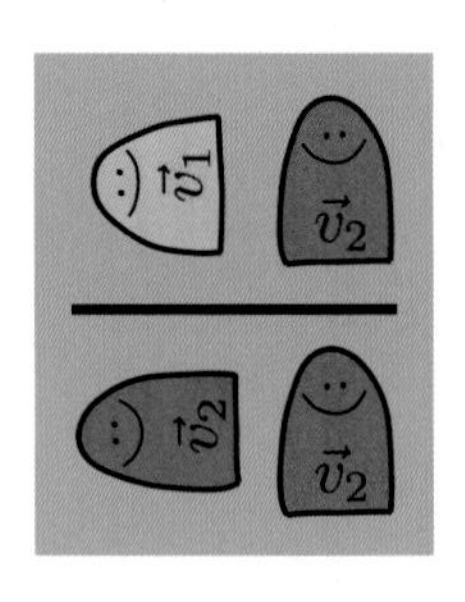

벡터의 사이즈가 아무리 커도 R의 도움으로 프로젝션 결과물을 쉽게 확인할 수 있습니다.

"도와줘요, R."

"아무리 사이즈가 커도 나는 프로젝션 춤의 결과를 알려 줄 수 있어요."

이번에도 앞서 이야기한 벡터의 춤을 이해하기 위한 연습 문제를 준비했습니다.

♣♣♣♣♣♣♣♣♣♣♣♣♣

[연습 문제]

첫 번째 문제입니다.

R로 다음 $\vec{v}_1$의 놈(norm)을 구하고, $\vec{v}_1$의 방향이 $-\vec{v}_1$으로 바뀔 때 놈(norm)을 구해 보세요.

$$\vec{v}_1 = \begin{bmatrix} 8 \\ 6 \end{bmatrix}$$

```
v1 <- matrix(c(8,6), nrow = 2)
Norm(v1)
```

10

```
Norm(-v1)
```

10

걸어가는 방향이 반대로 달라져도 벡터 발걸음의 크기는 같습니다.

두 번째 문제입니다.

다음 그림들을 보고 프로젝션 결과가 1보다 큰지 작은지 확인하여 아래 표에 "크다", "작다"로 표시하세요.

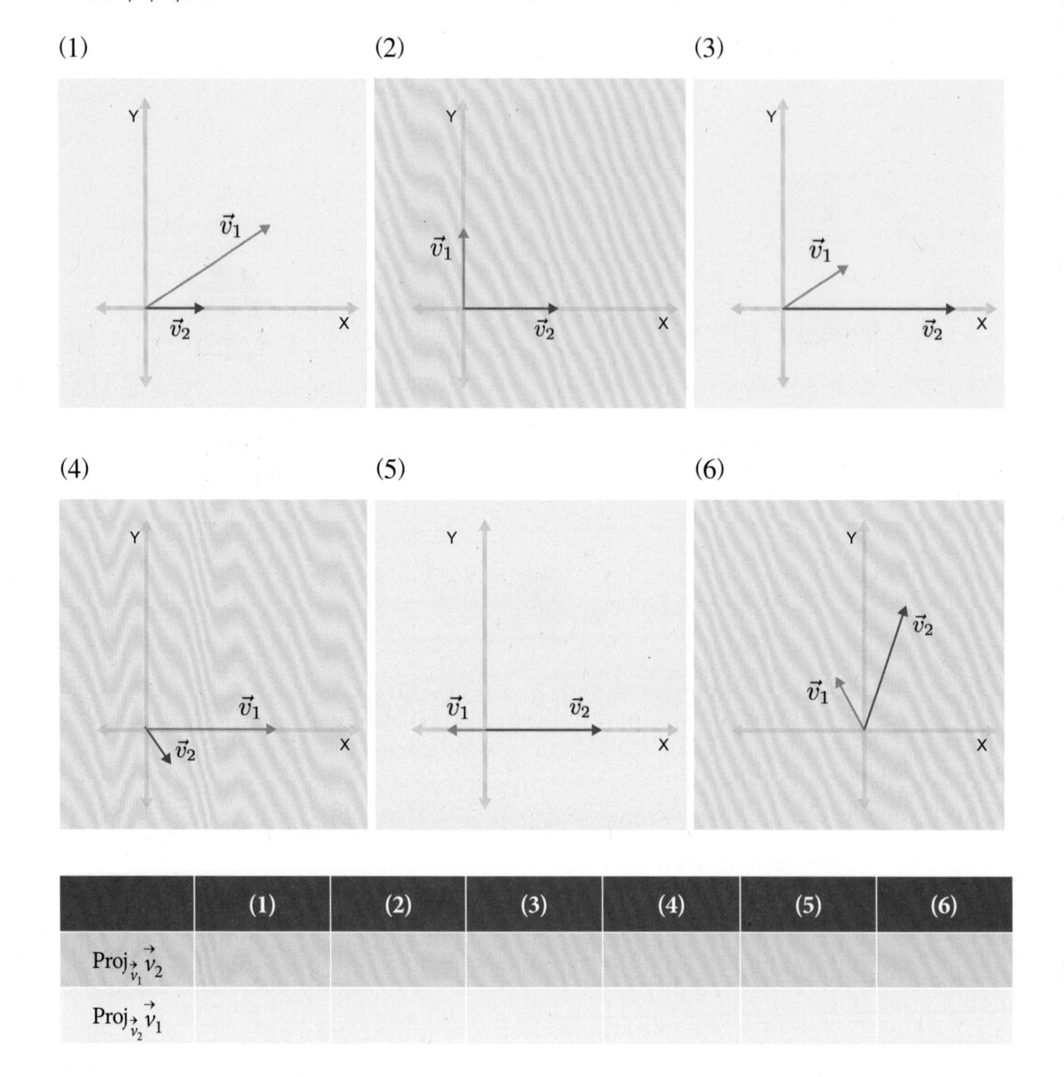

	(1)	(2)	(3)	(4)	(5)	(6)
$\mathrm{Proj}_{\vec{v}_1}\vec{v}_2$						
$\mathrm{Proj}_{\vec{v}_2}\vec{v}_1$						

정답은 이 책의 뒷부분에 있습니다.

매트릭스 이야기

2.1 매트릭스, 그리고 인디펜던트 또는 디펜던트 벡터

이번 이야기는 매트릭스 안에 모인 벡터들에 관한 것입니다.

매트릭스(matrix)는 벡터들의 언어로 한 개 이상의 벡터들을 모이게 할 수 있는 존재라는 뜻입니다. 벡터들이 매트릭스 안에 모이는 이유는 보통 두 가지인데, 그중 첫 번째는 더 넓은 세계를 함께 여행하거나 가고자 하는 목적지를 지도로 표현하기 위해서입니다.

벡터들이 안에 모여 있는 매트릭스의 모습은 실제로는 이렇게 생겼지만,

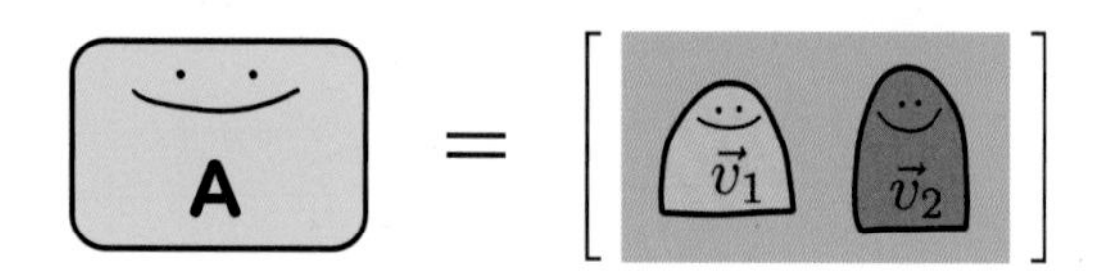

지도 만드는 사람들에게는 다음과 같이 매트릭스 안에 모인 로우 벡터(row vector)와 컬럼 벡터(column vector)가 보입니다.

$$A = \begin{bmatrix} 1 & 2 \\ -1 & 1 \end{bmatrix}$$

지도를 만드는 사람들은 매트릭스 안에 모인 로우 벡터와 컬럼 벡터의 개수를 매트릭스의 디멘션(dimension of matrix)이라고 합니다.

위의 매트릭스 **A**처럼 로우 벡터가 두 개, 컬럼 벡터가 두 개인 매트릭스의 디멘션을 2×2라고 표현하는데, 매트릭스의 디멘션을 통해 그 안에 어떤 사이즈의 벡터가 몇 개 들어 있는지 알 수 있습니다.

"로우 벡터가 두 개, 컬럼 벡터가 두 개 있으니
이 매트릭스의 차원은 2X2 차원입니다."

지도 만드는 사람들은 R을 통해 **A**의 디멘션을 다음과 같이 확인할 수 있습니다.

```
dim(A)
```

2 2

매트릭스 안에 모인 벡터 중 어떤 벡터들이 서로 **인디펜던트**(independent)한지 **디펜던트**(dependent)한지 알아야 하는데, 벡터 사이즈가 3보다 작으면 매트릭스 안에 모인 벡터가 상호 인디펜던트한지 디펜던트한지 그림으로 쉽게 확인할 수 있습니다.

아래 왼쪽 그림의 $\vec{v}_1$과 $\vec{v}_2$는 서로 다른 서브스페이스(subspace)를 가지고 있습니다. 이런 벡터들을 **인디펜던트 벡터**라고 하는데, 벡터들의 언어로 나의 서브스페이스에 없는 존재라는 뜻입니다.

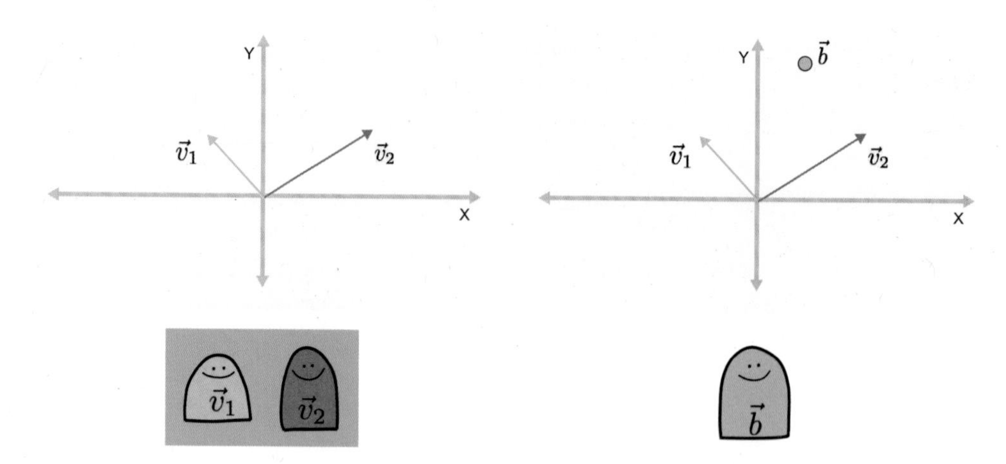

위 그림의 오른쪽 위에 새로 등장한 $\vec{b}$는 $\vec{v}_1$의 서브스페이스나 $\vec{v}_2$의 서브스페이스와도 만나지 않으므로 $\vec{v}_1$과 $\vec{v}_2$가 각각 따로 움직인다면 $\vec{b}$에게 다가갈 수 없습니다.

하지만, 아래와 같이 $\vec{v}_1$과 $\vec{v}_2$가 한 매트릭스 안에 모여 스팬(span)하면

다음 그림에 보인 것처럼 $\vec{b}$에게 다가갈 수 있습니다.

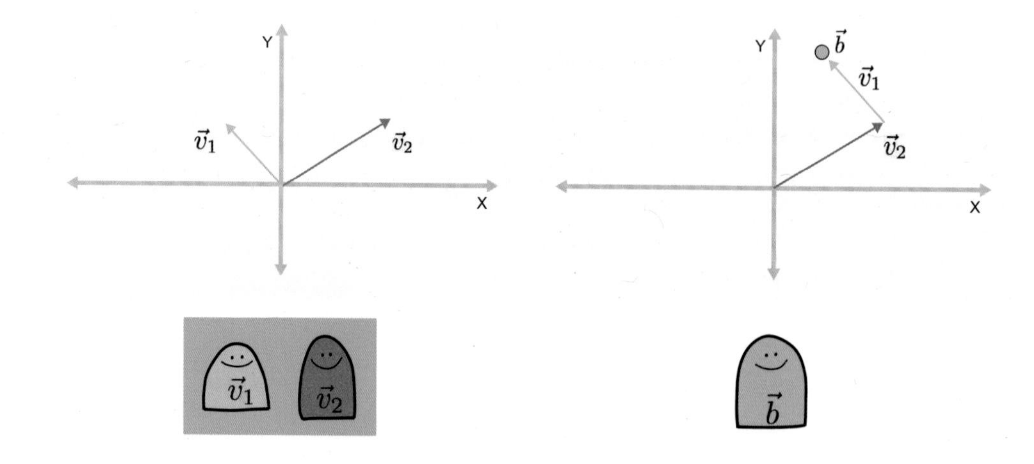

앞에서 $\vec{v}_1$의 **서브스페이스**는 $\vec{v}_1$이 걸어갈 수 있는 곳이라고 이야기했습니다.

A 안의 컬럼 벡터들이 모두 함께 걸어갈 수 있는 서브스페이스를 **A의 컬럼 스페이스**라고 하는데, 매트릭스의 세계에선 **A**의 컬럼 벡터들이 같이 스팬할 수 있는 곳이라는 뜻입니다. 지도 만드는 사람들은 **A**의 컬럼 스페이스를 줄여서 C(**A**)로 표현합니다.

지도 만드는 사람들이 매트릭스 **A** 안에 모인 벡터를 다음과 같이 정의하였다면

$$A = \begin{bmatrix} 1 & 2 \\ -1 & 1 \end{bmatrix}$$

R은 **A**를 다음과 같이 표현합니다.

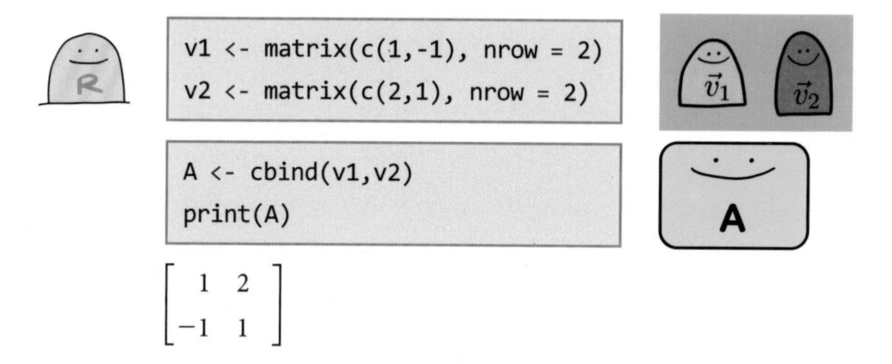

벡터들이 매트릭스 안에 모여 있다고 스팬할 수 있는 서브스페이스가 항상 느는 것은 아닙니다.

아래 그림의 $\vec{v}_1$과 $\vec{v}_3$처럼 같은 서브스페이스에 있는 디펜던트 벡터들은 매트릭스 안에 들어가 함께 스팬하더라도 여전히 $\vec{b}$에게 다가갈 수 없습니다.

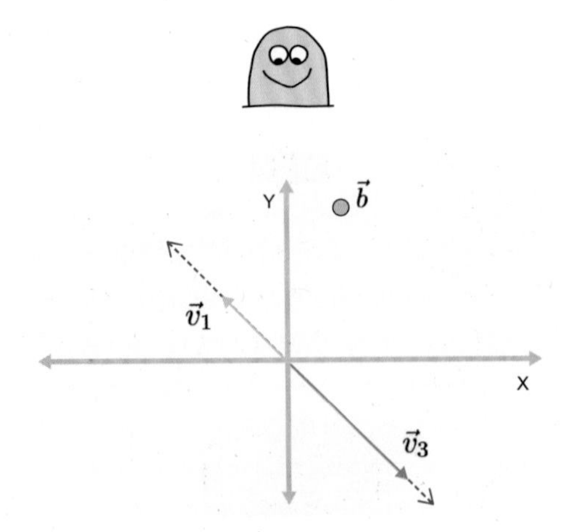

아래 그림의 $\vec{v}_1$과 $\vec{v}_3$처럼 같이 서로 인디펜던트한 벡터들이 매트릭스 안에 모이면 스팬할 수 있는 곳이 늘지만

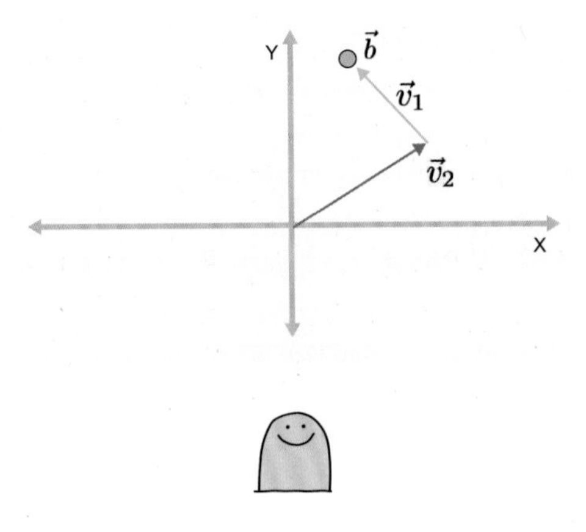

다음 그림의 $\vec{v}_1$과 $\vec{v}_3$처럼 디펜던트한 벡터들은 매트릭스 안에 아무리 많이 모여도 스팬할 수 있는 서브스페이스는 늘지 않습니다.

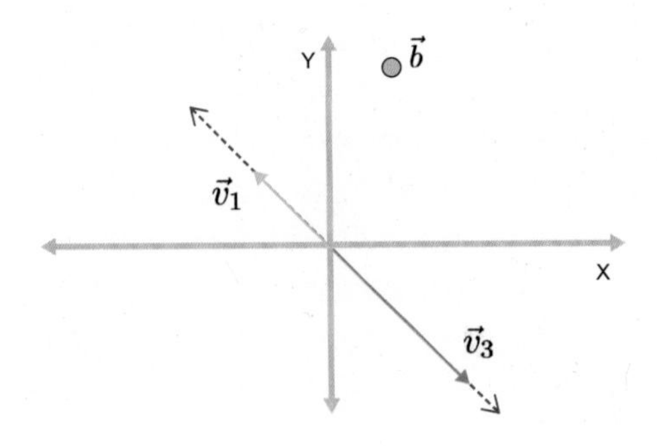

2.2 지도를 만들 때 매트릭스 옆에 선 컬럼 벡터의 역할

지도를 만들 때 **A** 안의 몇 번째 컬럼 벡터가 어느 방향으로 몇 걸음 이동했는지

그 정보를 알려 주는 컬럼 벡터가 항상 **A** 옆에 있습니다.

A 옆에 있는 컬럼 벡터 $\vec{x}$ 안에 적힌 숫자들이 **A**의 컬럼 벡터가 움직인 걸음 수와 방향을 알려 주는 것이죠. 지도 만드는 사람들은 목적지에 가기 위해 매트릭스 안 벡터가 이동한 걸음 수와 방향을 **리니어 컴비네이션(linear combination)**이라고 합니다.

매트릭스의 세계에서 **A**의 컬럼 컴비네이션(column combination)으로 $\vec{b}$라는 목적지에 가는 지도는 실제 이런 모습이지만

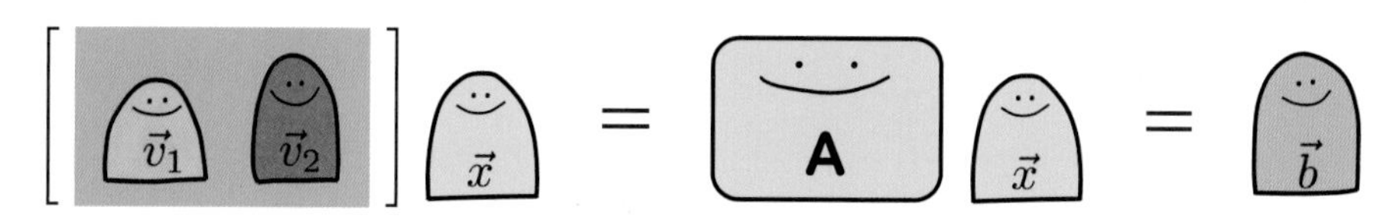

지도 만드는 사람들의 눈에는 위의 지도가 다음과 같이 보이고,

$$A\vec{x} = \vec{b}$$

$$A\vec{x} = \begin{bmatrix} 1 & 2 \\ -1 & 1 \end{bmatrix} \begin{bmatrix} 1 \\ 1 \end{bmatrix} = \vec{b}$$

이 지도를 다음과 같이 해석합니다.

"$\vec{v}_1$의 방향과 걸음 크기로 한 걸음, $\vec{v}_2$의 방향과 걸음 크기로 한 걸음 이동한 곳에 $\vec{b}$가 있다."

위의 매트릭스 **A**의 디멘션은 2×2였습니다. $\vec{x}$는 **A**의 컬럼 컴비네이션을 기록하는 역할을 하므로 $\vec{x}$의 사이즈는 항상 **A**의 컬럼 갯수와 같아야 합니다.

만약 $\vec{x}$의 사이즈가 **A**의 컬럼 수보다 작으면, 어디로 가야 할지 몰라 우왕좌왕하는 컬럼 벡터가 생기고

만약 $\vec{x}$의 사이즈가 **A**의 컬럼 수보다 많으면, 어떤 벡터가 더 움직여야 할지 몰라 매우 혼란스러워할 것입니다.

매트릭스와 벡터로 만든 지도를 읽기 위한 연습 문제를 준비하였습니다.

♣♣♣♣♣♣♣♣♣♣♣♣

[연습 문제]

첫 번째 문제입니다.

다음과 같은 벡터 친구들이 있습니다.

$\vec{v}_1$ $\vec{v}_2$ $\vec{v}_3$ $\vec{b}$

$$\vec{v}_1 = \begin{bmatrix} 1 \\ 1 \end{bmatrix} \quad \vec{v}_2 = \begin{bmatrix} 1 \\ -1 \end{bmatrix} \quad \vec{v}_3 = \begin{bmatrix} 1 \\ 3 \end{bmatrix} \quad \vec{b} = \begin{bmatrix} 6.5 \\ 3.0 \end{bmatrix}$$

아래 그림은 $\vec{v}_1$, $\vec{v}_2$, 그리고 $\vec{v}_3$의 리니어 컴비네이션으로 $\vec{b}$에게 가는 길을 보여 줍니다.

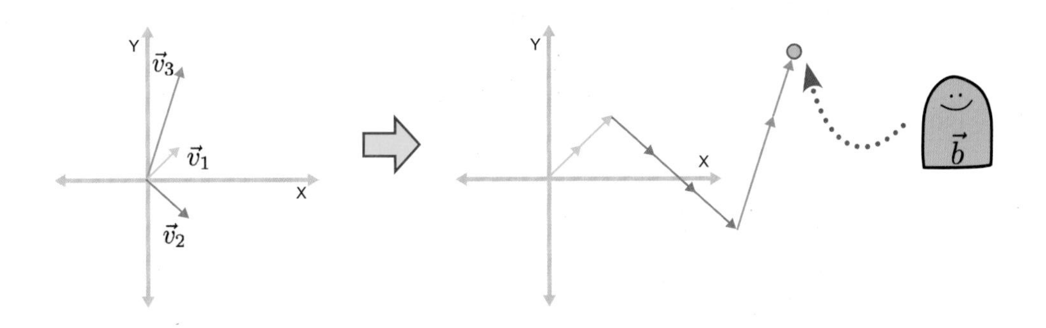

위의 지도를 이야기로 풀어 $\vec{0}$에서 $\vec{b}$까지 가는 길을 어떻게 설명할 수 있을까요?

저라면 이렇게 표현했을 것 같습니다.

"$\vec{0}$에서 $\vec{v}_1$의 방향과 걸음 크기로 2걸음 간 후, $\vec{v}_2$의 방향과 걸음 크기로 3걸음 더 가고, $\vec{v}_3$의 방향과 걸음 크기로 1.5걸음 가세요."

위의 지도는 매트릭스와 벡터의 세계에선 다음과 같은 모습이고,

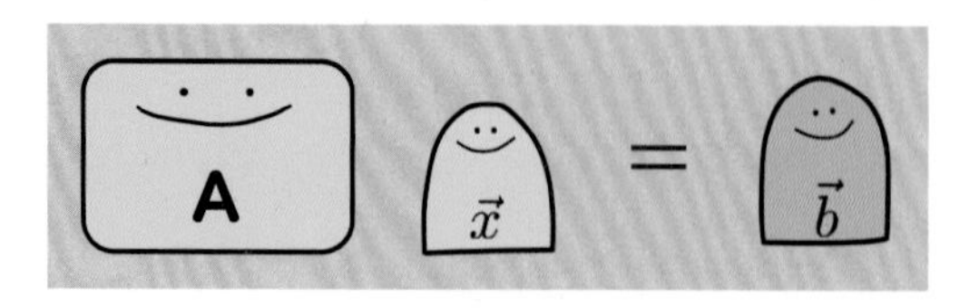

지도 만드는 사람들은 다음과 같이 표현합니다.

$$\begin{bmatrix} 1 & 1 & 1 \\ 1 & -1 & 3 \end{bmatrix} \begin{bmatrix} 2 \\ 3 \\ 1.5 \end{bmatrix} = \begin{bmatrix} 6.5 \\ 3.5 \end{bmatrix}$$

1장에서 모든 지도는 기준 벡터 $\vec{0}$에서 출발한다고 이야기한 거 아직 기억하시죠?

"하이, 널(null)!"

따라서 $\vec{x}$ 안의 숫자는 $\vec{v}_1$, $\vec{v}_2$, $\vec{v}_3$의 리니어 컴비네이션으로 $\vec{0}$에서 출발해 $\vec{b}$로 가는 길을 표현하는 숫자입니다.

위의 지도를 R은 다음과 같이 표현합니다.

```
v1 <- matrix(c(1,1), nrow = 2)
v2 <- matrix(c(1,-1), nrow = 2)
v3 <- matrix(c(1,3), nrow = 2)
```

```
A <- cbind(v1,v2,v3)
print(A)
```

$$\begin{bmatrix} 1 & 1 & 1 \\ 1 & -1 & 3 \end{bmatrix}$$

```
x <- matrix(c(2,3,1.5), nrow = 3)
print(x)
```

$$\begin{bmatrix} 2.0 \\ 3.0 \\ 1.5 \end{bmatrix}$$

```
print(A%*%x)
```

$$\begin{bmatrix} 6.5 \\ 3.5 \end{bmatrix}$$

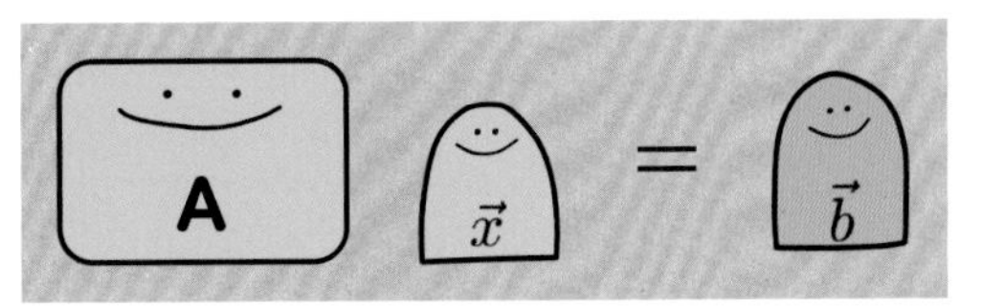

두 번째 문제입니다.

다음 이야기를 매트릭스와 벡터를 사용해 지도로 표현해 보세요.

> "$\vec{0}$에서 출발해 $-\vec{a}_1$의 방향과 걸음 크기로 2걸음 간 후, $\vec{a}_2$의 방향과 걸음 크기로 3.3걸음 더 가고, 다시 $-\vec{a}_3$의 방향과 걸음 크기로 1.7걸음 간 곳에 가 있습니다."

정답은 이 책의 뒷부분에 있습니다.

세 번째 문제입니다.

아래 왼쪽에 세 벡터 친구 $\vec{v}_1, \vec{v}_2, \vec{v}_3$가 있습니다.

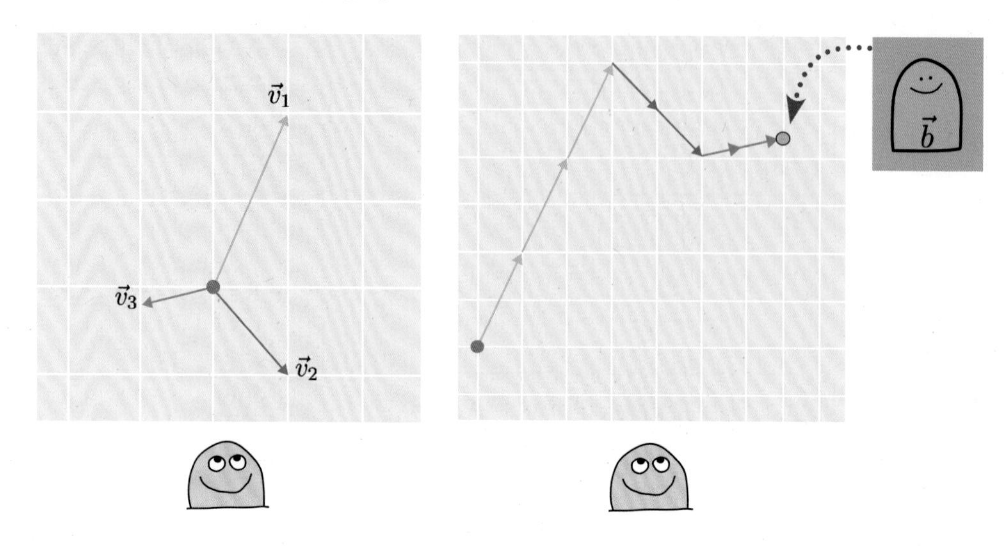

오른쪽 지도에 표시된 것처럼 $\vec{0}$에서 출발해 $\vec{b}$로 가는 길을 지도 만드는 사람들의 표현으로 정리해 보세요.

정답은 이 책의 뒷부분에 있습니다.

네 번째 문제입니다.

세 친구 벡터 $\vec{v}_1$, $\vec{v}_2$, $\vec{v}_3$가 스팬해 만든 서브스페이스에 대한 이야기입니다. 아래 그림에 $\vec{v}_1$, $\vec{v}_2$, $\vec{v}_3$ **각각**의 서브스페이스가 점선으로 표현되어 있습니다.

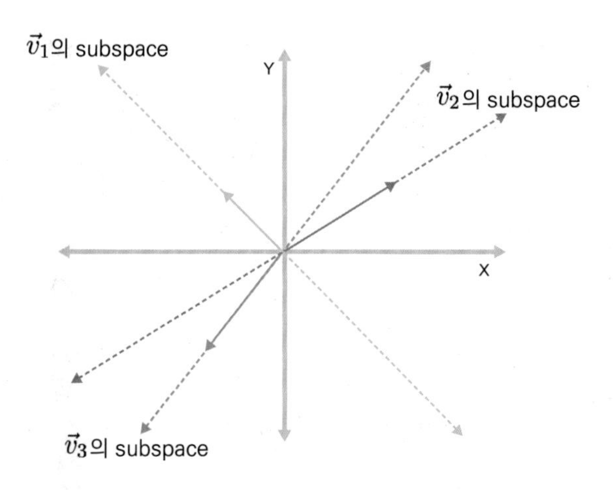

$\vec{v}_1$, $\vec{v}_2$, $\vec{v}_3$가 움직일 수 있는 방향을 이용해 $\vec{b}$에게 가는 길을 네 가지 정도로 상상해 보세요. 걸음 수는 생각하지 않아도 됩니다.

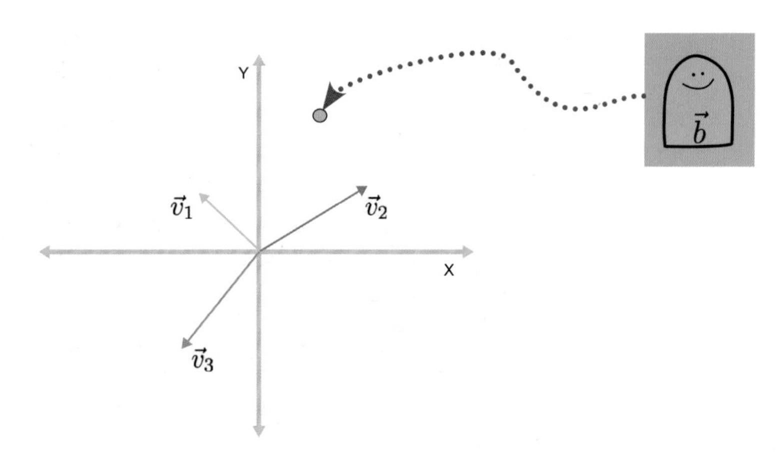

이 경우 $\vec{v}_1$, $\vec{v}_2$, $\vec{v}_3$의 리니어 컴비네이션으로 $\vec{0}$에서 $\vec{b}$에게 가는 길은 **무한히 많지만**, 그중 몇 가지 길을 다음에 나타내었습니다.

(1) (2)

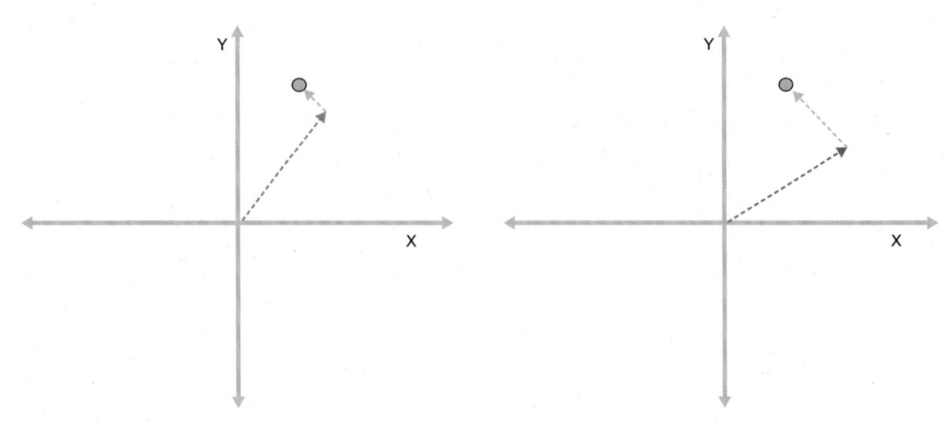

(3) (4)

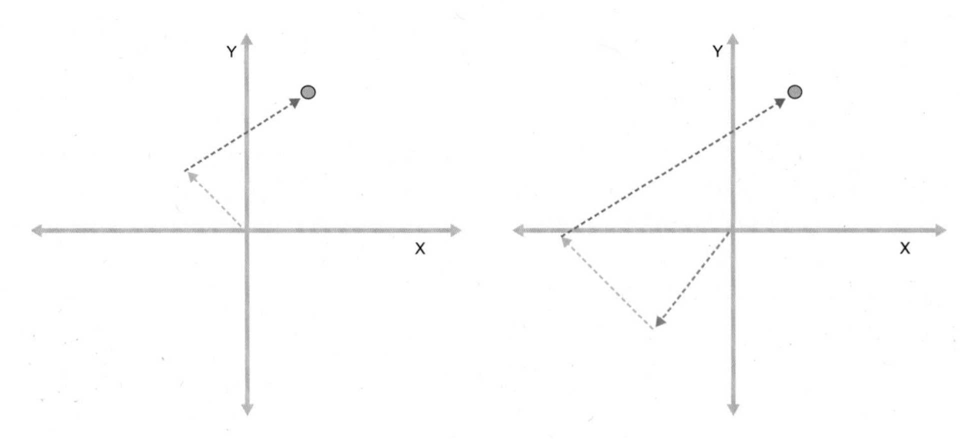

여러분이 상상했던 길과 비교해 보세요. 그리고 $\vec{v}_1$, $\vec{v}_2$, $\vec{v}_3$의 리니어 컴비네이션으로 $\vec{0}$에서 $\vec{b}$로 가는 길을 표현하기 위해 $\vec{v}_1$, $\vec{v}_2$, $\vec{v}_3$가 모두 필요한지 그렇지 않은지 한번 생각해 보세요.

그리고 $\vec{b}$가 아니라 또 다른 벡터가 등장했을 때, 해당 벡터를 스팬하려면 $\vec{v}_1$, $\vec{v}_2$, $\vec{v}_3$가 모두 필요한지 그렇지 않은지도 생각해 보세요.

지도 만드는 사람들은 위의 지도를 보고 $\vec{v}_1, \vec{v}_2, \vec{v}_3$는 함께 $\vec{b}$를 스팬할 수 있다고 말합니다.

♣♣♣♣♣♣♣♣♣♣♣♣♣♣♣♣♣♣♣♣♣♣♣♣♣

인디펜던트 벡터들이 혼자 갈 수 없는 길도 매트릭스 안에 모이면 함께 갈 수 있다는 것을 보면서

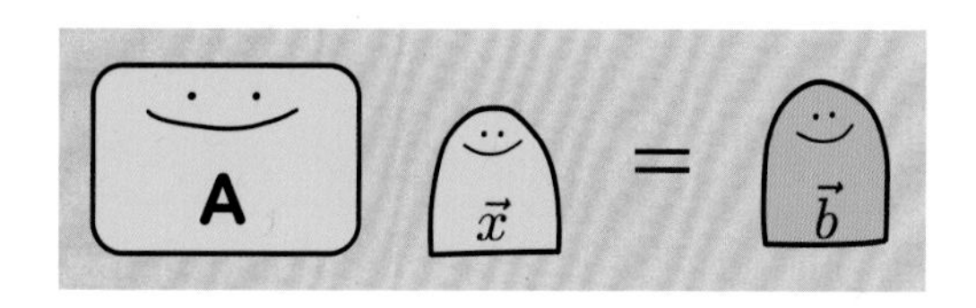

뜬끔없이 제 자신이 하나의 벡터와 같다는 상상에 이어 내가 살고 있는 지구라는 공간이 수많은 벡터들이 함께 사는 스페이스(space)이고 지구라는 한 공간에 살며 느끼는 나의 여러 감정들 또한 나만의 서브스페이스에 존재하는 감정은 아닐까?라는 생각에 이르게 되었습니다.

무한한 벡터들은 서로 다른 삶을 영위하는 수많은 사람들,

각각의 서브스페이스는 다르지만 같은 세상을 함께 살아야 하는 삶이라는 생각으로 이어지면서

매트릭스 안 인디펜던트 벡터들이 스팬으로 더 넓은 서브스페이스를 돌아다니는 과정이

혼자 할 수 없는 많은 일들을 다른 사람들과 함께 이루어 나가는 삶의 과정과 다를 바 없다

고 생각했습니다.

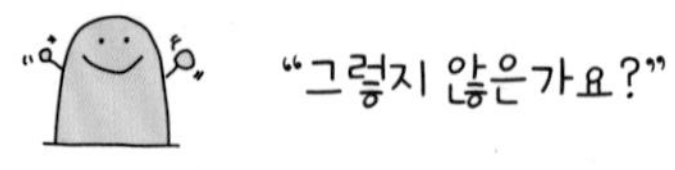

2.3 A의 컬럼 랭크

A가 다음과 같이 주어졌을 때, 이 **A**에 있는 컬럼 벡터들의 리니어 컴비네이션으로 갈 수 있는 모든 공간을 **A의 컬럼 스페이스(column space of A)**라고 하는데, 이 절에서는 **A**의 컬럼 스페이스에 대해 이야기하겠습니다.

$$A = \begin{bmatrix} 1 & 2 & -2 \\ -1 & -1 & -1 \end{bmatrix}$$

지도 만드는 사람들은 **A**의 컬럼 스페이스를 C(**A**)라고 표시하는데, C(**A**)는 실제로는 이렇게 생겼습니다.

A의 컬럼 스페이스(column space of A)는 벡터들의 언어로 A의 컬럼 벡터들이 같이 스팬하여 갈 수 있는 모든 목적지들의 집합이라는 뜻입니다.

어떤 목적지를 가려고 할 때, **A** 안에 있는 컬럼 벡터 모두가 항상 필요한 것은 아닙니다.

아래 그림처럼 $\vec{b}$로 가는 길을 표시할 때 $\vec{v}_1$, $\vec{v}_2$, $\vec{v}_3$ 모두를 사용할 수도 있지만,

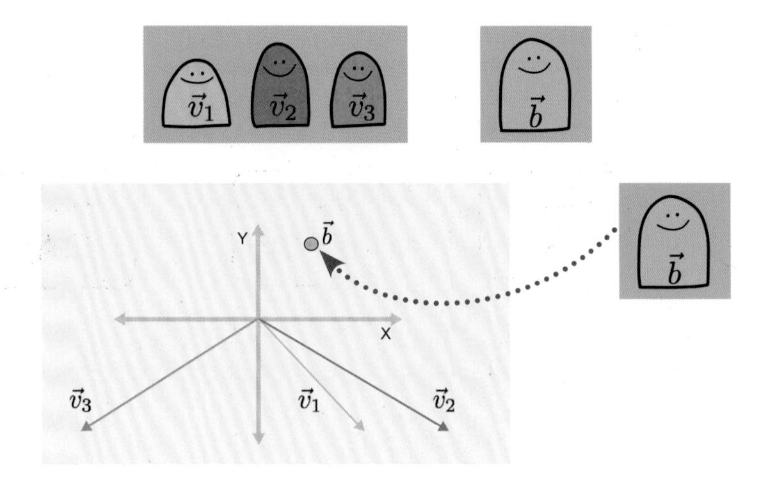

$\vec{v}_1$, $\vec{v}_2$, $\vec{v}_3$ 중 서로 인디펜던트한 두 개의 벡터만 가지고도 $\vec{b}$뿐 아니라 다른 어떤 벡터를 향해서도 스팬할 수 있다는 것을 알 수 있습니다.

"우리끼리 어깨 걷고 갈까?"

말하자면, $\vec{b}$를 위 지도의 분홍색 상자 안 어디로 옮겨도 위에 있는 세 벡터 그룹 중 $\vec{v}_2$와 $\vec{v}_3$, 또는 $\vec{v}_1$과 $\vec{v}_3$, 또는 $\vec{v}_1$과 $\vec{v}_2$ 그룹에 있는 벡터들만으로도 $\vec{b}$에게 가는 길을 표현할 수 있다는 얘기입니다.

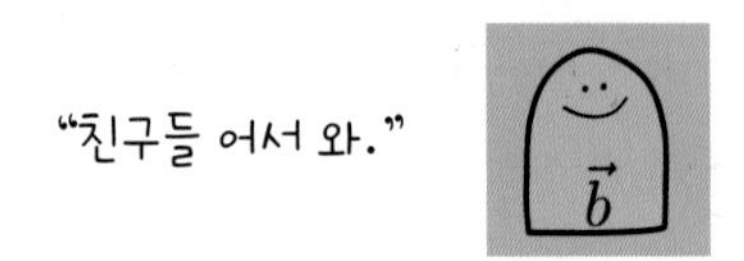

이처럼 **A**의 컬럼 벡터들 중 서로 인디펜던트한 벡터들만 모아 스팬해도 **A**의 모든 컬럼 벡터를 사용해 스팬하는 서브스페이스와 같다는 것은 지도 만드는 사람들이 알아야 할 중요한 사실입니다.

이때 **A** 안에 있는 인디펜던트 컬럼 벡터들의 개수를 **A의 컬럼 랭크(column rank of A)**라고 하는데,

A의 컬럼 랭크는 매트릭스들이 추는 **rref**(알알이에프)나 **랭크**(rank)라고 부르는 춤을 통해 알 수 있습니다.

매트릭스들이 추는 rank라는 춤은 어려운 춤 중 하나여서 R에게 **A**가 춘 rank 춤의 결과를 요청하면, R은 또 라이브러리(library)에서 **pracma**라는 참고서를 빌려 와 읽은 후, Rank( )라는 자신들의 언어로 다음과 같은 결과를 보여 줍니다.

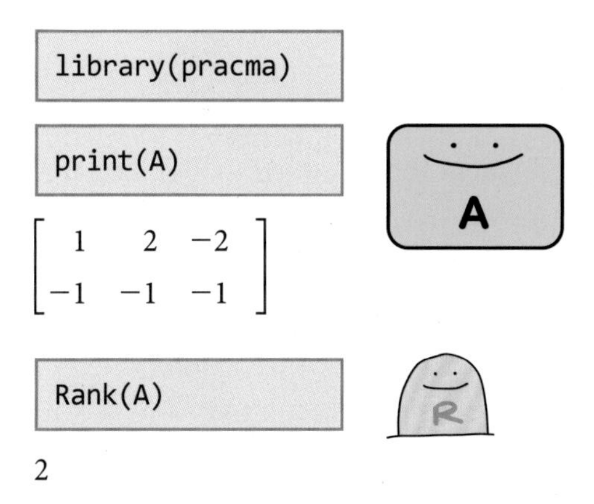

R이 답한 **A**의 rank 춤의 결과물은 2이군요.

A의 컬럼 랭크가 2라는 의미는 **A** 안에 컬럼 벡터들이 다 같이 모여 있다 해도 서로 인디펜던트한 벡터는 2개밖에 없다는 사실을 의미합니다.

A에 있는 2개의 인디펜던트 벡터만 스팬해도 **A**의 모든 컬럼 벡터들이 서로 스팬해 만드는

서브스페이스와 같은 서브스페이스를 만들 수 있습니다. 3개의 벡터가 들어 있는 아래 매트릭스 **A**의 C(**A**)는 아래처럼 각 2개의 벡터들이 있는 3개의 매트릭스 중 어느 것을 선택하더라도 C(**A**) 전체를 스팬할 수 있습니다.

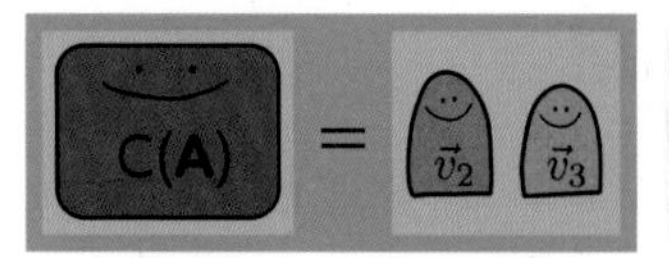

안녕하세요. 우리는 C(A)의 basis입니다.

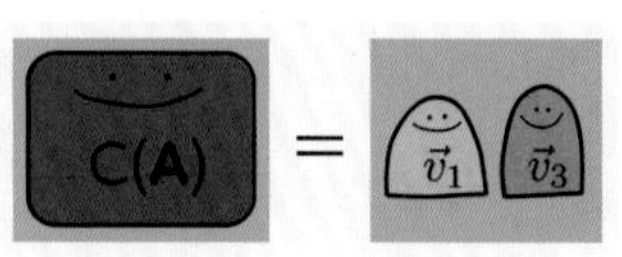

안녕하세요. 우리는 C(A)의 basis입니다.

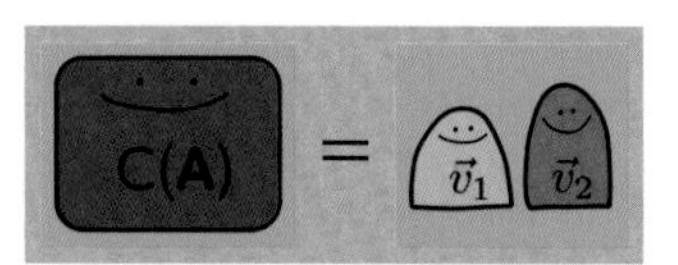

안녕하세요. 우리는 C(A)의 basis입니다.

이렇게 **A** 안에 있는 인디펜던트 벡터들의 모임을 **C(A)의 베이시스**(basis)라 하고, 베이시스 모임 안에 있는 벡터를 **베이시스 벡터**(basis vector)라고 합니다. **서브스페이스**에게 **베이시스**란 벡터들의 언어로 해당 서브스페이스를 스팬할 때 꼭 필요한 인디펜던트 벡터들의 모임이라는 뜻입니다.

위에 보인 것처럼 C(**A**)의 베이시스가 될 수 있는 벡터들의 모임은 3개 있었습니다. 매트릭스의 컬럼 벡터 개수가 많을수록 위와 같이 서로 다른 인디펜던트 벡터들 모임 수가 많아질 수 있는데 지도를 만들 때는 그중 하나의 베이시스만 있으면 됩니다.

사람들이 술래잡기할 때 가위 바위 보로 술래를 정하듯, 매트릭스 **A** 안에 있는 벡터들은 처음 C(**A**)의 베이시스가 될 벡터들을 그들만의 아름다운 춤, rref를 통해 정합니다.

rref는 0과 1만 있으면 술래, 가위 바위 보! 하며 추는 춤으로, 결과물은 **A와 디멘션(dimension)이 같은 매트릭스**를 탄생시킵니다.

R은 rref(**A**)의 결과물을 다음과 같이 보여 줍니다.

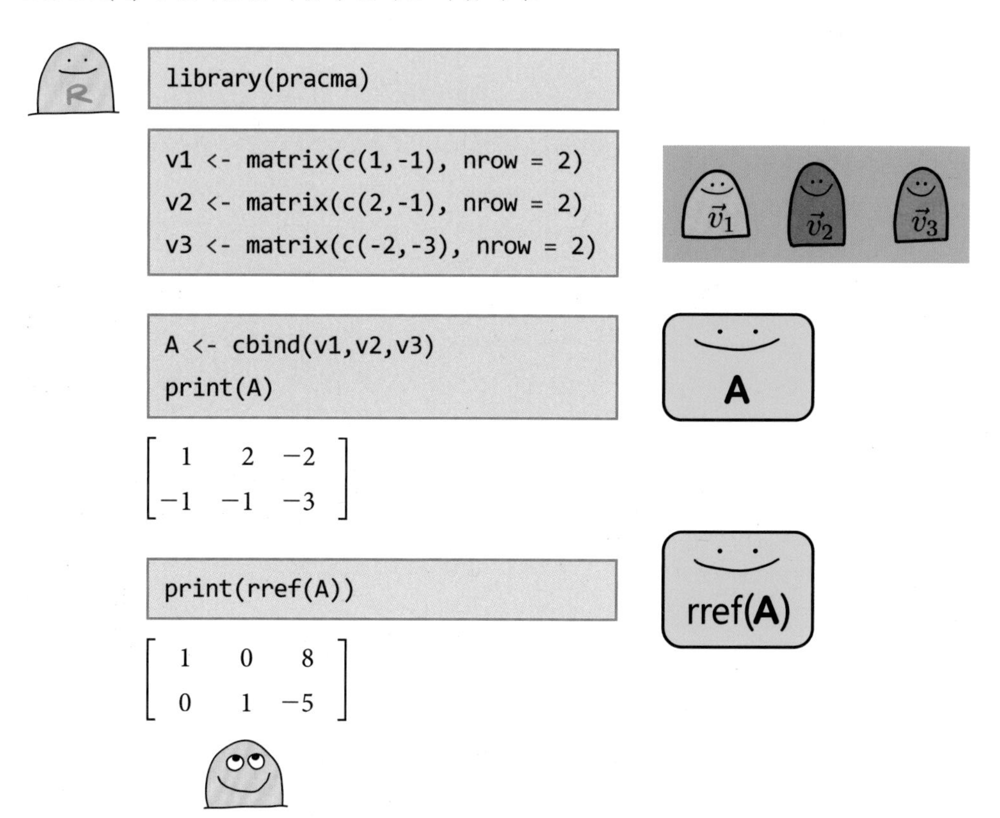


```
library(pracma)
```

```
v1 <- matrix(c(1,-1), nrow = 2)
v2 <- matrix(c(2,-1), nrow = 2)
v3 <- matrix(c(-2,-3), nrow = 2)
```

```
A <- cbind(v1,v2,v3)
print(A)
```

$$\begin{bmatrix} 1 & 2 & -2 \\ -1 & -1 & -3 \end{bmatrix}$$

```
print(rref(A))
```

$$\begin{bmatrix} 1 & 0 & 8 \\ 0 & 1 & -5 \end{bmatrix}$$

rref(**A**)에서 0과 1만 남아 있는 컬럼 벡터들은 **A**의 인디펜던트 컬럼 벡터의 위치를 알려 줍니다.

rref(**A**)와 **A**를 비교해 C(**A**)의 베이시스를 찾는 과정에 익숙해질 수 있도록 연습 문제를 준비했습니다.

♣♣♣♣♣♣♣♣♣♣♣♣♣

[연습 문제]

첫 번째 문제입니다.

다음 rref(**A**)와 **A**를 비교해 C(**A**)의 베이시스를 찾아 보세요.

```
print(A)
```

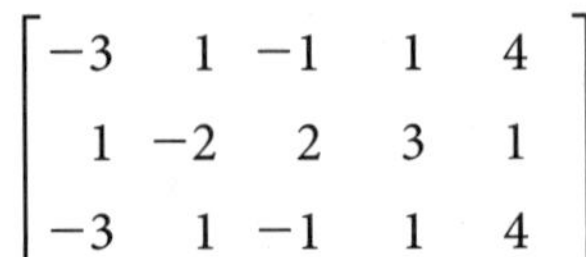

$$\begin{bmatrix} -3 & 1 & -1 & 1 & 4 \\ 1 & -2 & 2 & 3 & 1 \\ -3 & 1 & -1 & 1 & 4 \end{bmatrix}$$

```
print(rref(A))
```

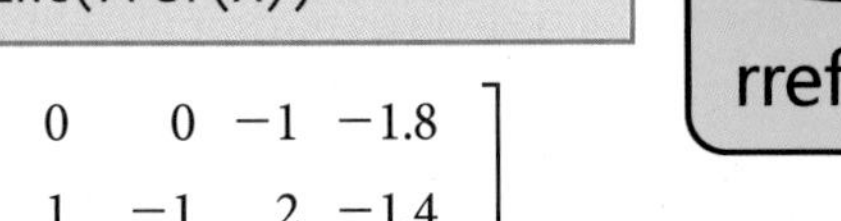

$$\begin{bmatrix} 1 & 0 & 0 & -1 & -1.8 \\ 0 & 1 & -1 & 2 & -1.4 \\ 0 & 0 & 0 & 0 & 0 \end{bmatrix}$$

"첫 번째와 두 번째 컬럼 벡터가 C(A)의 베이시스 벡터네요."

두 번째 문제입니다.

다음 rref(**A**)와 **A**를 비교해 C(**A**)의 베이시스를 찾아 보세요.

```
print(A)
```

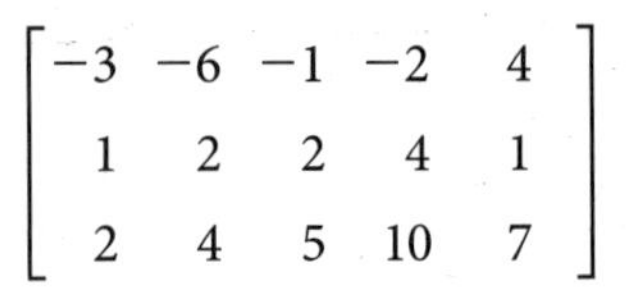

$$\begin{bmatrix} -3 & -6 & -1 & -2 & 4 \\ 1 & 2 & 2 & 4 & 1 \\ 2 & 4 & 5 & 10 & 7 \end{bmatrix}$$

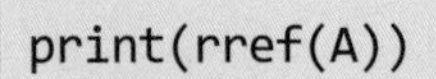

```
print(rref(A))
```

$$\begin{bmatrix} 1 & 2 & 0 & 0 & 0 \\ 0 & 0 & 1 & 2 & 0 \\ 0 & 0 & 0 & 0 & 1 \end{bmatrix}$$

"첫 번째, 세 번째, 그리고 다섯 번째 컬럼 벡터들이 C(A)의 베이시스 벡터들이네요."

세 번째 문제입니다.

다음 rref(**A**)와 **A**를 비교해 C(**A**)의 베이시스를 찾아 보세요.

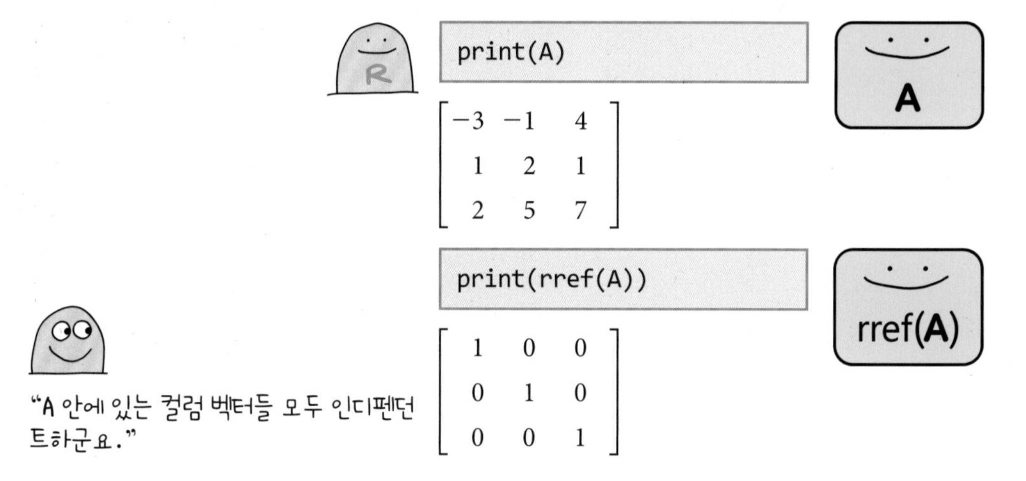

네 번째 문제입니다.

다음 rref(**A**)와 **A**를 비교해 C(**A**)의 베이시스를 찾아 보세요.

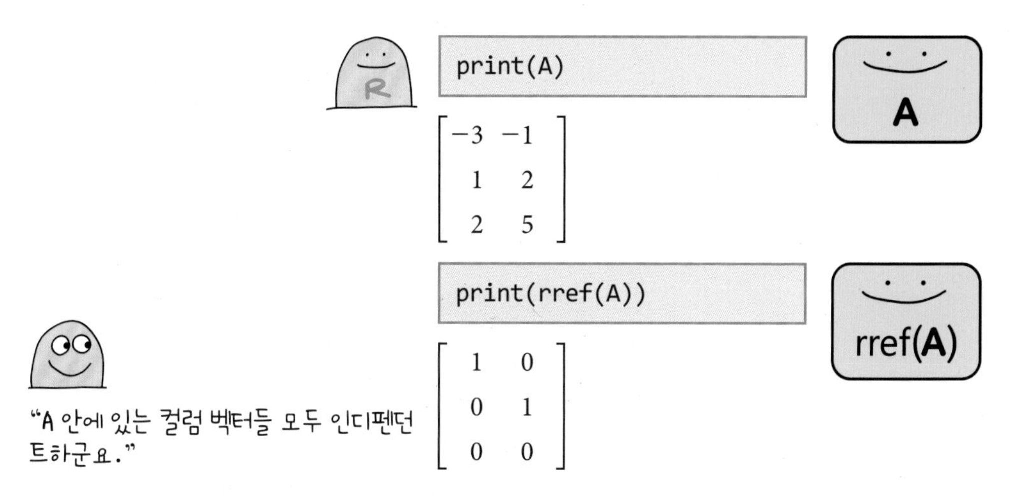

다섯 번째 문제입니다.

다음 rref(**A**)와 **A**를 비교해 C(**A**)의 베이시스를 찾아 보세요.

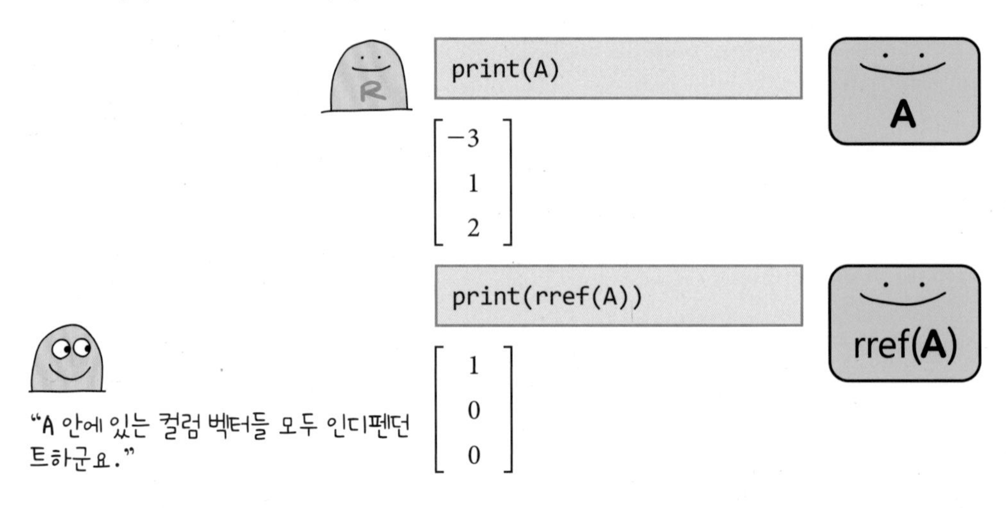

따라서 모든 컬럼 벡터들이 그냥 **A** 안에 있습니다.

마지막 다섯 번째 문제의 경우 디멘션 3×1인 매트릭스는 사이즈 3인 컬럼 벡터와 같습니다. 매트릭스 안에 벡터가 한 개밖에 없다면, 해당 매트릭스는 벡터와 같은 성격을 가집니다.

♣♣♣♣♣♣♣♣♣♣♣♣♣♣♣♣♣♣♣♣♣♣♣♣

A 컬럼 벡터의 리니어 컴비네이션으로 갈 수 있는 곳을 **A의 컬럼 스페이스**(column space of **A**)라 하며 C(**A**)로 표시한다고 했습니다.

앞으로 C(**A**)의 베이시스 벡터들이 들어 있는 매트릭스, 또는 C(**A**) 자체를 이야기할 때는 아래와 같은 매트릭스로 표시하겠습니다.

A의 로우 벡터의 리니어 컴비네이션으로 갈 수 있는 모든 곳을 **A의 로우 스페이스**(row space of **A**)라 하고, 지도 만드는 사람들은 이것을 R(**A**)라고 적습니다.

앞으로 R(**A**)의 베이시스가 들어 있는 매트릭스, 또는 R(**A**) 자체를 이야기할 때는 다음과 같이 표시하겠습니다.

C(**A**)와 R(**A**)에 대해서는 앞으로 계속해서 더 자세히 이야기하겠습니다.

2.4 A의 rref(A) 춤으로 A의 컬럼 벡터를 B와 D로 헤쳐 모이게 하기

이번에는 지금까지 얘기에서 봐 왔던 이렇게 생긴 매트릭스와 벡터의 모임을

이런 모양으로 나누어 헤쳐 모여 하는 방법에 대해 이야기하겠습니다.

이런 헤쳐 모여 방법을 알면, 차후 지도 만드는 사람이 되어 여러 종류의 지도를 만들고자 할 때 유용하게 사용할 수 있습니다.

헤쳐 모여 하는 과정은 rref(**A**)와 **A**를 비교한 후, **A** 안에 있는 인디펜던트한 컬럼 벡터들과 그 벡터들에 대해 디펜던트한 컬럼 벡터들을 두 개의 다른 매트릭스에 나눠 모이게 하는 것으로 시작합니다.

R이 **A**와 rref(**A**)를 다음처럼 보여 주면, 지도 만드는 사람들은 **A**의 첫 번째와 두 번째 컬럼 벡터가 함께 있으면 서로 인디펜던트한 벡터임을 확인할 수 있습니다.

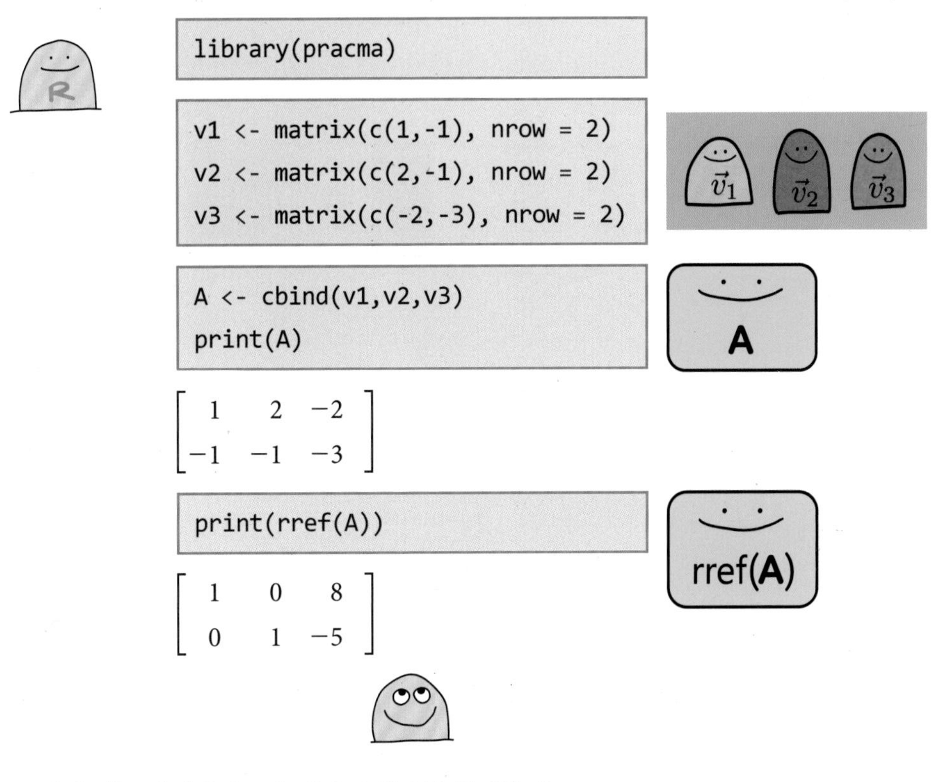

$$\begin{bmatrix} 1 & 2 & -2 \\ -1 & -1 & -3 \end{bmatrix}$$

$$\begin{bmatrix} 1 & 0 & 8 \\ 0 & 1 & -5 \end{bmatrix}$$

A 안에 있는 인디펜던트한 벡터의 위치를 확인한 후

A의 컬럼 벡터 중 함께 있을 때 인디펜던트한 컬럼 벡터들을 **B**라는 매트릭스로, **B**에 있는 벡터들과 디펜던트한 벡터들을 **D**라는 매트릭스로 따로 모이게 합니다.

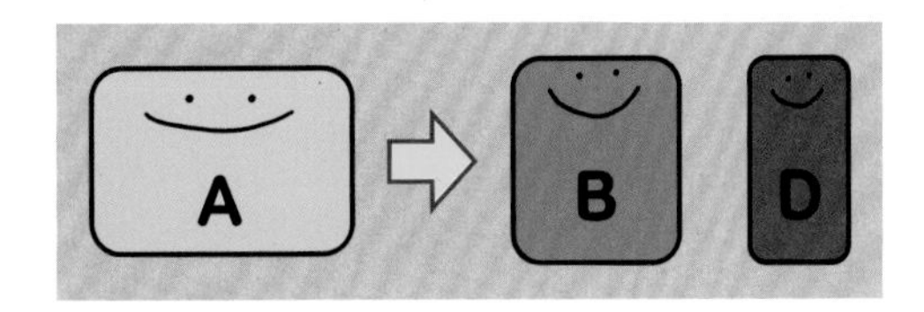

R이 **A**를 **B**와 **D**로 나누는 과정은 다음과 같습니다.

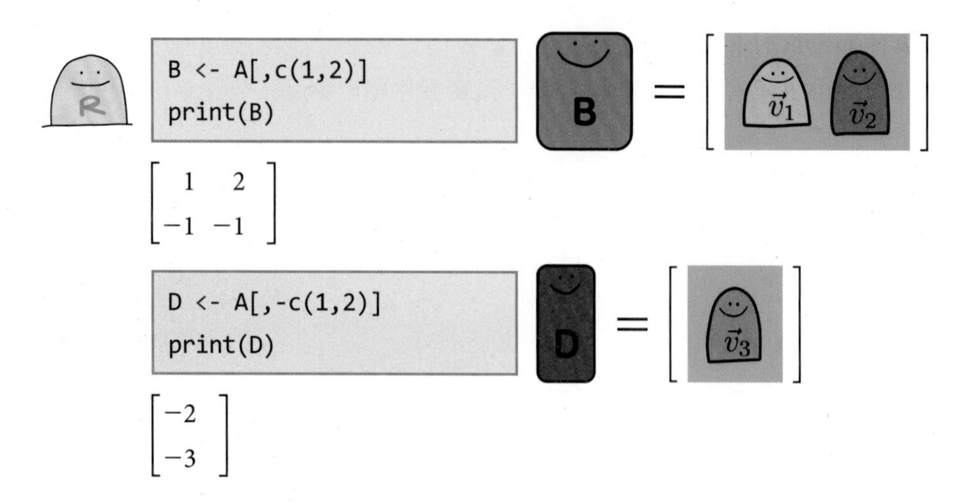

위에 보인 R의 언어를 지도 만드는 사람들의 언어로 해석하면 다음과 같습니다.

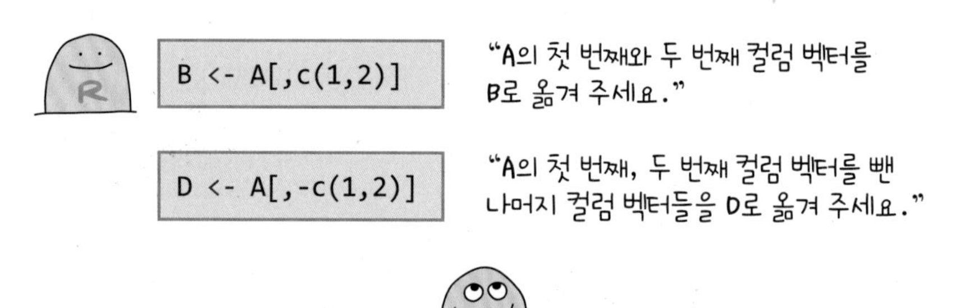

A를 **B**와 **D**로 나눈 후에는 $\vec{x}$를 아래 그림과 같이

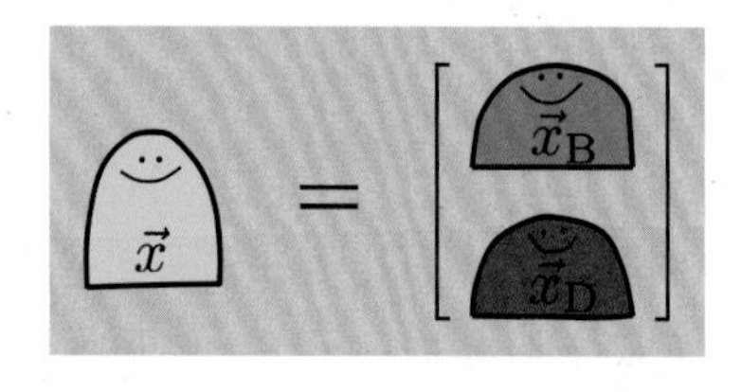

B에 들어간 리니어 컴비네이션을 의미하는 $\vec{x}_B$와 **D**에 들어간 벡터들의 리니어 컴비네이션을 의미하는 $\vec{x}_D$로 나눠 주어야 합니다.

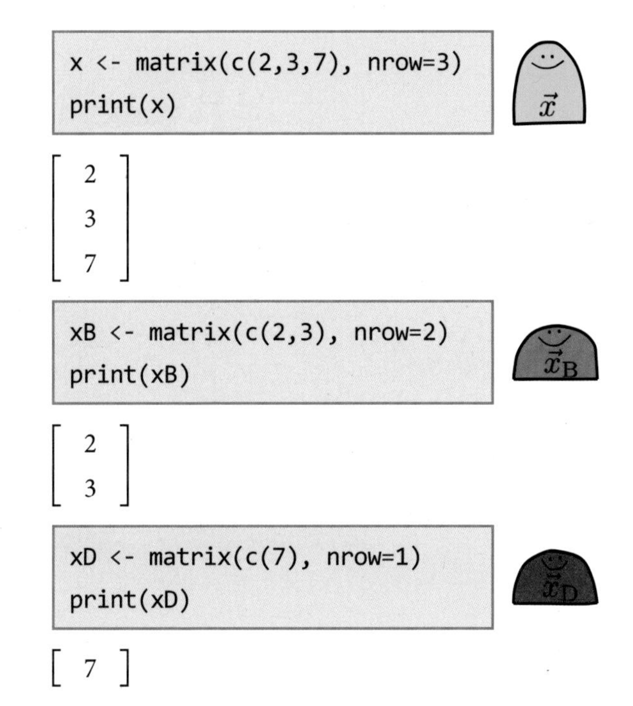

그러면 **A**와 $\vec{x}$로 표현했던 아래의 지도를

B, **D**와 $\vec{x}_B$, $\vec{x}_D$를 사용해 다음과 같이 표현할 수 있습니다.

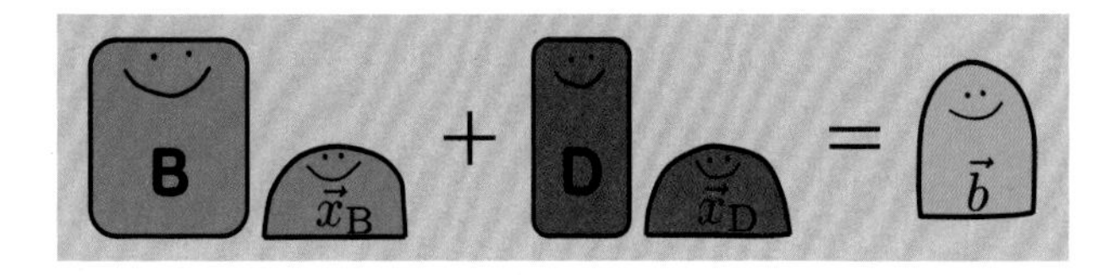

R은 위의 지도를 다음과 같이 표현합니다.

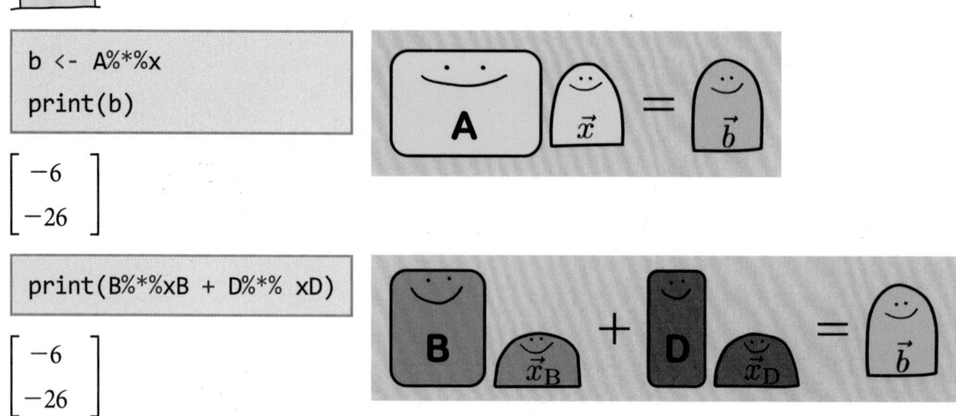

```
b <- A%*%x
print(b)
```

$$\begin{bmatrix} -6 \\ -26 \end{bmatrix}$$

```
print(B%*%xB + D%*% xD)
```

$$\begin{bmatrix} -6 \\ -26 \end{bmatrix}$$

지도 만드는 사람들에게 위의 두 매트릭스를 부르는 이름이 몇 가지 있지만,

제 이야기에서는 **A**의 컬럼 벡터들 중 함께 있을 때 인디펜던트한 컬럼 벡터들이 모이는 매트릭스를 **B**라 부르고,

A의 컬럼 벡터들 중 **B**에 들어간 벡터들과 디펜던트한 벡터들이 들어가는 매트릭스를 **D**라 부르기로 하겠습니다.

B는 rref(**A**)와 **A**를 비교해 찾아 낸 C(**A**)의 수많은 베이시스 중 하나입니다. C(**A**)의 베이시스는 **B** 말고도 앞서 이야기했던 것처럼 다른 벡터들의 모임이 될 수도 있습니다.

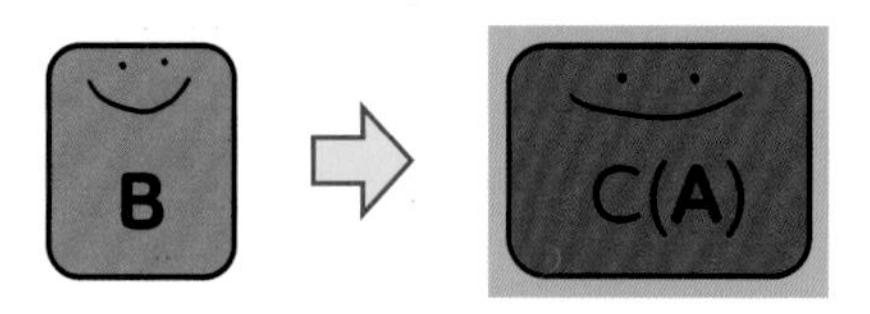

위에서 이야기한 방법을 통해 아래 매트릭스와 벡터를 어떻게 헤쳐 모여 하는지 R과 함께 한데 모아 보여드리겠습니다.

$$\begin{bmatrix} 1 & 2 & -2 \\ -1 & -1 & -3 \end{bmatrix} \begin{bmatrix} 2 \\ 3 \\ 7 \end{bmatrix} = \begin{bmatrix} -6 \\ -26 \end{bmatrix}$$

먼저, **A**를 **B**와 **D**로 나누는 과정입니다.

```
library(pracma)
```

```
v1 <- matrix(c(1,-1), nrow = 2)
v2 <- matrix(c(2,-1), nrow = 2)
v3 <- matrix(c(-2,-3), nrow = 2)
```

```
A <- cbind(v1,v2,v3)
print(A)
```

$$\begin{bmatrix} 1 & 2 & -2 \\ -1 & -1 & -3 \end{bmatrix}$$

```
print(rref(A))
```

$$\begin{bmatrix} 1 & 0 & 8 \\ 0 & 1 & -5 \end{bmatrix}$$

```
B <- A[,c(1,2)]
print(B)
```

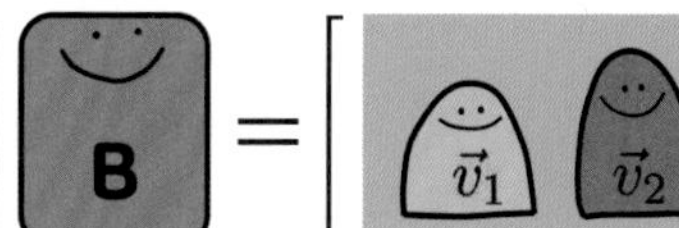

$$\begin{bmatrix} 1 & 2 \\ -1 & -1 \end{bmatrix}$$

```
D <- A[,-c(1,2)]
print(D)
```

$$\begin{bmatrix} -2 \\ -3 \end{bmatrix}$$

두 번째는 **B**와 **D**에 들어 있는 벡터의 리니어 컴비네이션을 표현하는 $\vec{x}_B$와 $\vec{x}_D$로 나누는 과정입니다.

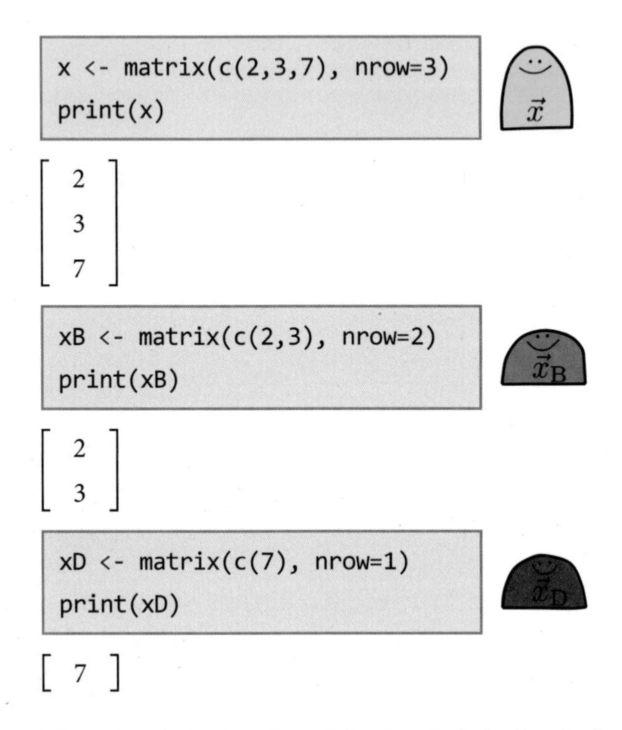

```
x <- matrix(c(2,3,7), nrow=3)
print(x)
```

$$\begin{bmatrix} 2 \\ 3 \\ 7 \end{bmatrix}$$

```
xB <- matrix(c(2,3), nrow=2)
print(xB)
```

$$\begin{bmatrix} 2 \\ 3 \end{bmatrix}$$

```
xD <- matrix(c(7), nrow=1)
print(xD)
```

$$\begin{bmatrix} 7 \end{bmatrix}$$

이제 지도에 표현된 목적지를 비교하면, 나누어 표현한 지도나 원래 지도나 같은 곳을 알려주고 있다는 것을 알 수 있을 것입니다.

```
b <- A%*%x
print(b)
```

$$\begin{bmatrix} -6 \\ -26 \end{bmatrix}$$

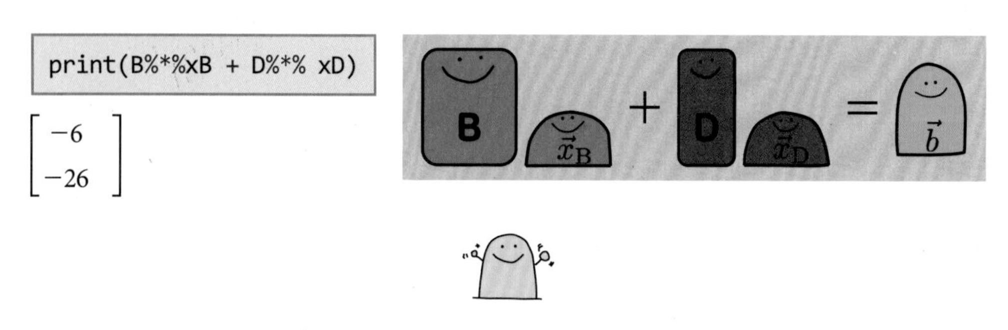


```
print(B%*%xB + D%*% xD)
```

$$\begin{bmatrix} -6 \\ -26 \end{bmatrix}$$

A를 **B**와 **D**로 나눈 후,

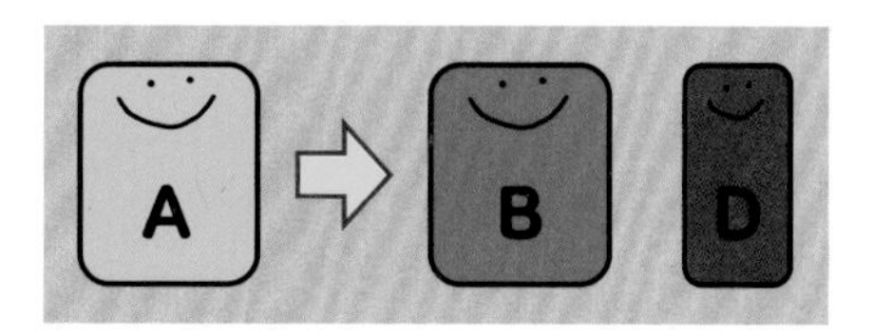

아래와 같이 표현해도 같은 결과를 얻을 수 있다는 걸 보면서

$\vec{b}$까지 한 번에 가는 길이 멀면 $\mathbf{B}\vec{x}_B$만큼 가서 한 번 쉰 후, $\mathbf{D}\vec{x}_D$만큼 가도 같은 목적지에 도달할 수 있구나 하고 생각했습니다.

처음 지도 만드는 사람들이 위와 같은 지도 만들기 준비 작업을 하면서 가끔 $\vec{x}$의 사이즈를 잘못 적는 경우를 봤습니다.

A는 디멘션이 2×3인 매트릭스이므로 $\vec{x}$의 사이즈는 3이 되어야 합니다. 컬럼 벡터 3개의 리니어 컴비네이션을 표현해야 하기 때문이죠.

같은 이유로 **B**는 2×2 매트릭스이므로 $\vec{x}_B$의 사이즈는 2여야 하며, **D**는 2×1 매트릭스이므로 $\vec{x}_D$의 사이즈는 1이어야 합니다.

만약 $\vec{x}$의 사이즈가 **A**의 컬럼 수보다 적으면, 가야 할 길을 몰라 우왕좌왕하는 컬럼 벡터가 생기고,

만약 $\vec{x}$의 사이즈가 **A**의 컬럼 수보다 많으면, 벡터들은 누가 더 움직여야 할지 몰라 매우 혼란스러워할 수 있습니다.

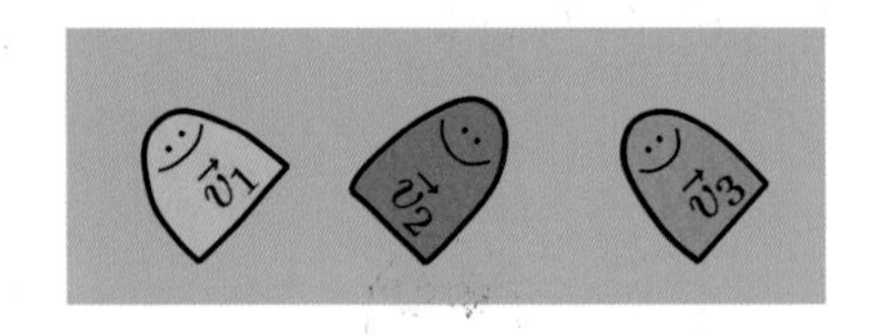

A를 **B**와 **D**로 나누는 방법에 익숙해질 수 있도록 연습 문제를 준비하였습니다. 따라해 보시기 바랍니다.

♣♣♣♣♣♣♣♣♣♣♣♣♣

[연습 문제]

첫 번째 문제입니다.

```
library(pracma)
```

```
v1 <- matrix(c(1,-1), nrow = 2)
v2 <- matrix(c(2,-1), nrow = 2)
v3 <- matrix(c(-2,-3), nrow = 2)
```

```
A <- cbind(v1,v2,v3)
print(A)
```

$$\begin{bmatrix} 1 & 2 & -2 \\ -1 & -1 & -3 \end{bmatrix}$$

```
x <- matrix(c(2,3,7), nrow = 3)
print(x)
```

$$\begin{bmatrix} 2 \\ 3 \\ 7 \end{bmatrix}$$

```
b <- A%*%x
print(b)
```

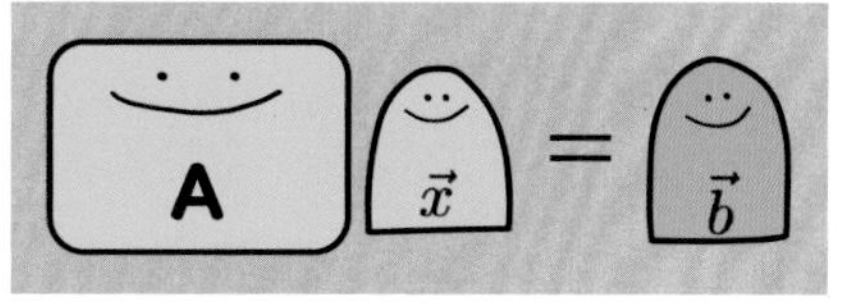

$$\begin{bmatrix} -6 \\ -26 \end{bmatrix}$$

```
print(rref(A))
```

$$\begin{bmatrix} 1 & 0 & 8 \\ 0 & 1 & -5 \end{bmatrix}$$

```
B <- A[,c(1,2)]
print(B)
```

$$\begin{bmatrix} 1 & 2 \\ -1 & -1 \end{bmatrix}$$

```
D <- A[,-c(1,2)]
print(D)
```

$$\begin{bmatrix} -2 \\ -3 \end{bmatrix}$$

두 번째 문제입니다.

```
print(A)
```

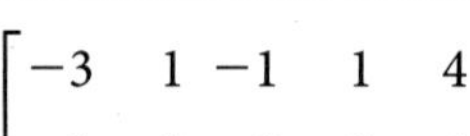

$$\begin{bmatrix} -3 & 1 & -1 & 1 & 4 \\ 1 & -2 & 2 & 3 & 1 \\ 2 & -4 & 5 & 8 & 7 \end{bmatrix}$$

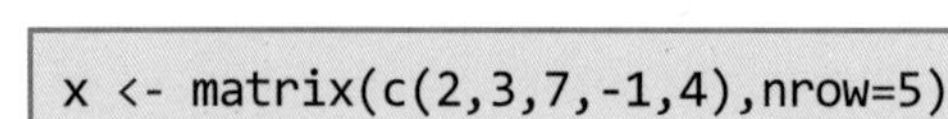

```
x <- matrix(c(2,3,7,-1,4),nrow=5)
```

```
b <- A%*%x
print(b)
```

$$\begin{bmatrix} 5 \\ 11 \\ 47 \end{bmatrix}$$

```
print(rref(A))
```

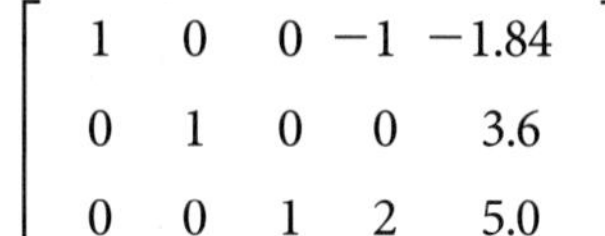

$$\begin{bmatrix} 1 & 0 & 0 & -1 & -1.84 \\ 0 & 1 & 0 & 0 & 3.6 \\ 0 & 0 & 1 & 2 & 5.0 \end{bmatrix}$$

```
B <- A[,c(1,2,3)]
D <- A[,-c(1,2,3)]
```

```
xB <- matrix(c(2,3,7),nrow=3)
xD <- matrix(c(-1,4),nrow=2)
```

```
print(B%*%xB + D%*% xD)
```

$$\begin{bmatrix} 5 \\ 11 \\ 47 \end{bmatrix}$$

세 번째 문제입니다.

```
print(A)
```

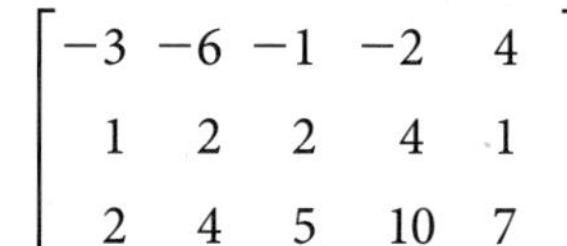

$$\begin{bmatrix} -3 & -6 & -1 & -2 & 4 \\ 1 & 2 & 2 & 4 & 1 \\ 2 & 4 & 5 & 10 & 7 \end{bmatrix}$$

```
x <- matrix(c(2,4,7,3,1),nrow=5)
```

```
b <- A%*%x
print(b)
```

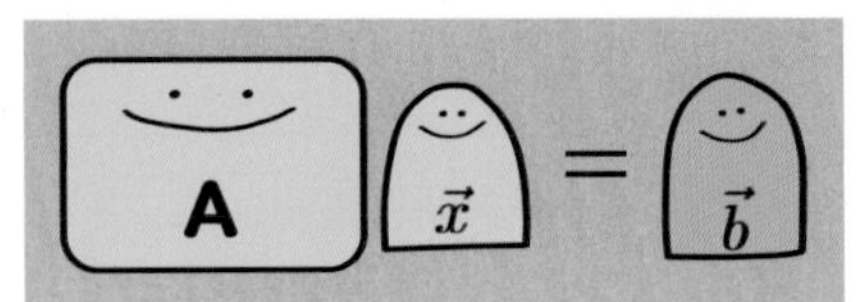

$$\begin{bmatrix} -39 \\ 37 \\ 92 \end{bmatrix}$$

```
print(rref(A))
```

$$\begin{bmatrix} 1 & 2 & 0 & 0 & 0 \\ 0 & 0 & 1 & 2 & 0 \\ 0 & 0 & 0 & 1 & 1 \end{bmatrix}$$

```
B <- A[,c(1,3,5)]
D <- A[,-c(1,3,5)]
```

```
xB <- matrix(c(2,7,1),nrow=3)
xD <- matrix(c(4,3),nrow=2)
```

```
print(B%*%xB + D%*% xD)
```

$$\begin{bmatrix} -39 \\ 37 \\ 92 \end{bmatrix}$$

♣♣♣♣♣♣♣♣♣♣♣♣♣♣♣♣♣♣♣♣♣♣♣♣♣♣

2.5 매트릭스 트랜스포즈와 인벌스에 대하여

A를 **B**와 **D**로 나눈 후, **A** 컬럼 벡터들의 리니어 컴비네이션으로 표현했던 지도를 **B** 컬럼 벡터의 리니어 컴비네이션만으로 표현할 수 있습니다.

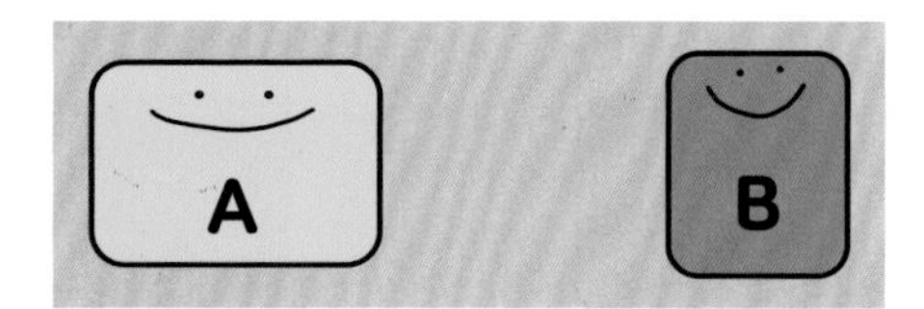

왜냐 하면, **B**는 C(**A**)의 베이시스(basis)이기 때문입니다.

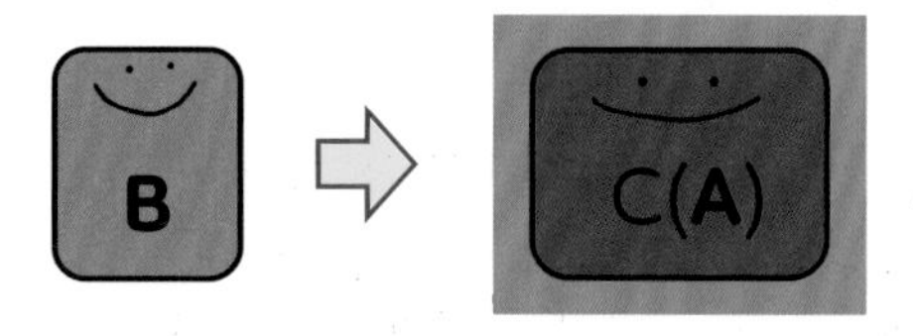

지도 만드는 사람들이 **B**의 컬럼 벡터의 리니어 컴비네이션만으로 지도를 표현하기 위해서는 매트릭스가 추는 **트랜스포즈**(transpose)와 **인벌스**(inverse)라는 춤을 이해해야 합니다.

이번 이야기는 매트릭스들이 추는 또 다른 아름다운 춤, 트랜스포즈와 인벌스에 대한 이야기입니다.

먼저 매트릭스는 안에 들어 있는 컬럼 벡터와 로우 벡터들의 사이즈가 같은지 다른지에 따라 **렉탱귤러 매트릭스**(rectangular matrix)와 **스퀘어 매트릭스**(square matrix)로 나눌 수 있습니다.

"나는 렉탱귤러 매트릭스(rectangular matrix)입니다."

"나는 스퀘어 매트릭스(square matrix)입니다."

렉탱귤러 매트릭스(rectangular matrix)는 로우 벡터와 컬럼 벡터의 개수가 다르고 **스퀘어 매트릭스**(square matrix)는 로우 벡터와 컬럼 벡터의 개수가 같은 매트릭스입니다.

트랜스포즈는 누구나 출 수 있는 간단한 춤이기에 이 두 매트릭스 모두 트랜스포즈 춤을 출 수 있습니다.

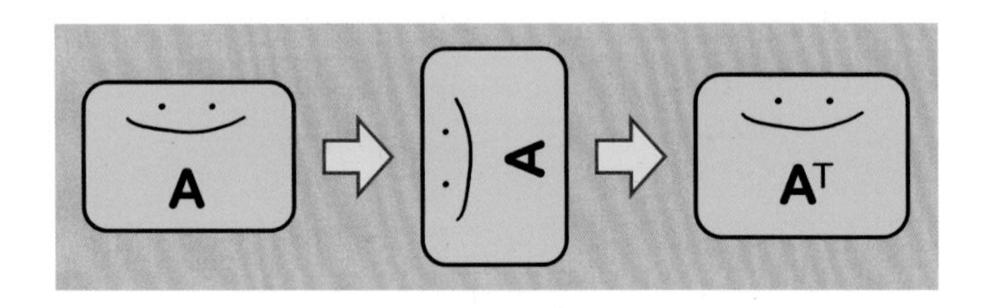

매트릭스가 트랜스포즈 춤을 추는 이유는 두 가지입니다.

그 첫 번째 이유는 매트릭스 안에 있는 벡터들끼리 단체로 닷 프러덕트하기 위함이고,

두 번째 이유는 스퀘어(square) 아닌 매트릭스가 **그램**(gram)이라는 이름의 매트릭스를 만들어

스퀘어 매트릭스만 시도 가능한 **인벌스**(inverse)라는 춤을 **시도하기** 위해서입니다.

트랜스포즈 춤을 통해 매트릭스가 단체로 닷 프러덕트하는 과정을 지도 만드는 사람들은 **매트릭스 멀티플리케이션**(matrix multiplication)이라고 합니다.

아래와 같이 디멘션이 3×5인 **A**와 2×5인 **F**가 있을 때,

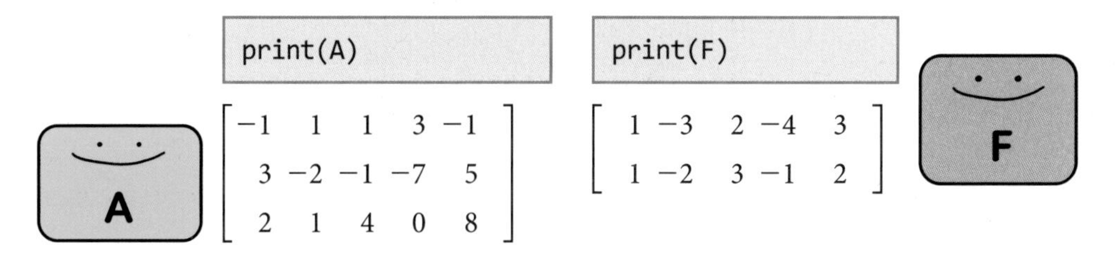

A와 **F**가 매트릭스 멀티플리케이션(multiplication)하려면 누가 트랜스포즈해야 될지 생각해 보세요.

$$[3\times5][5\times2]=[3\times2]$$
$$[3\times5][5\times2]=[3\times2]$$
$$[3\times2]=[3\times2]$$

지도 만드는 사람들은 위의 회색 상자에 들어 있는 것처럼 **A**와 **F**의 디멘션을 가지고 누가 트랜스포즈 춤을 추어야 하는지 알아낼 수 있습니다. 위에 보인 것처럼 **F**가 트랜스포즈해야 한다는 것을 알고 나면 다음과 같이 R의 도움으로 매트릭스 멀티플리케이션 결과물을 알 수 있습니다.

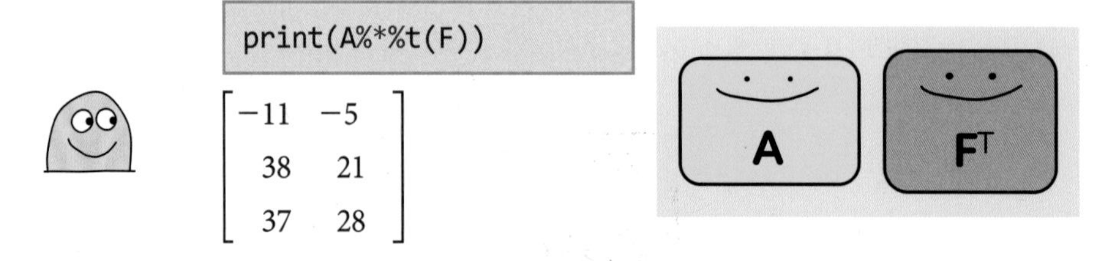


```
print(A%*%t(F))
```

$$\begin{bmatrix} -11 & -5 \\ 38 & 21 \\ 37 & 28 \end{bmatrix}$$

1장에서 벡터들이 혼자 트랜스포즈해 닷 프러덕트하는 얘기를 했었는데

매트릭스 역시 혼자 트랜스포즈하여 매트릭스 멀티플리케이션할 수 있습니다.

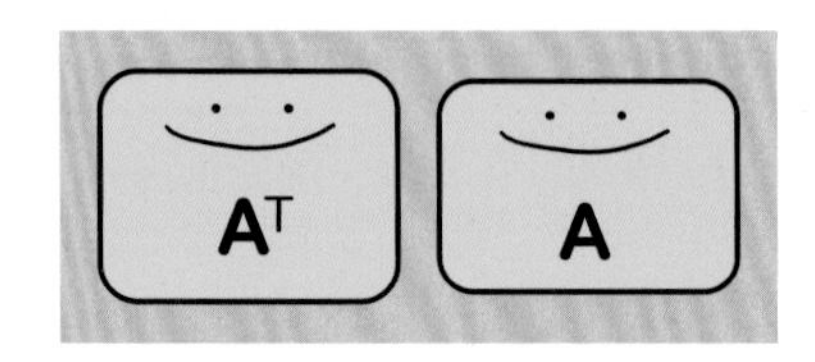

트랜스포즈는 매트릭스나 벡터들에게는 매우 간단한 춤입니다. 지도 만드는 사람들이 다른 사람을 만났을 때 오늘 날씨 참 좋네요?라며 악수하는 정도입니다.

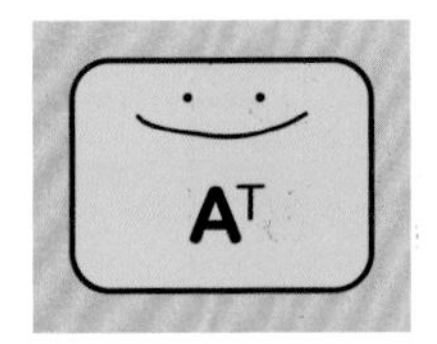

매트릭스들이 트랜스포즈한 후 매트릭스 멀티플리케이션하는 과정에 익숙해지기 위해 연습 문제를 준비하였습니다.

♣♣♣♣♣♣♣♣♣♣♣♣♣

[연습 문제]

다음과 같은 매트릭스가 있습니다.

다음과 같이 두 매트릭스를 멀티플리케이션할 때, 필요하다면 어떤 매트릭스를 트랜스포즈 해야 할지, 그리고 그 결과물로 나오는 매트릭스의 디멘션은 무엇인지 적어 보세요.

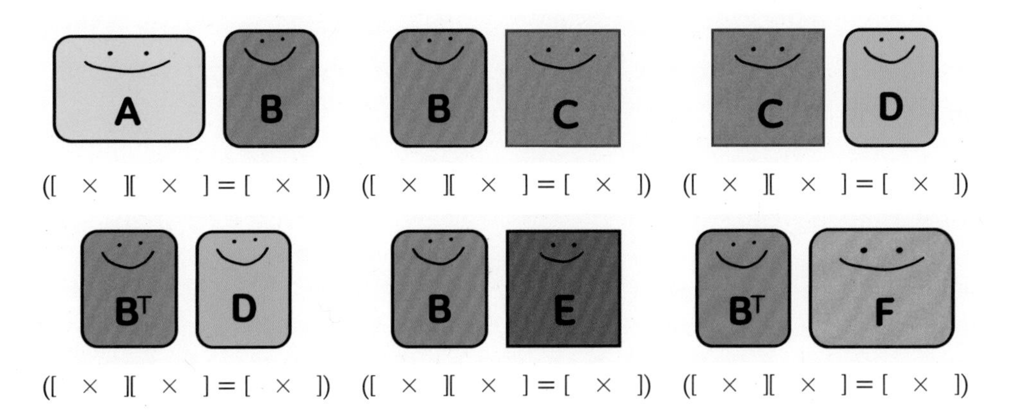

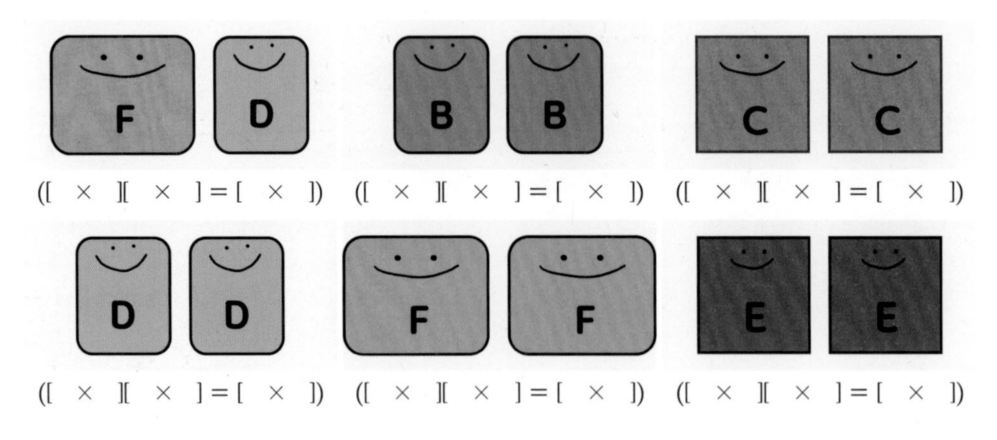

정답은 이 책의 뒷부분에 있습니다.

두 번째로 이야기할 인벌스(inverse)라는 매트릭스들의 춤은, 그들 세계에서는 나를 안정적으로 만들어 주는 나의 반쪽 또는 나의 사랑하는 매트릭스라는 뜻입니다.

인벌스 춤을 시도하려면 매트릭스가 스퀘어(square)여야 합니다.

매트릭스가 스퀘어여야 한다는 조건은 여러분들이 어린 시절 갔었던 놀이동산의 놀이 기구 앞에 붙어 있는 키가 몇 cm 이상 되어야 탈 수 있습니다라는 규정과 마찬가지 조건이라 생각할 수 있습니다.

"스퀘어가 아니면 인벌스 춤을 시도도 할 수 없습니다!"

매트릭스의 디멘션과 컬럼 랭크만 알면, 그램 매트릭스의 인벌스가 있는지 없는지 여부를 알 수 있습니다. 이 부분에 대해서는 잠시 후 보다 자세히 이야기하겠습니다.

매트릭스의 인벌스 가능 여부에 따라 지도 만드는 방법이 달라지므로 지도 만들기에 앞서 **싱귤라**(singular) 매트릭스인지 **넌싱귤라**(nonsingular) 매트릭스인지 확인하는 과정이 중요합니다.

매트릭스가 싱귤라인지 아닌지 확인하는 과정을 이야기하자니,

오래 전 매트릭스의 **인버터빌리티**(invertibility)에 대해 처음 배웠을 때 우울감에 젖었던 기억이 나는군요.

벡터들의 세계에서 싱귤라(singular)라는 말은 혼자라는 뜻이고,

넌싱귤라(nonsingular)는 혼자가 아닌이라는 뜻입니다. 이 뜻을 염두에 두고

매트릭스를 '나' 자신, 매트릭스의 인벌스를 '나의 짝'이라 생각하면 싱귤라 매트릭스는 짝이 없어 혼자인 외로운 매트릭스,

넌싱귤라 매트릭스는 인벌스라는 짝이 있어 행복한 매트릭스라고 느껴졌습니다.

그리고, 그 당시 저는…, 싱귤라 매트릭스였습니다.

인벌스를 시도하려면 먼저 스퀘어 매트릭스가 되어야 합니다.

만약 위에 보이는 매트릭스들처럼 스퀘어가 아닌 매트릭스들이 인벌스 춤을 시도한다면 R은 매트릭스들이 무엇을 하려고 하는지 이해 못 할 것입니다.

앞의 연습 문제에 등장했던 **A**는 디멘션이 3×5인 렉탱귤라(rectangular) 매트릭스였고, **C**와 **E**는 스퀘어 매트릭스였습니다.

따라서 **C**와 **E**는 인벌스를 시도할 수 있지만, 스퀘어가 아닌 매트릭스 **A**는 시도조차 할 수 없습니다.

이런 경우 매트릭스 자신이 혼자 트랜스포즈하여 매트릭스 멀티플리케이션을 통해 스퀘어 매트릭스를 만드는데, 이렇게 나온 결과물을 **그램 매트릭스**(gram matrix)라고 합니다.

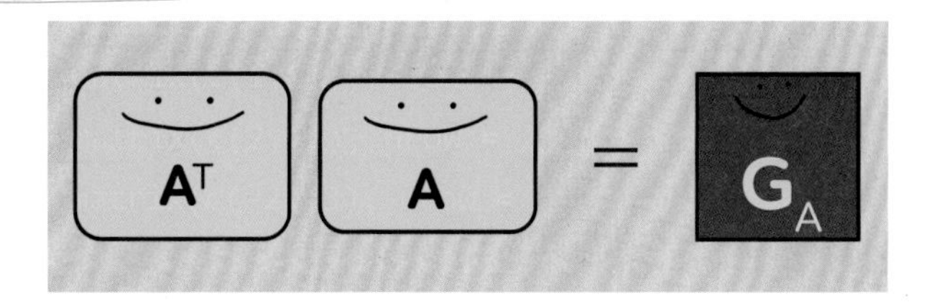

"와! 그 유명한 그램 매트릭스다."

그램 매트릭스는 벡터들의 세계에서 자신과의 매트릭스 멀티플리케이션으로 만들어진, 대각선을 기준으로 대칭인 스퀘어 매트릭스라는 뜻으로 통합니다.

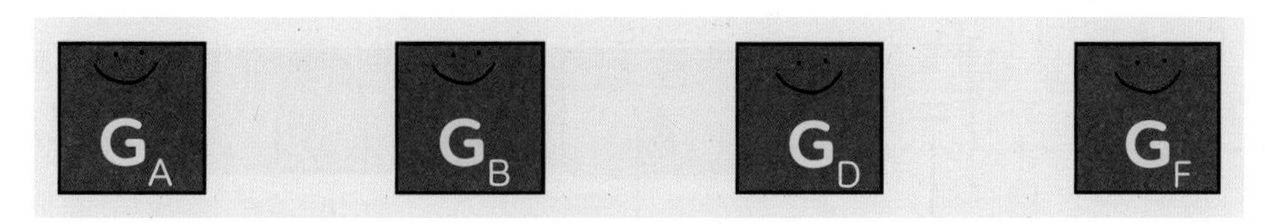

이제 그램 매트릭스를 찾는 연습 문제를 준비하였습니다.

♣♣♣♣♣♣♣♣♣♣♣♣♣

[연습 문제]

아래의 매트릭스가 있습니다.

다음 매트릭스 멀티플리케이션 결과를 보고 어떤 것이 그램 매트릭스인지 찾아 표시하세요.

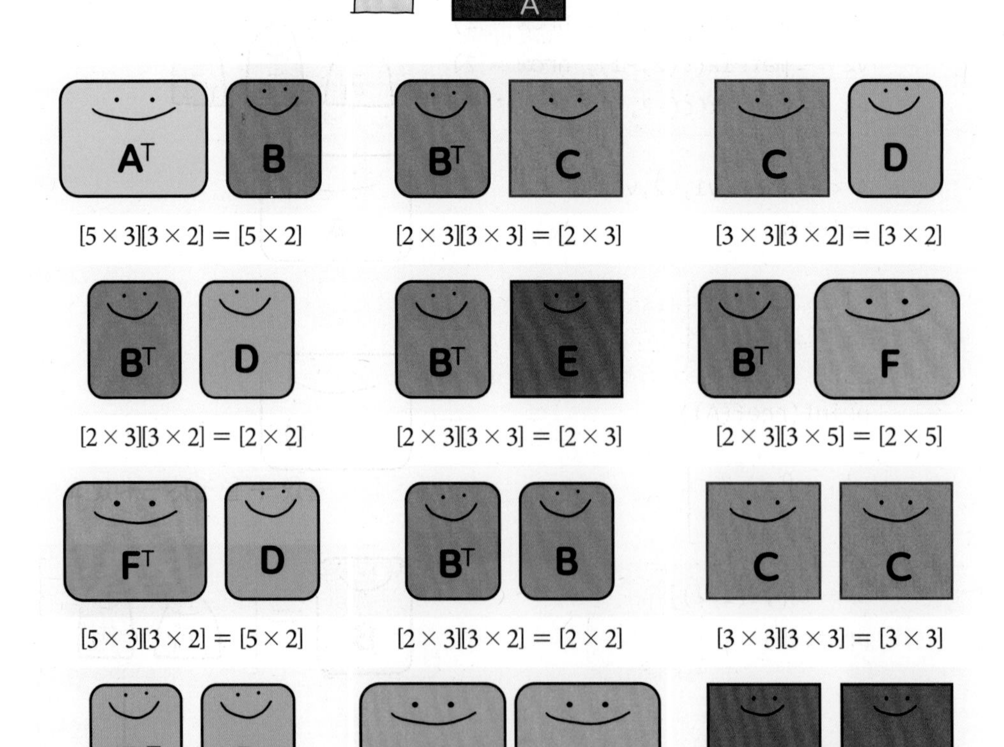

정답은 이 책의 뒷부분에 있습니다.

♣♣♣♣♣♣♣♣♣♣♣♣♣♣♣♣♣♣♣♣♣♣♣♣♣♣

렉탱귤라 매트릭스가 그램 매트릭스로 변신하면 인벌스를 시도해 볼 수 있지만 모든 매트릭스가 성공할 수 있는 춤은 아닙니다.

스퀘어 매트릭스가 인벌스 춤에 실패하는 경우는 해당 매트릭스의 컬럼 랭크가 컬럼 벡터 개수보다 작은 경우입니다.

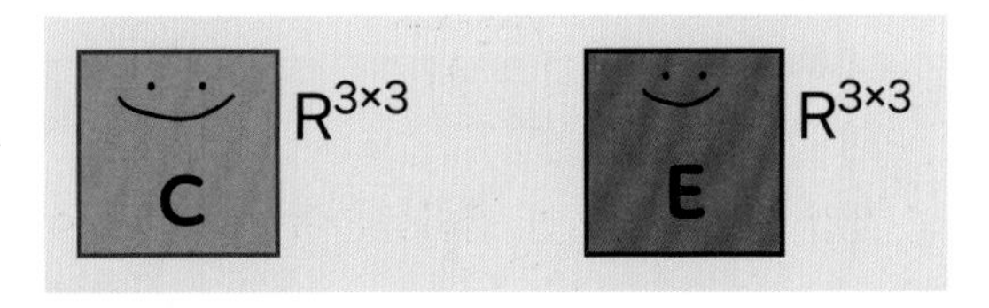

A의 컬럼 랭크가 컬럼 벡터의 개수보다 작다는 것은 매트릭스 안의 컬럼 벡터 중 디펜던트한 벡터가 있음을 의미합니다.

렉탱귤라 매트릭스의 그램 매트릭스가 인벌스 춤에 실패하는 경우는 렉탱귤라 매트릭스의 컬럼 수가 자신의 컬럼 랭크보다 큰 경우입니다.

"아..., 실패하다니!"

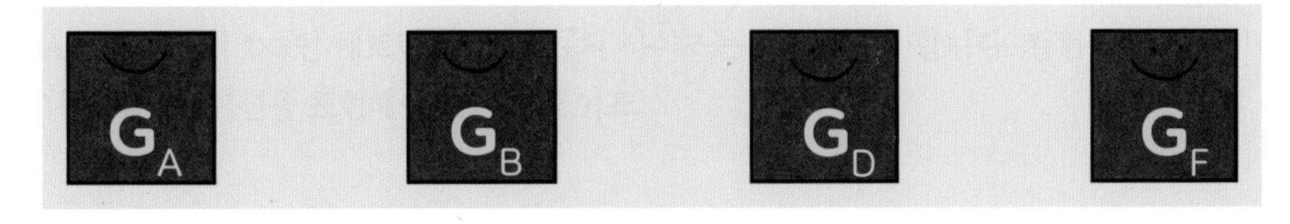

그럼 이제 R의 도움을 받아 인벌스 춤의 결과물을 구하는 과정을 보이겠습니다. 이 과정을 시작하려면 R은 먼저 도서관(library)에서 pracma를 빌려 옵니다.

```
library(pracma)
```

♣♣♣♣♣♣♣♣♣♣♣♣♣

[연습 문제]

첫 번째 문제입니다.

```
print(A)
```

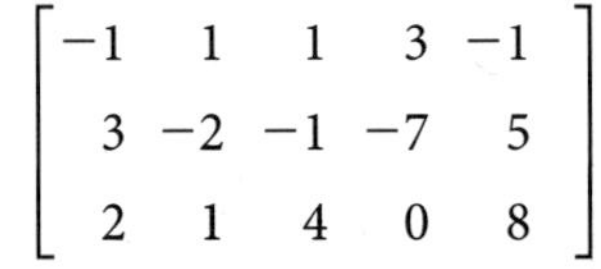

$$\begin{bmatrix} -1 & 1 & 1 & 3 & -1 \\ 3 & -2 & -1 & -7 & 5 \\ 2 & 1 & 4 & 0 & 8 \end{bmatrix}$$

```
Rank(A)
```

A의 컬럼 벡터 중 디펜던트한 컬럼 벡터가 있다는 것을 알 수 있습니다.

2

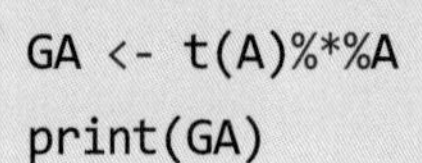

```
GA <- t(A)%*%A
print(GA)
```

$$\begin{bmatrix} 14 & -5 & 4 & -24 & 32 \\ -5 & 6 & 7 & 17 & -3 \\ 4 & 7 & 18 & 10 & 26 \\ -24 & 17 & 10 & 58 & -38 \\ 32 & -3 & 26 & -38 & 90 \end{bmatrix}$$

```
inv(GA)
```

여기 보이는 그램 매트릭스가 인벌스 춤을 출 수 없는 이유는

$\mathbf{G_A}$를 만든 **A** 안에 디펜던트한 컬럼 벡터가 있기 때문입니다.

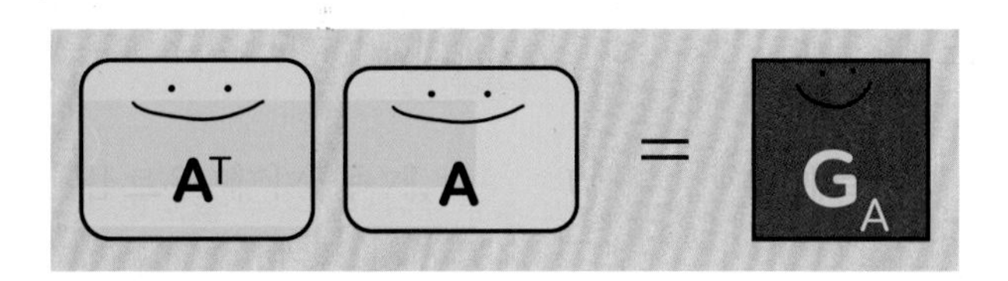

이렇게 인벌스에 실패한 매트릭스를 **싱귤라 매트릭스**(singular matrix)라 하고 인벌스에 성공한 매트릭스를 **넌싱귤라 매트릭스**(nonsingular matrix)라고 한다는 점을 반드시 기억해 둬야 나중에 훌륭한 지도를 만들 수 있습니다.

두 번째 문제입니다.

```
print(A)
```

$$\begin{bmatrix} -1 & 1 \\ 3 & -2 \\ 2 & 1 \end{bmatrix}$$

```
Rank(A)
```

A의 컬럼 벡터가 모두 인디펜던트하다는 것을 알 수 있습니다.

2

```
GA <- t(A)%*%A
print(GA)
```

$$\begin{bmatrix} 14 & -5 \\ -5 & 6 \end{bmatrix}$$

아래 있는 round(숫자, 2)는 R의 언어로 소수점 두 자리까지만 알려 달라는 말입니다.

```
print(round(inv(GA),2))
```

$$\begin{bmatrix} 0.10 & 0.08 \\ 0.08 & 0.24 \end{bmatrix}$$

G_A가 인벌스 춤에 성공해 나온 **결과물**입니다. 이 **결과물**을 지도 만드는 사람들은 **G_A의 인벌스**라고 합니다. **G_A**는 인벌스 춤에 성공하였기에 넌싱귤라 메트릭스입니다.

세 번째 문제입니다.

```
print(A)
```

$$\begin{bmatrix} -1 & 1 & 1 \\ 3 & -2 & -1 \\ 2 & 1 & 4 \end{bmatrix}$$

A에 디펜던트한 컬럼 벡터가 있습니다.

2

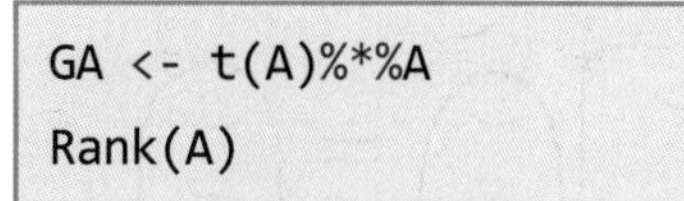

```
GA <- t(A)%*%A
Rank(A)
```

$$\begin{bmatrix} 14 & -5 & 4 \\ -5 & 6 & 7 \\ 4 & 7 & 18 \end{bmatrix}$$

```
inv(GA)
```

$\mathbf{G_A}$는 싱귤라 매트릭스입니다.

✤✤✤✤✤✤✤✤✤✤✤✤✤✤✤✤✤✤✤✤✤✤✤✤✤

이번 이야기에서는 벌써 여러 가지 새로운 용어들을 소개하며 숨가쁘게 달려왔으니 여기서 이야기를 잠시 마치고, **A** 안에 있는 인디펜던트 벡터들을 사용해 지도 만드는 방법은 다음에 이어서 이야기하겠습니다.

"훗..., 잘도 자연스럽게 이야기를 끊는군요."

싱귤라 매트릭스와 넌싱귤라 매트릭스를 생각하다 혹시라도 슬퍼할 독자들이 있을까 봐 이야기를 끊는 것은 아닙니다.

2.6 인벌스를 찾는 이유: 아이덴티티 매트릭스를 만들기 위해서

매트릭스가 인벌스 춤을 추는 이유는 자신의 인벌스와 만나 매트릭스 멀티플리케이션한 후,

매트릭스 중 가장 안정적 매트릭스라고 불리는 **아이덴티티 매트릭스**(identity matrix) I를 만들고자 함입니다. 이번에는 이 아이덴티티 매트릭스에 대해 이야기하겠습니다.

지도 만드는 사람들은 아이덴티티 매트릭스를 **I**라 표시하는데, 그들의 눈에는 **I**가 다음과 같이 보입니다.

$$I = \begin{bmatrix} 1 & 0 & 0 \\ 0 & 1 & 0 \\ 0 & 0 & 1 \end{bmatrix}$$

가운데 대각선으로 그려진 화살표는 이 매트릭스가 **다이아고날 매트릭스**(diagonal matrix)임을 표시합니다.

다이아고날 매트릭스는 그림과 같이 대각선에만 0이 아닌 숫자이고 다른 곳은 모두 0인 매트릭스를 의미합니다.

다이아고날 매트릭스의 몇 가지 예를 준비해 보았습니다.

$$L = \begin{bmatrix} -4 & 0 & 0 \\ 0 & 0 & 0 \\ 0 & 0 & 1 \end{bmatrix} \qquad A = \begin{bmatrix} 5 & 0 & 0 \\ 0 & 3 & 0 \\ 0 & 0 & 1 \end{bmatrix} \qquad K = \begin{bmatrix} 6 & 0 & 0 \\ 0 & 2 & 0 \\ 0 & 0 & 1 \end{bmatrix}$$

I는 벡터 안에 있는 숫자들을 자기의 다이아고날 엘리먼트(diagonal element)로 다음과 같이 벡터와 매트릭스의 멀티플리케이션을 통해 넣어 줄 수도 있고,

$$\begin{bmatrix} -4 & 0 & 1 \end{bmatrix} \mathbf{I} = \begin{bmatrix} -4 & 0 & 0 \\ 0 & 0 & 0 \\ 0 & 0 & 1 \end{bmatrix}$$

숫자가 하나만 있더라도 자기의 다이아고날 엘리먼트(diagonal element)로 다음과 같이 넣어 줄 수도 있습니다.

$$2 \, \mathbf{I} = \begin{bmatrix} 2 & 0 & 0 \\ 0 & 2 & 0 \\ 0 & 0 & 2 \end{bmatrix}$$

I 덕분에 숫자들이 더 넓은 곳에 편하게 있는 것처럼 보입니다.

넌싱귤라 매트릭스와 그 매트릭스의 인벌스와의 매트릭스 멀티플리케이션 결과물은 R의 도움을 받아 다음과 같이 확인할 수 있습니다.

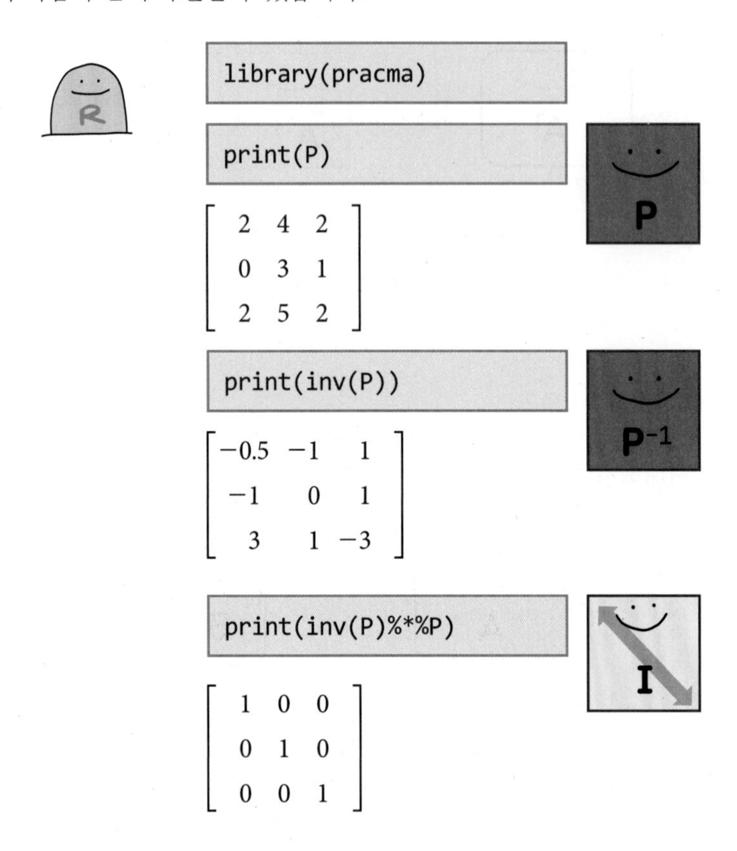

B처럼 스퀘어 매트릭스가 아니면 그램 매트릭스를 만들어 인벌스 춤을 시도하여 성공하는 경우, 다음과 같이 **I**를 만들 수 있습니다.

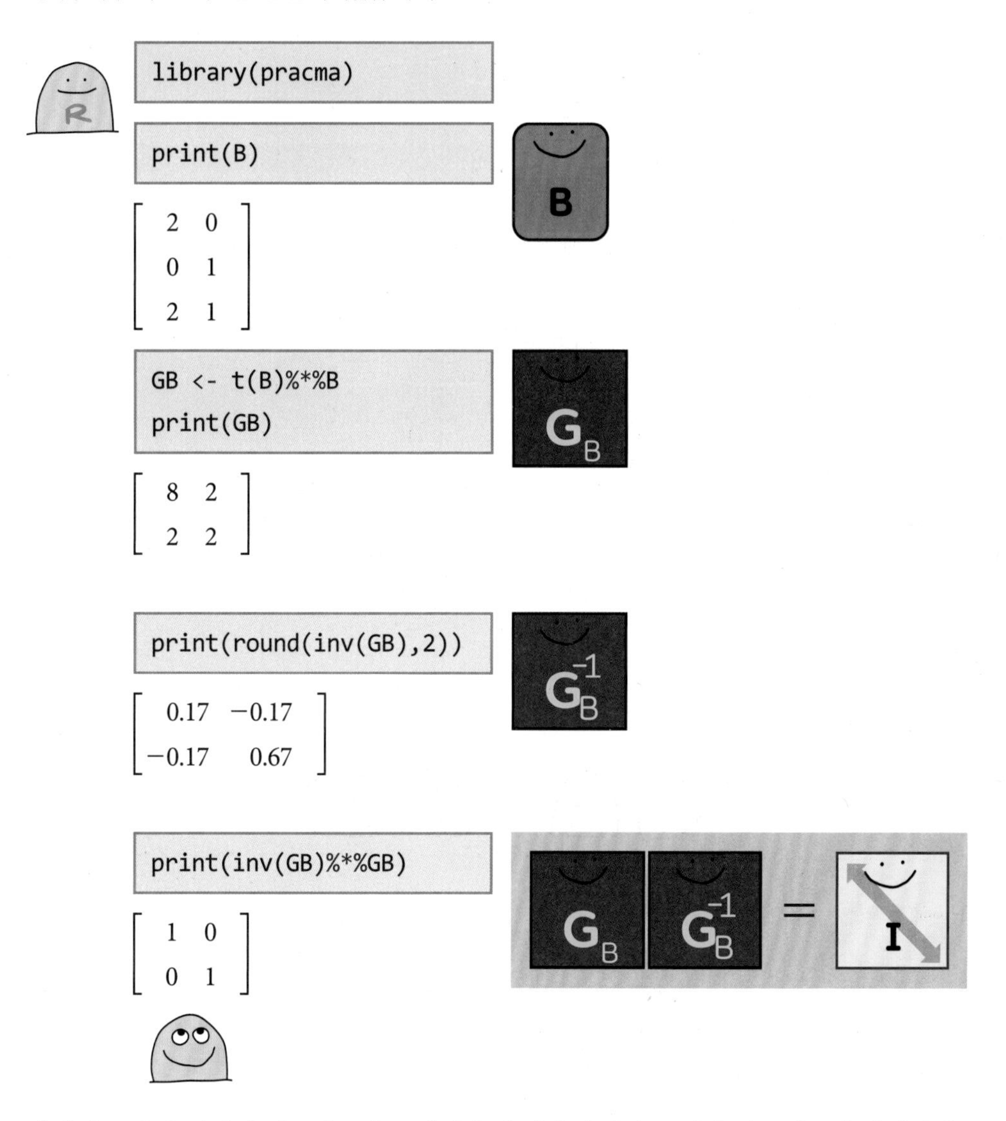

위에서 보았던 것처럼 매트릭스가 스퀘어가 아니라 하더라도 해당 매트릭스의 인디펜던트 한 컬럼 벡터만으로 **I**를 만들 수 있습니다.

만약 렉탱귤러 매트릭스 안에 디펜던트한 컬럼 벡터들이 있다면, 그 벡터들은 앞에서 얘기했던 것처럼 **A**를 **B**와 **D**로 나누어

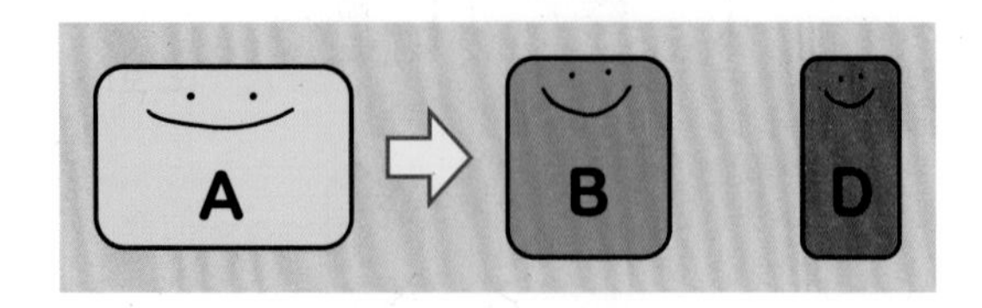

인디펜던트한 벡터만 들어 있는 **B**부분만으로 **I**를 만들 수 있습니다.

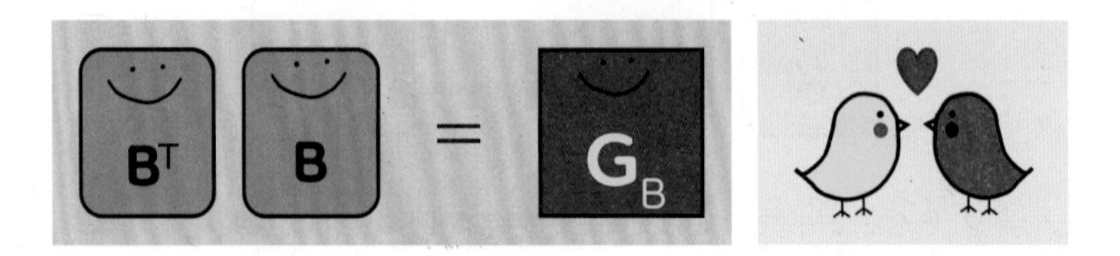

가장 안정적 매트릭스로 불리는 **아이덴티티 매트릭스 I**를 만드는 방법에 익숙해지도록 연습 문제를 준비하였습니다.

♣♣♣♣♣♣♣♣♣♣♣♣♣

[연습 문제]

R과 함께 아래 문제들을 풀어보겠습니다.

첫 번째 문제입니다.

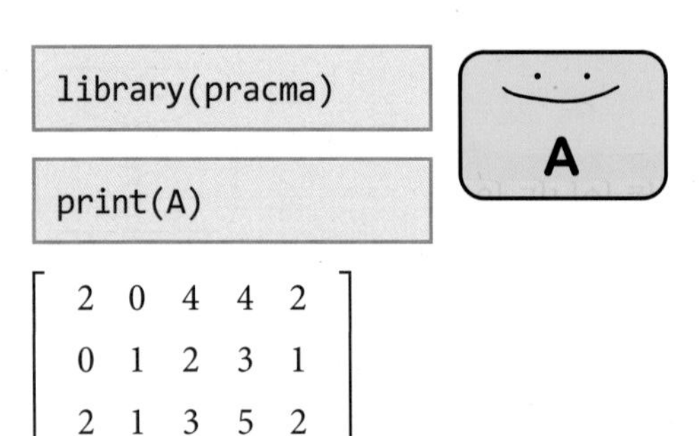

```
library(pracma)
```

```
print(A)
```

$$\begin{bmatrix} 2 & 0 & 4 & 4 & 2 \\ 0 & 1 & 2 & 3 & 1 \\ 2 & 1 & 3 & 5 & 2 \end{bmatrix}$$

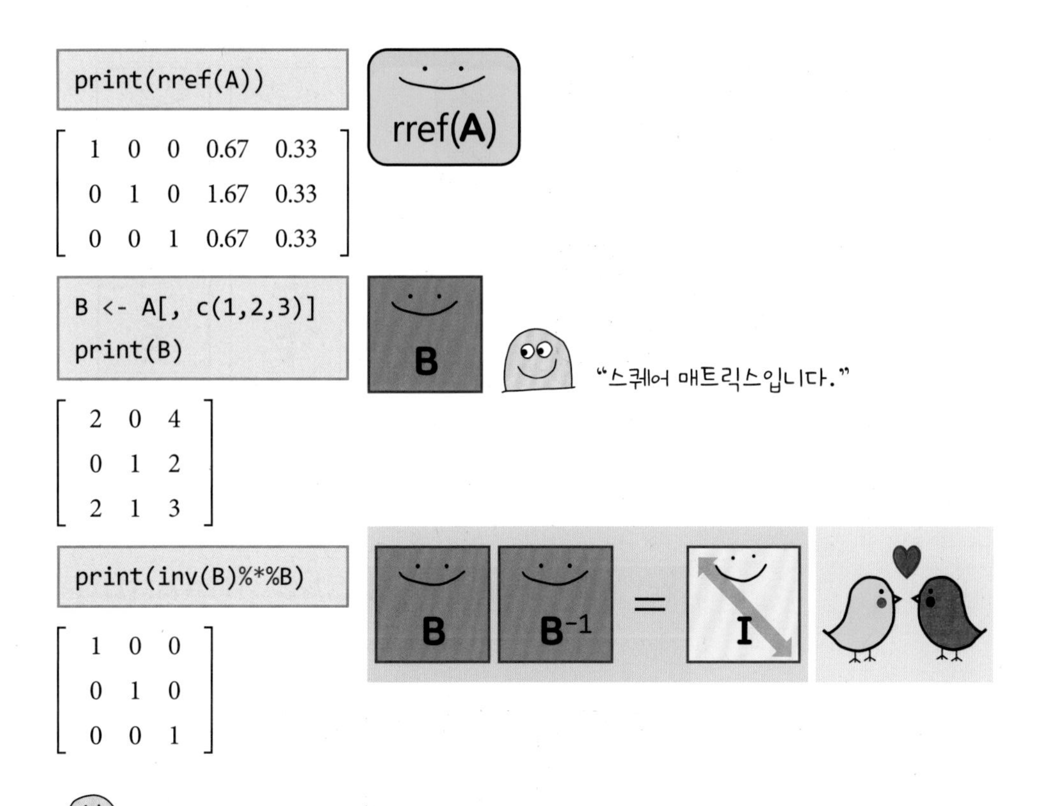

B는 rref(**A**)와 **A**를 비교해 인디펜던트한 벡터만 들어 있는 매트릭스인데, 이번 문제에서는 **B**가 스퀘어 매트릭스였습니다. 그러므로 **I**를 만드는 데 그램 매트릭스를 만들 필요가 없었습니다.

두 번째 문제입니다.

```
library(pracma)
```

```
print(A)
```

$$\begin{bmatrix} 2 & 0 & 4 \\ 0 & 1 & 2 \\ 2 & 1 & 4 \\ 4 & 3 & 7 \\ 5 & 4 & 7 \end{bmatrix}$$

```
Rank(A)
```

3

```
GA <- t(A)%*%A
print(GA)
```

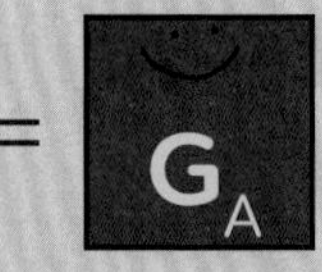

$$\begin{bmatrix} 49 & 34 & 79 \\ 34 & 27 & 55 \\ 79 & 55 & 134 \end{bmatrix}$$

```
print(round(inv(GA)%*%GA),1)
```

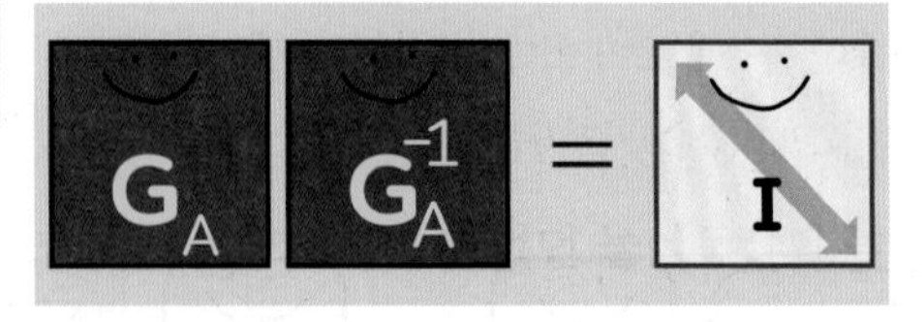

$$\begin{bmatrix} 1 & 0 & 0 \\ 0 & 1 & 0 \\ 0 & 0 & 1 \end{bmatrix}$$

이번 문제에서는 **A**의 컬럼 벡터들이 모두 인디펜던트하다는 것을 랭크를 통해 확인한 후, $\mathbf{G_A}$를 생성하여 **I**를 만들었습니다.

세 번째 문제입니다.

```
library(pracma)
```

```
print(A)
```

$$\begin{bmatrix} 2 & 0 & 4 \\ 0 & 1 & 1 \\ 2 & 1 & 5 \end{bmatrix}$$

```
print(rref(A))
```

$$\begin{bmatrix} 1 & 0 & 2 \\ 0 & 1 & 1 \\ 0 & 0 & 0 \end{bmatrix}$$

```
B <- A[ , c(1,2)]
print(B)
```

$$\begin{bmatrix} 2 & 0 \\ 0 & 1 \\ 2 & 1 \end{bmatrix}$$

```
GB <- t(B)%*%B
print(GB)
```

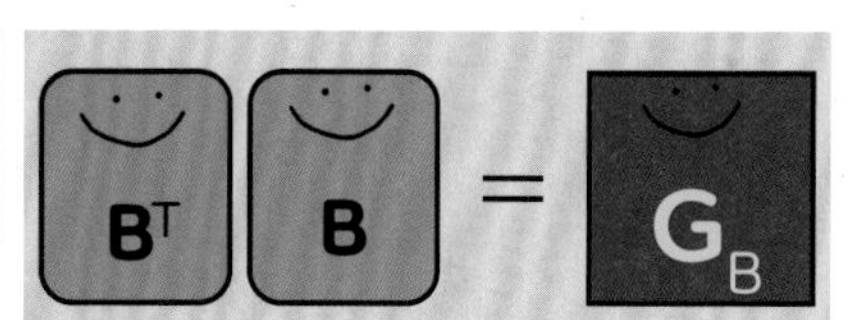

$$\begin{bmatrix} 8 & 2 \\ 2 & 2 \end{bmatrix}$$

```
print(inv(GB)%*%GB)
```

$$\begin{bmatrix} 1 & 0 \\ 0 & 1 \end{bmatrix}$$

네 번째 문제입니다.

```
library(pracma)
```

```
print(A)
```

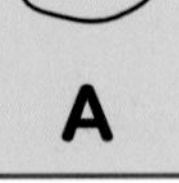

$$\begin{bmatrix} 2 & 0 & 4 \\ 0 & 1 & 2 \\ 2 & 1 & 4 \end{bmatrix}$$

```
print(rref(A))
```

$$\begin{bmatrix} 1 & 0 & 0 \\ 0 & 1 & 2 \\ 0 & 0 & 1 \end{bmatrix}$$

```
I <- inv(A)%*%A
print(I)
```

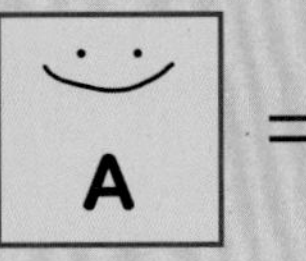

$$\begin{bmatrix} 1 & 0 & 0 \\ 0 & 1 & 0 \\ 0 & 0 & 1 \end{bmatrix}$$

다섯 번째 문제입니다.

```
print(A)
```

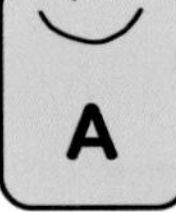

$$\begin{bmatrix} 2 \\ 0 \\ 2 \end{bmatrix}$$

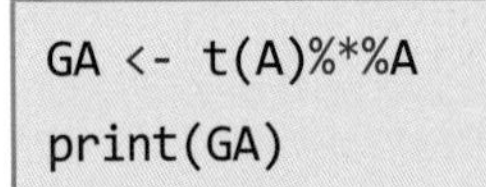

```
GA <- t(A)%*%A
print(GA)
```

$$\begin{bmatrix} 8 \end{bmatrix}$$

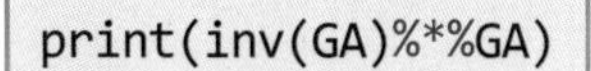

[1]

〈제리 맥과이어(Jerry Maguire)〉라는 영화에서 톰 크루즈가 연기한 남자 주인공이 여자 주인공에게 사랑을 고백하는 대사가 있습니다.

"You complete me."

저는 그 대사를 들으면서

'아…, 넌싱귤라(nonsingular) 매트릭스가 자신의 인벌스(inverse)를 만나 아이덴티티(identity) 매트릭스를 찾는 것 같다.'

라는 생각을 했었습니다.

누군가에게 사랑을 고백할 때, 이렇게 해 보는 것도 로맨틱할 것 같습니다.

"당신은 나의 인벌스 매트릭스 같은 존재입니다."

이 책을 읽는 독자분들 중 이렇게 아름다운 사랑 고백을 통해 연인으로 이어진 분들은 정말 행복하게 오래 오래 살았으면 좋겠습니다.

매트릭스 속 벡터들의 스페이스

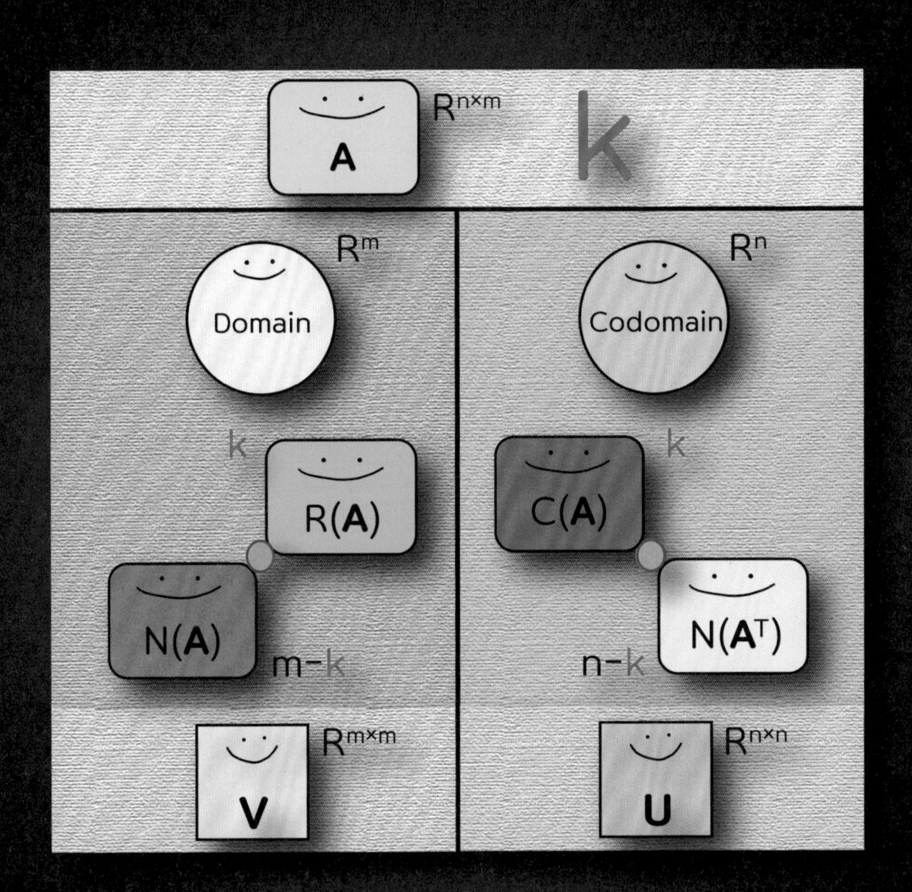

3.1 벡터들이 사는 스페이스

벡터들이 매트릭스 **A** 안에 모이면, 모인 컬럼 벡터(column vector)들과 로우 벡터(row vector)들이 살고 있는 스페이스들이 서로 만나 **A**와 관련된 두 개의 스페이스가 저절로 생긴다는 사실을 처음 배울 때,

스페이스(space)라면…, 우주?라고 생각했습니다.

그리고 조금씩 자세히 알게 되면서 완전히 상관없는 것도 아닌데… 하는 생각이 들었습니다.

매트릭스 안에 모인 벡터들이 사는 스페이스들의 이름을 **도메인**(domain)과 **코도메인**(co-domain)이라고 하는데,

도메인은 벡터들의 세계에서 매트릭스 안에 있는 로우 벡터들이 사는 세상이라는 뜻이고

코도메인은 매트릭스 안에 있는 컬럼 벡터들이 사는 세상이라는 뜻입니다.

이번에는 여기 있는 **A**와 함께 **A** 안에 있는 두 개의 스페이스, 도메인과 코도메인에 대해 이야기해 보겠습니다.

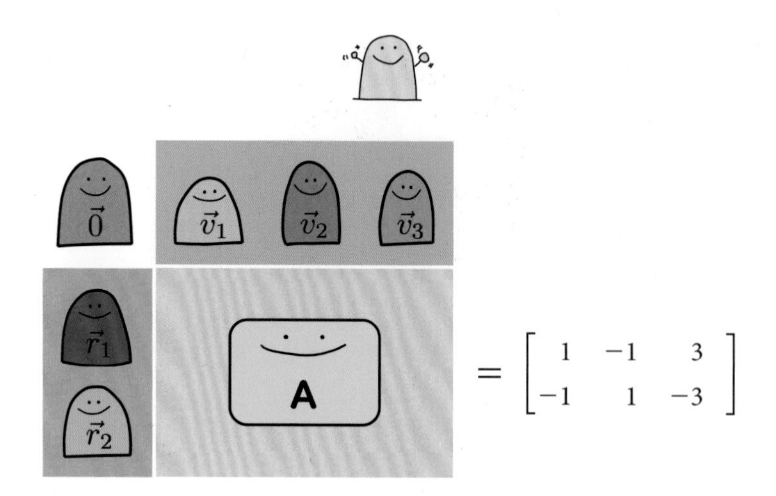

벡터나 매트릭스처럼 스페이스도 **디멘션**(dimension)이라는 게 있는데, 이 스페이스의 디멘션은 지도 그리는 사람들에게 두 가지 중요한 정보를 알려 줍니다. 그 첫 번째 정보는 스페이스의 디멘션은 그 스페이스 안에 살고 있는 벡터들의 사이즈라는 것입니다.

그래서 지도 만드는 사람들은 로우 벡터들이 살고 있는 도메인의 디멘션은 **A**의 로우 벡터의 사이즈와 같고

컬럼 벡터들이 살고 있는 코도메인의 디멘션은 **A**의 컬럼 벡터의 사이즈와 같다는 사실을 **A**의 디멘션을 통해 알 수 있습니다.

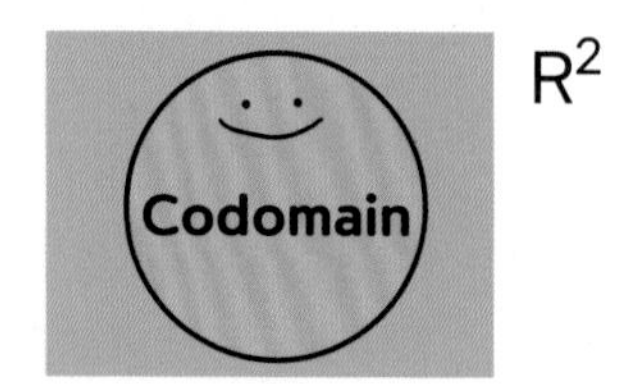

스페이스의 디멘션은 스페이스 안에 살고 있는 벡터들의 사이즈 말고도 또 하나의 매우 중

요한 정보를 알려 줍니다.

그 정보는 바로 스페이스 전체를 스팬하는 데 필요한 인디펜던트 벡터의 개수입니다.

디멘션이 3인 스페이스 전체를 스팬하려면, 인디펜던트한 벡터가 세 개 필요하다는 것을 스페이스의 디멘션을 통해 알 수 있습니다.

C(**A**) 같은 서브스페이스 전체를 스팬하는 베이시스 벡터의 개수를 알려면, **A**가 랭크나 rref 같은 춤을 추어야 했었지만,

스페이스 같은 경우는 스페이스의 디멘션이 그 스페이스 전체를 스팬하는 데 필요한 인디펜던트한 벡터의 개수를 알려 줍니다.

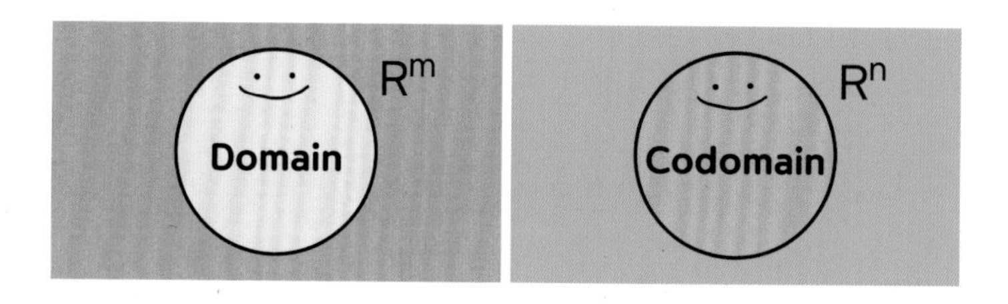

그리고 매트릭스의 디멘션은 다음과 같이 R의 도움으로 쉽게 확인할 수 있습니다.

```
A <- matrix(c(1,1,1,1,-1,3), nrow = 2, byrow = T)
print(A)
```

$$\begin{bmatrix} 1 & 1 & 1 \\ 1 & -1 & -3 \end{bmatrix}$$

```
dim(A)
```

2 3

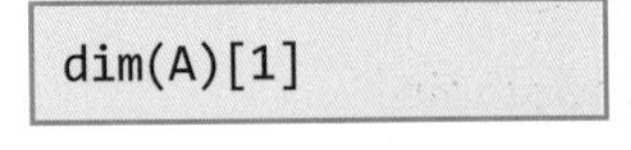

```
dim(A)[1]
```

2

"코도메인의 디멘션은 2입니다."

```
dim(A)[2]
```

3

"도메인의 디멘션은 3입니다."

A의 로우 벡터의 개수와 컬럼 벡터의 개수가 다르다면

도메인과 코도메인의 디멘션이 달라 달과 지구처럼 매우 다른 스페이스라는 것을 알 수 있습니다.

이런 경우 **A**의 로우 벡터와 컬럼 벡터들은 서로의 서브스페이스에서 스팬하다 만날 일이 없습니다.

아, 그리고 지도 만드는 사람들은 매트릭스 안에 있는 로우 벡터의 개수는 n, 컬럼 벡터의 개수는 m으로 나타내는데, 그 이유는 아래 그림을 보고 그 생김새 때문에 그렇게 정했다고 합니다.

A의 디멘션을 보고 **도메인과 코도메인의 디멘션 관계**에 익숙해지기를 바라며 아래와 같이 표를 준비했습니다. 표를 보고 **A**의 디멘션이 어떻게 도메인과 코도메인의 디멘션과 관련되는지 살펴보세요.

n × m	도메인 디멘션	코도메인 디멘션
2 × 3	3	2
3 × 5	5	3
4 × 3	3	4
10 × 7	7	10
100 × 6	6	100
200 × 3	3	200
257 × 333	333	257

매트릭스와 벡터를 이용해 지도를 만들 때, 도메인과 코도메인의 디멘션에 대하여 항상 확실하게 기억해야 하는 이유는

스페이스의 디멘션이 다르면 도메인과 코도메인은 달과 지구처럼 매우 다른 스페이스가 되기 때문입니다.

로우 벡터의 개수와 컬럼 벡터의 개수가 다른 렉탱귤라 매트릭스에 있는

도메인과 코도메인의 디멘션은 다릅니다.

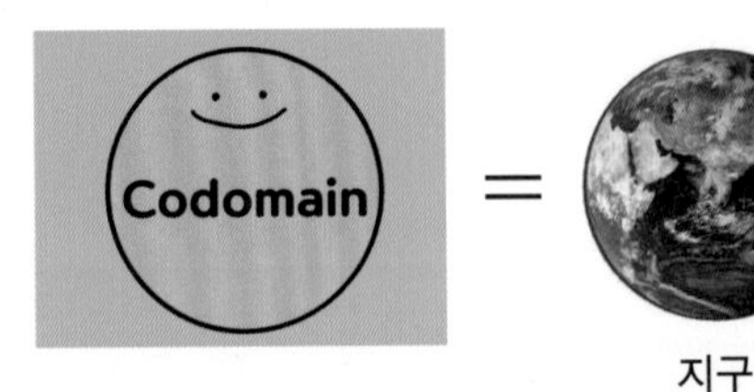

로우 벡터와 컬럼 벡터의 개수가 같은 스퀘어(square) 매트릭스의 로우 벡터와 컬럼 벡터들이 사는,

도메인과 코도메인의 디멘션은 같습니다.

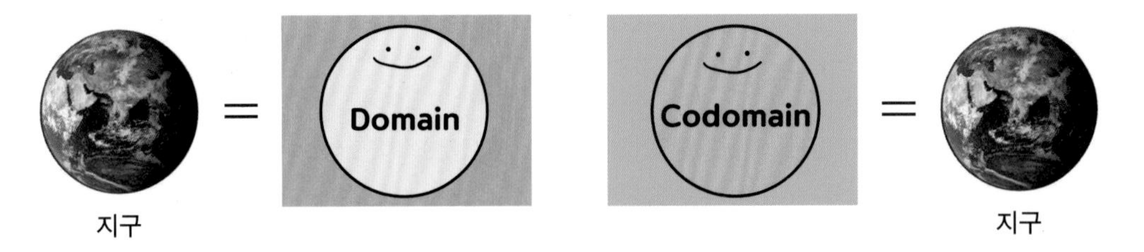

도메인과 코도메인의 디멘션이 같으면, 로우 벡터들과 컬럼 벡터들은 같은 스페이스에 살기 때문에 스팬하다 서로 만날 수도 있습니다.

도메인에서 **A**의 로우 벡터들이 스팬하는 곳을 **A의 로우 스페이스**(row space of **A**)라 하고, 지도 만드는 사람들은 이 서브스페이스를 R(**A**)라고 표시합니다.

아래 왼쪽 그림의 연두색 매트릭스에는 R(**A**)의 베이시스 벡터들이 들어 있습니다.

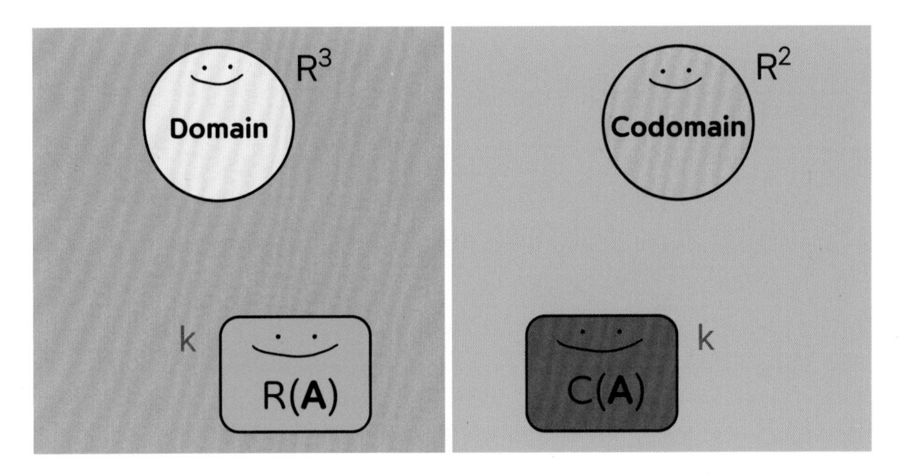

코도메인에서 **A**의 컬럼 벡터들이 스팬하는 곳을 **A의 컬럼 스페이스**(column space of **A**)라 하고, 지도 만드는 사람들은 이 서브스페이스를 C(**A**)라고 합니다. 위 그림의 오른쪽 진한 분홍색 매트릭스는 C(**A**)의 베이시스 벡터들이 안에 들어 있습니다.

R(**A**)와 C(**A**)의 어깨에 붙어 있는 **k**는 R(**A**)의 랭크와 C(**A**)의 랭크를 나타내는데, 아래 보인 것처럼 이 두 서브스페이스는 **k**라는 같은 숫자를 가지고 있습니다.

"로우 랭크(row rank)와 컬럼 랭크(column rank)는 항상 같습니다."

로우 랭크와 컬럼 랭크는 항상 같다는 말은 아마도 지도 만드는 사람들의 세계에선 가장 유명한 말 중 하나가 아닐까 생각합니다. 이어서 로우 랭크와 컬럼 랭크는 항상 같다는 개념에 대해 더 자세히 이야기해 보겠습니다.

3.2 랭크 널리티 법칙

지도 만드는 최고 전문가를 지도 만들기 장인이라고 하는데, 이 지도 만들기 장인들이 예전부터 다음 세대 지도 장인들에게 전해 주는 중요한 이야기가 있습니다. 그 이야기는 바로 C(**A**)의 랭크와 R(**A**)의 랭크는 항상 같다라는 말입니다.

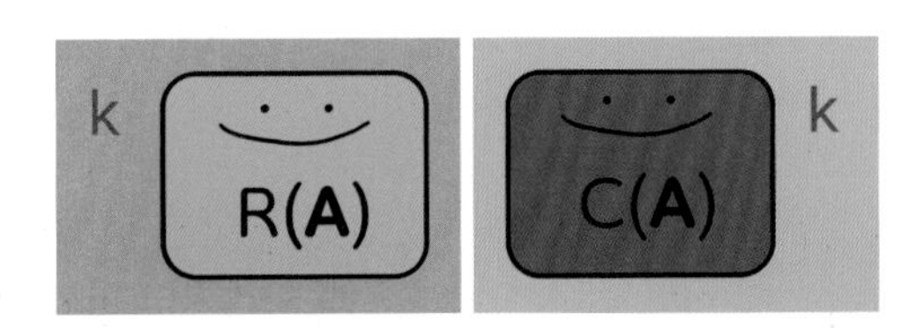

C(**A**)의 랭크와 R(**A**)의 랭크는 항상 같다는 말은 매트릭스들에게는 아마도 지도 만드는 사람들이 모두 알고 있는, 해는 동쪽에서 떠오른다는 말이나 마찬가지 상식이지만

이 사실을 지도 만드는 사람들이 아는 데까지는 많은 시간이 걸렸습니다. 그리고 이 사실을 통해 지도는 만드는 사람들은 **랭크 널리티**(Rank-Nullity)라는 법칙도 발견했는데, 이제 **랭크 널리티 법칙**과 서브스페이스의 단짝 친구들에 대해 이야기해 보겠습니다.

서브스페이스들은 모두 단짝 친구를 가지고 있습니다.

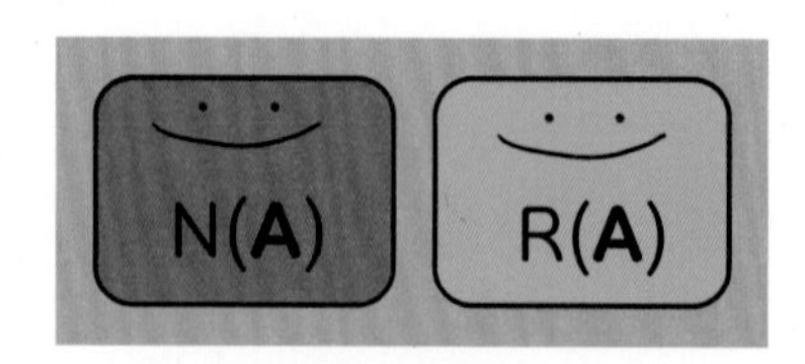

그리고 지도 만드는 사람들이 어떤 것도 서로 나눌 만큼 친한 단짝 친구를 깐부라 부르듯, 단짝인 서브스페이스끼리도 서로를 부르는 애칭이 있는데, 그 애칭은

오쏘고널 컴플리먼트 서브스페이스(orthogonal complement subspace)입니다.

오쏘고널 컴플리먼트 서브스페이스는 매트릭스들의 세계에서

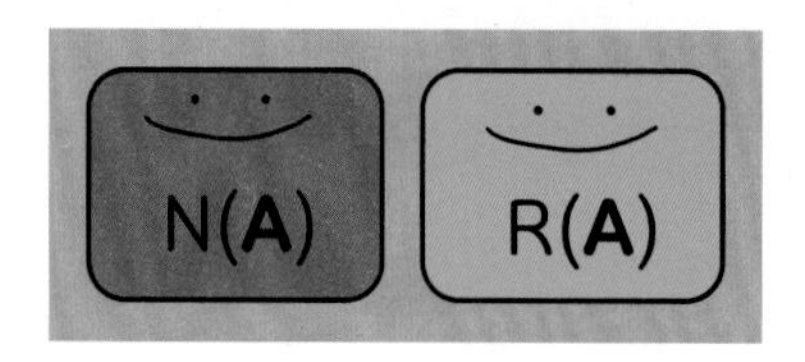

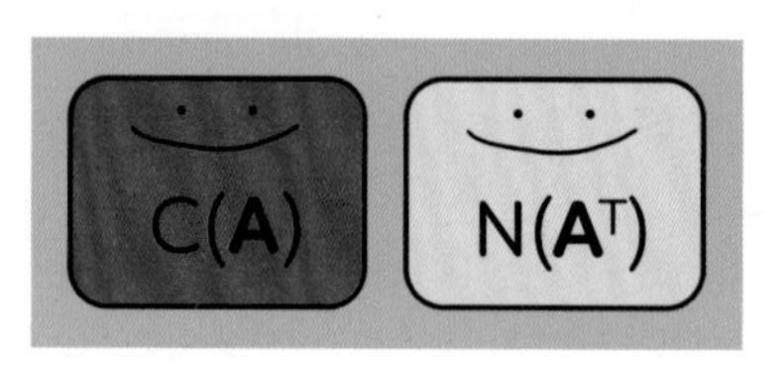

내 서브스페이스에 있는 벡터들이 바라보는 방향으로 스팬하는 벡터들이 모여 사는 서브스페이스라는 뜻입니다.

"정말입니다!"

오쏘고널 컴플리먼트 서브스페이스에 있는 벡터들은 서로 항상 오쏘고널합니다. 그래서 N(**A**)에 사는 벡터가 R(**A**)에 사는 벡터와 닷 프로덕트 춤을 추어 나온 결과물은 항상 0이 되고

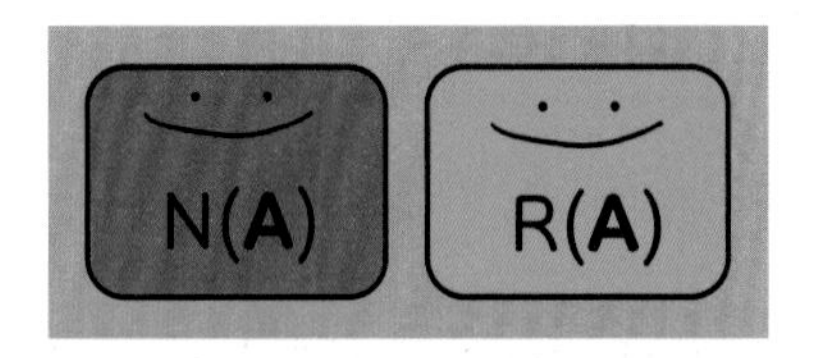

C(**A**)에 사는 벡터가 N($\mathbf{A}^T$)에 사는 벡터와 닷 프로덕트 춤을 추어 나온 결과물 역시 항상 0이 됩니다.

랭크 널리티의 법칙은 **A**의 디멘션과 **k**만으로 지도를 만들 때 알아야 하는 대부분의 정보를 알 수 있게 해 줍니다.

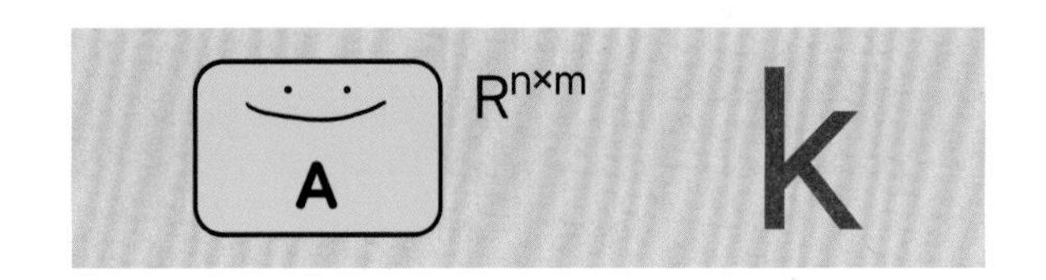

그래서 저는 이 부분에 대해 이야기할 수 있는 날을 손꼽아 기다렸던 것입니다.

이제 보여 드리는 그림은 매트릭스들의 세계에서는 지도 만드는 사람들 세계에서 제일 유명한 〈모나리자〉 만큼이나 유명한 그림입니다.

이 그림은 지도 만들기의 대가 중 한 명인 길버트 스트랑(Gilbert Strang) 교수가 그린 유명한 그림을 재구성한 것입니다.

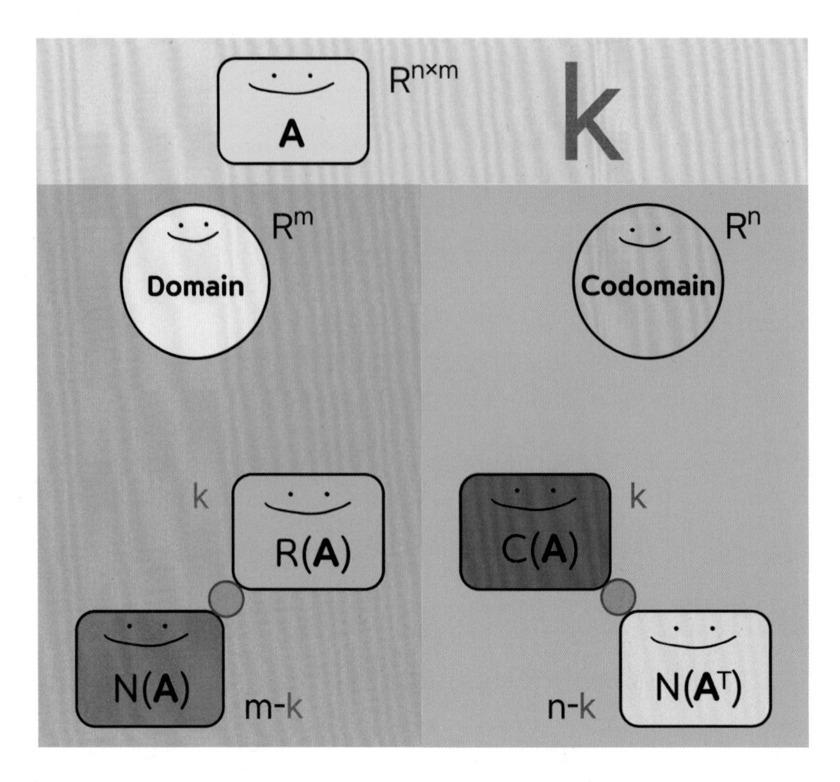

그림 맨 위 분홍색 상자 안 부분은

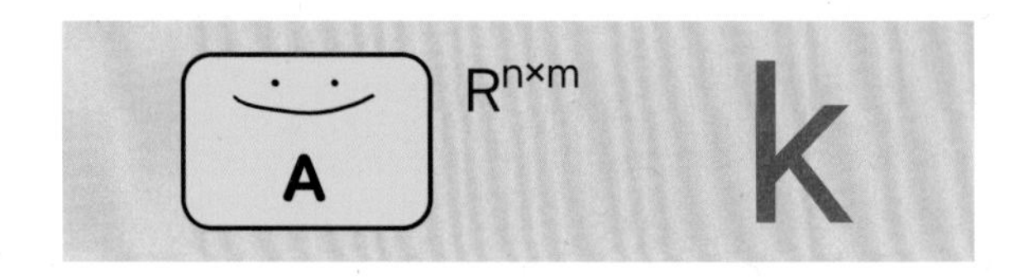

A의 디멘션과 **A**의 랭크가 주어진 상태라는 것을 의미하는데, **A**가 주어졌을 때 **A**의 랭크는 R의 도움을 받아 다음과 같이 확인할 수 있습니다.

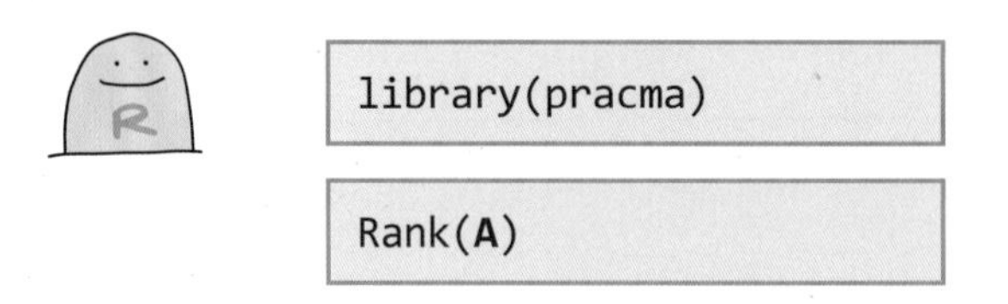

```
library(pracma)
```

```
Rank(A)
```

A의 디멘션과 **k**를 통해 도메인의 디멘션과 로우 랭크를 확인할 수 있습니다. 로우 랭크와 컬럼 랭크가 같다는 말은 해가 동쪽에서 뜬다는 말처럼 당연한 사실입니다.

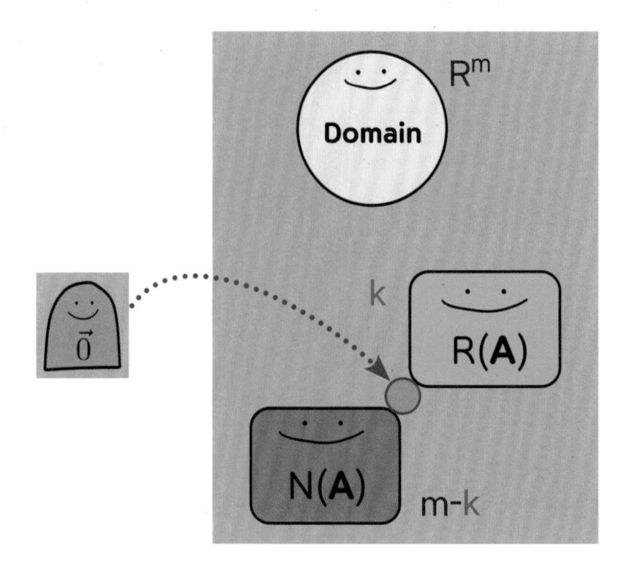

위 그림의 분홍색 점은 항상 모든 서브스페이스 안에 있으며, 모든 벡터의 기준이자 시작점인 $\vec{0}$의 위치를 알려 줍니다. 그리고 위 그림의 R(**A**)와 N(**A**) 매트릭스 안에는 각각의 매트릭스 전체를 스팬하는 데 필요한 R(**A**)의 베이시스와 N(**A**)의 베이시스가 있는데, 이 그림에서 이 두 개의 매트릭스들은 각각의 서브스페이스 전체를 나타내는 의미로 쓰였습니다.

R(**A**)의 단짝 친구인 N(**A**)를 **A의 널 스페이스**(null space of **A**)라고 하는데 그 이름은 **A** 컬럼 벡터들의 리니어 컴비네이션으로 $\vec{0}$(null)로 가는 길을 알려 주는 벡터들이 사는 서브스페이스라는 뜻입니다.

N(**A**) 옆의 m − **k**는 N(**A**)의 랭크를 알려 주는 것으로, 위 그림처럼 도메인의 디멘션이 **m**이고 R(**A**)의 랭크가 **k**이면, N(**A**)의 랭크는 자동으로 m − **k**가 됩니다.

코도메인의 경우에도 C(**A**)의 단짝 친구인 **A의 레프트 널 스페이스**(left null space of **A**)인 N($\mathbf{A}^T$)의 랭크도 코도메인의 디멘션이 n이고 C(**A**)의 랭크가 **k**이면, N($\mathbf{A}^T$)의 랭크는 자동으로 n − **k**가 됩니다.

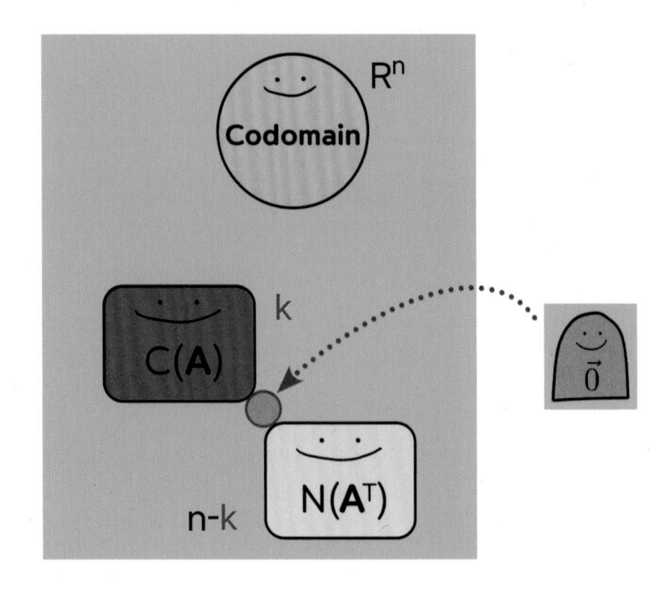

$N(\mathbf{A}^T)$는 벡터들의 언어로 $\mathbf{A}$ 로우 벡터들의 리니어 컴비네이션으로 $\vec{0}$에게 가는 길을 알려주는 벡터들이 사는 서브스페이스라는 뜻입니다.

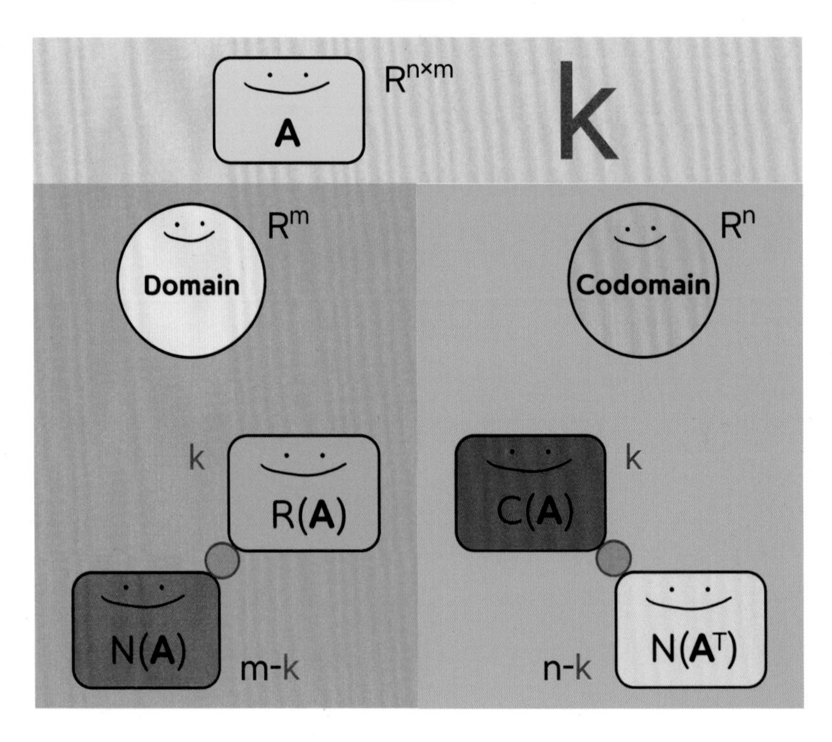

랭크 널리티 법칙에서 널리티(nullity)는 널 스페이스의 랭크를 의미합니다.

랭크 널리티 법칙에 익숙해지도록 연습 문제를 준비하였습니다.

♣♣♣♣♣♣♣♣♣♣♣♣♣

[연습 문제]

아래 표의 빈 칸에 맞는 숫자를 채워 보세요.

n×m	N	m	R(A)	N(A)	C(A)	N(A^T)
2×3	2	3	2	1	2	0
3×m	3			3	2	1
4×m	4		3	0		
n×7		7	3			7
n×6		6			2	0
n×m				3	6	1

다음 이야기를 읽기 전에 위 표의 빈칸을 익숙하게 채울 수 있을 때까지 여러 번 시도해 보세요. 그리고 위에 있는 4개의 서브스페이스들이 사는 스페이스의 이름도 꼭 알아 두셔야 합니다. 누가 누가 단짝 친구인지도요.

정답은 이 책의 뒷부분에 있습니다.

♣♣♣♣♣♣♣♣♣♣♣♣♣♣♣♣♣♣♣♣♣♣♣♣♣

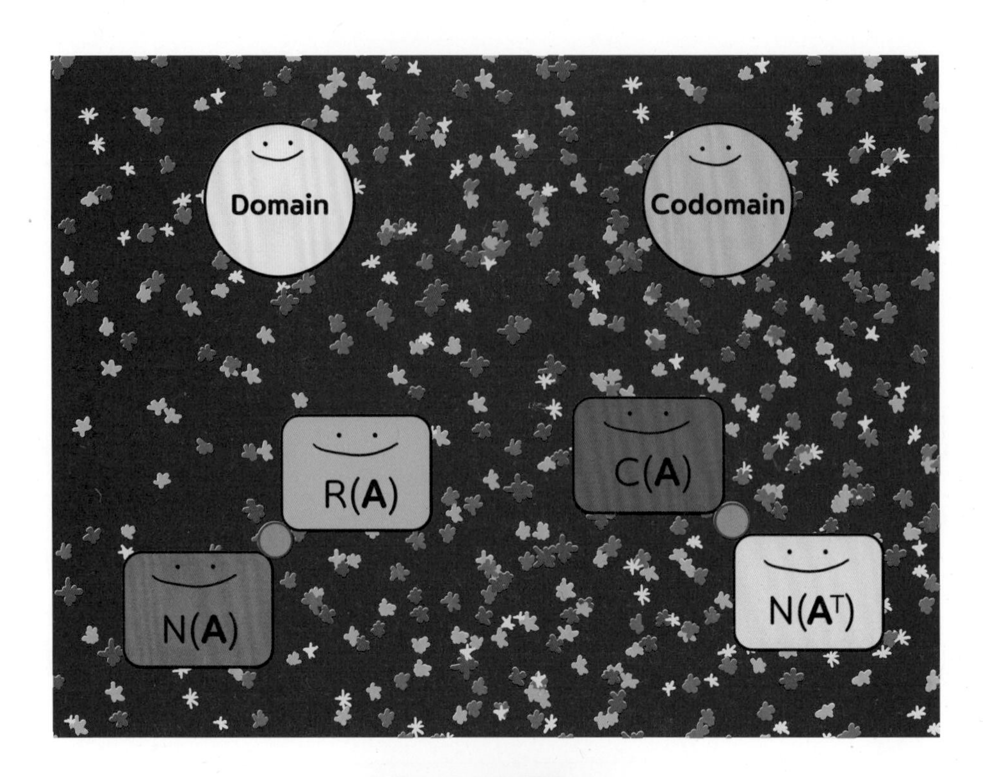
Domain
Codomain
R(**A**)
C(**A**)
N(**A**)
N(**A**^{T})

3.3 서브스페이스의 베이시스 찾기

이번 이야기는 아래와 같은 매트릭스가 있을 때, **A**의 네 개 서브스페이스의 베이시스들을 찾는 과정에 대한 이야기입니다.

이번 이야기를 도와줄 **A**를 먼저 소개합니다.

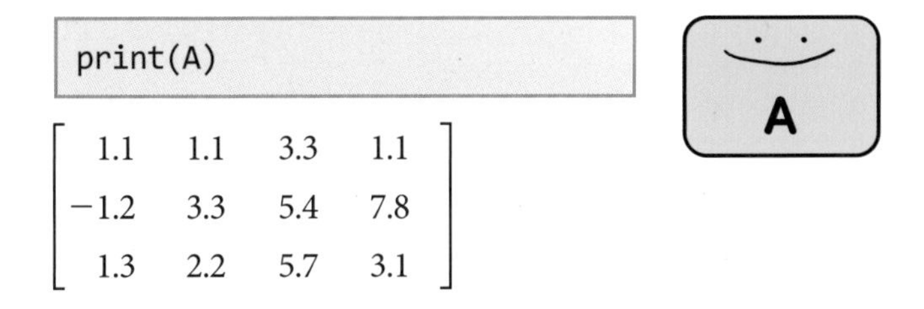

C(**A**)와 N(**A**)를 스팬할 수 있는 베이시스를 구하기 위해 먼저 **A**에 있는 컬럼 벡터들을 **B**와 **D**로 나누어 헤쳐 모이게 합니다.

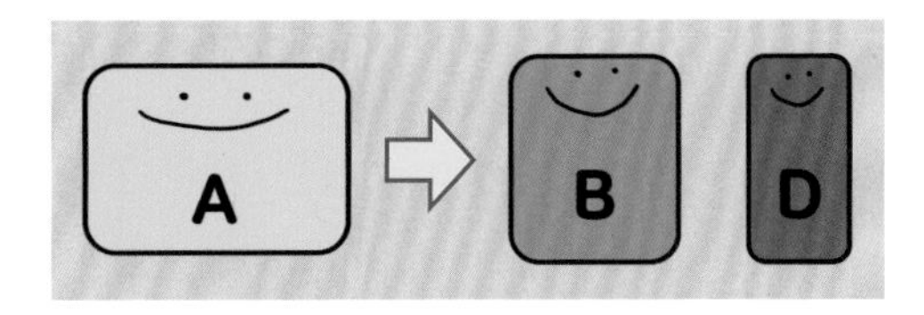

여기서 **B**에 들어간 인디펜던트한 벡터들이 C(**A**)의 베이시스 벡터들입니다. 보여드린 것처럼 C(**A**)의 베이시스 벡터를 찾는 과정은 간단합니다.

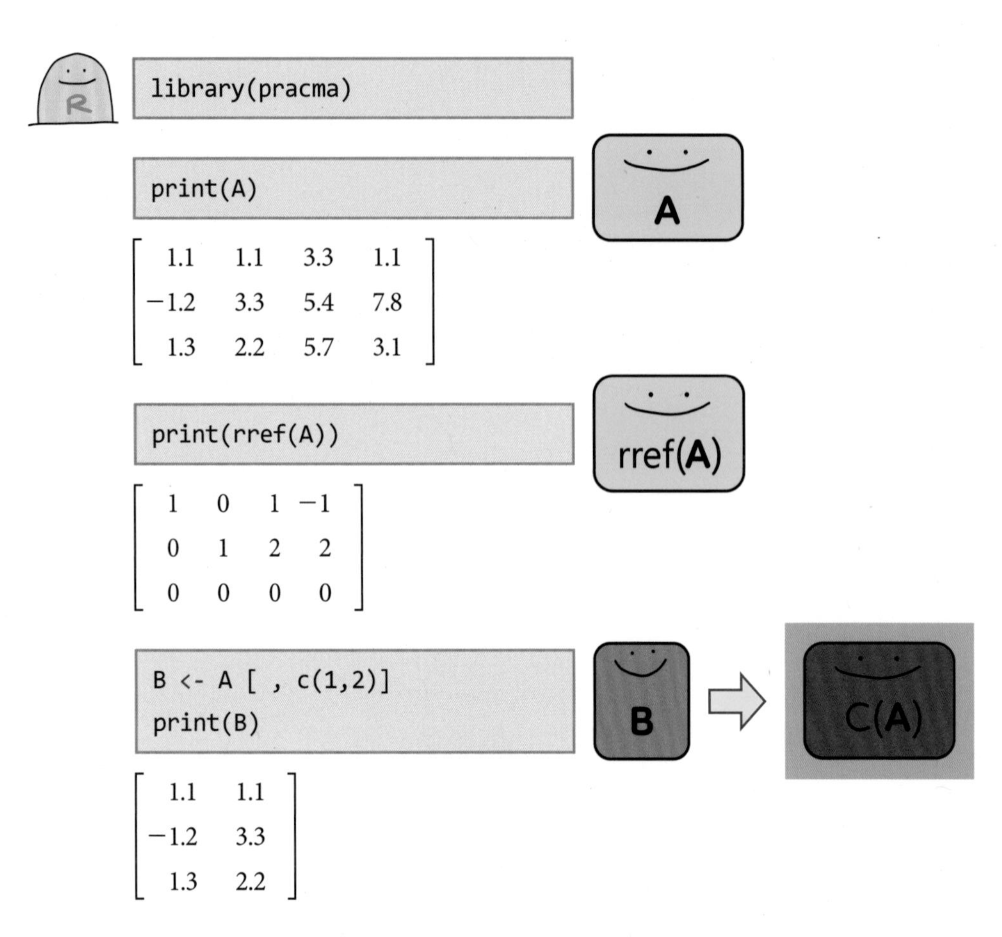


```
library(pracma)
```

```
print(A)
```

$$\begin{bmatrix} 1.1 & 1.1 & 3.3 & 1.1 \\ -1.2 & 3.3 & 5.4 & 7.8 \\ 1.3 & 2.2 & 5.7 & 3.1 \end{bmatrix}$$

```
print(rref(A))
```

$$\begin{bmatrix} 1 & 0 & 1 & -1 \\ 0 & 1 & 2 & 2 \\ 0 & 0 & 0 & 0 \end{bmatrix}$$

```
B <- A [ , c(1,2)]
print(B)
```

$$\begin{bmatrix} 1.1 & 1.1 \\ -1.2 & 3.3 \\ 1.3 & 2.2 \end{bmatrix}$$

도메인 디멘션이 4, 컬럼 랭크가 2이므로 N(**A**)의 베이시스 벡터 개수는 2라는 것을 먼저 확인할 수 있죠.

그럼 이제 N(**A**)의 베이시스 찾는 방법에 대해 이야기하겠습니다. 아래 지도를 보고 $\vec{x}_N$이 사는 서브스페이스와 $\vec{0}$이 사는 스페이스가 어디인지 생각해 보세요.

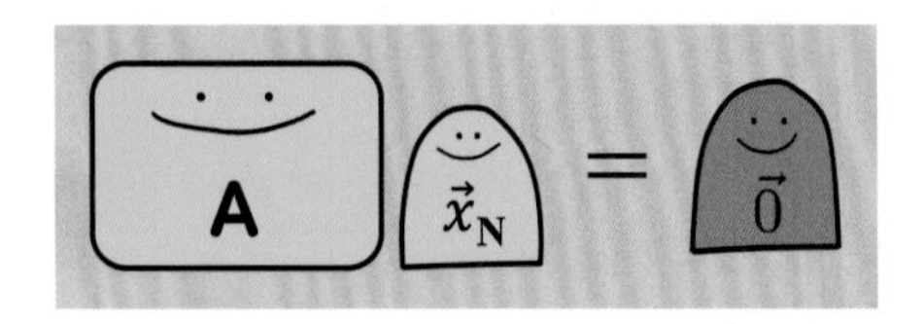

위 지도를 통해 $\vec{x}_N$은 **A**의 컬럼 벡터들의 리니어 컴비네이션으로 $\vec{0}$에게 가는 길을 알려 주며,

A의 로우 벡터들과 $\vec{x}_N$이 닷 프로덕트하면 $\vec{0}$이 된다는 사실을 알 수 있습니다.

이 두 가지 정보를 통해 얻은 $\vec{x}_N$은 N(**A**)에 살고 있다는 사실과 $\vec{0}$은 **A**의 컬럼 벡터들의 리니어 컴비네이션으로 도달한 곳이므로 코도메인에 있다는 사실을 지도 만드는 사람들은 다음과 같이 표현합니다.

$$A\vec{x}_N = \vec{0}$$

A의 로우 벡터들이 사는 곳은 R(**A**)입니다.

A의 로우 벡터들과 닷 프로덕트했을 때 $\vec{0}$이 나왔으므로 $\vec{x}_N$이 사는 서브스페이스는 N(**A**)입니다.

N(**A**)에 사는 모든 벡터들은 R(**A**)에 사는 모든 벡터들과 오쏘고널(orthogonal)하니까요. N(**A**)를 스팬하는 베이시스는 바로 이 관계를 이용해 구할 수 있습니다.

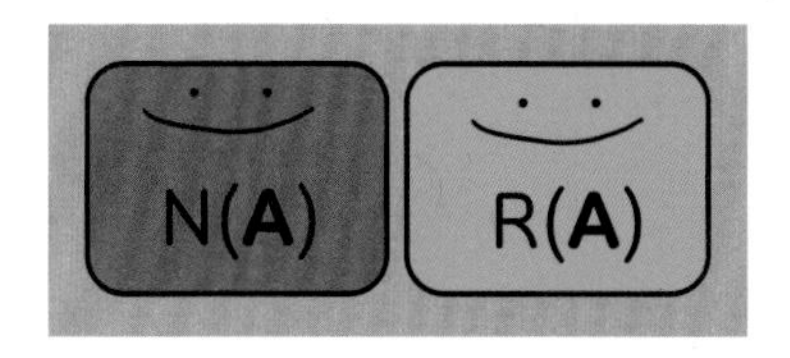

지금까지 이야기한 N(**A**)의 베이시스 찾기 과정을 정리하면 다음과 같습니다.

$$\mathbf{A}\vec{x}_{\mathrm{N}} = \vec{0}$$

$$\mathbf{A} \Rightarrow \mathbf{B}\ \mathbf{D} \qquad \mathbf{B}^{\mathrm{T}}\mathbf{B} = \mathbf{G}_{\mathrm{B}}$$

$$\mathbf{G}_{\mathrm{B}}^{-1}\mathbf{G}_{\mathrm{B}} = \mathbf{I}$$

$$\mathbf{B} = \begin{bmatrix} \vec{v}_1 & \vec{v}_2 \end{bmatrix} \qquad \mathbf{D} = \begin{bmatrix} \vec{v}_3 \end{bmatrix}$$

그러면 이제 **A** 컬럼 벡터들의 리니어 컴비네이션으로 $\vec{0}$에게 가는 길을 알려 주는 $\vec{x}_N$을 찾아 보겠습니다.

$$\vec{x}_{\mathrm{N}} = \begin{bmatrix} \vec{x}_{\mathrm{B}} \\ \vec{x}_{\mathrm{D}} \end{bmatrix}$$

아래와 같이 그림으로 표현하니 그 과정이 마치 게임처럼 보이는군요.

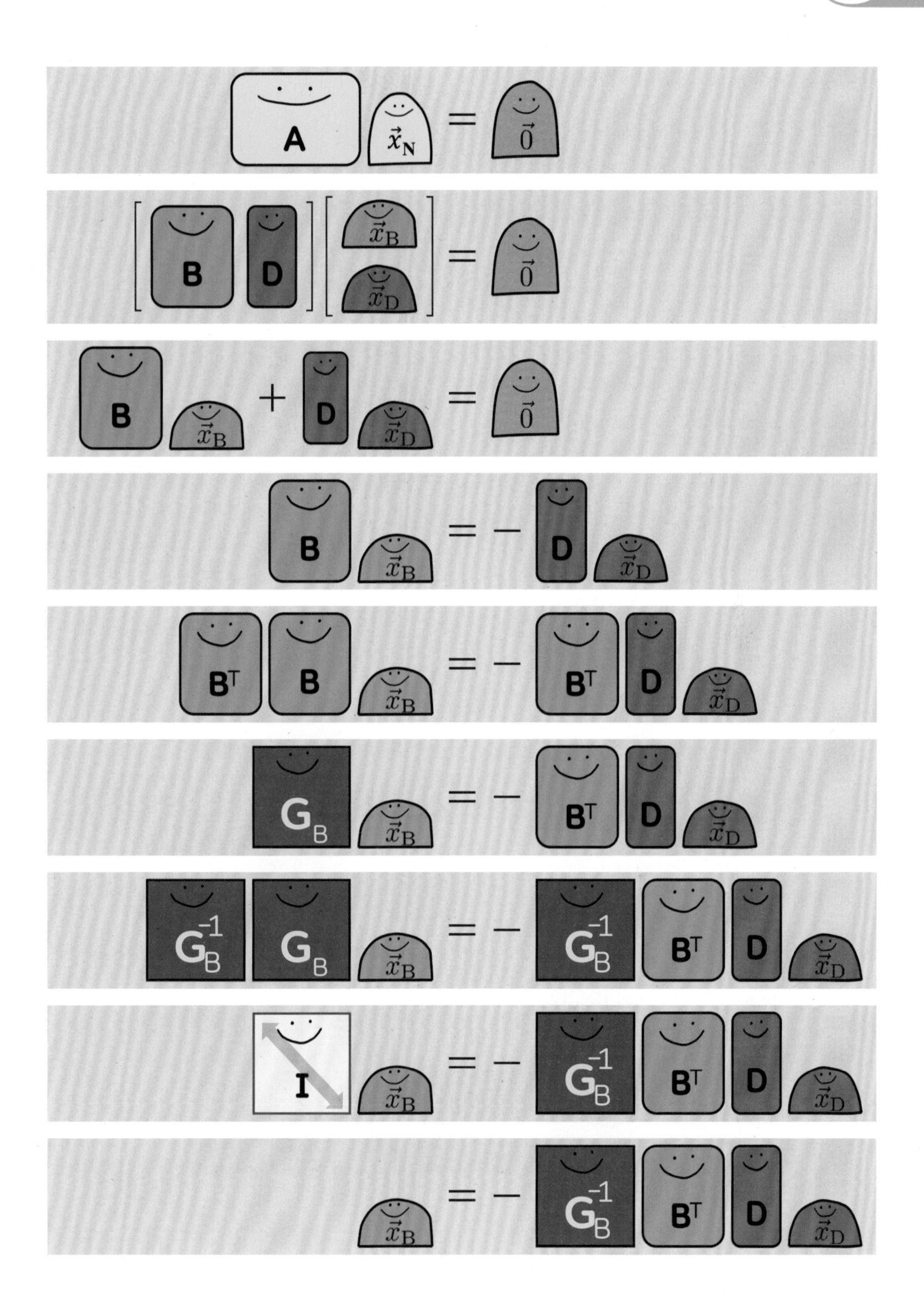
A
$\vec{x}_N$
$\vec{0}$
B
D
$\vec{x}_B$
$\vec{x}_D$
B^T
G_B
G_B^{-1}
I

매트릭스와 벡터로 표현된 관계를 지도 만드는 사람들은 아래와 같이 표현합니다.

$$A\vec{x}_N = \vec{0}$$

$$B\vec{x}_B + D\vec{x}_D = 0$$

$$B\vec{x}_B = -D\vec{x}_D$$

$$B^T B\vec{x}_B = -B^T D\vec{x}_D$$

$$G_B\vec{x}_B = -B^T D\vec{x}_D$$

$$G_B^{-1} G_B\vec{x}_B = -G_B^{-1} B^T D\vec{x}_D$$

$$\vec{x}_B = -G_B^{-1} B^T D\vec{x}_D$$

$\vec{x}_N$이 N(**A**)에 있다는 사실을 토대로 $\vec{x}_B$를 표현했습니다.

위의 $\vec{x}_N$과 $\vec{x}_B$, 그리고 $\vec{x}_D$의 관계를 이용해

$$\vec{x}_N = \begin{bmatrix} \vec{x}_B \\ \vec{x}_D \end{bmatrix}$$

$\vec{x}_B$에 대한 표현으로 다시 정리하여 표현하면 다음과 같습니다.

그리고 나머지 N(**A**)의 베이시스 찾기 과정을 지도 만드는 사람들의 표현과 매트릭스와 벡터의 춤으로 표현하면 다음과 같습니다.

$$\vec{x}_N = \begin{bmatrix} \vec{x}_B \\ \vec{x}_D \end{bmatrix} = \begin{bmatrix} -G_B^{-1}B^T D\vec{x}_D \\ \vec{x}_D \end{bmatrix}$$

그리고 $\vec{x}_D$를 밖으로 꺼내 다시 정리하면 다음과 같이 표현할 수 있습니다.

$$\vec{x}_N = \begin{bmatrix} -G_B^{-1}B^T D \\ I \end{bmatrix} \vec{x}_D$$

그리고 여기서 바로 다음 부분이

$$\begin{bmatrix} -G_B^{-1}B^T D \\ I \end{bmatrix}$$

N(**A**)의 베이시스가 될 수 있습니다.

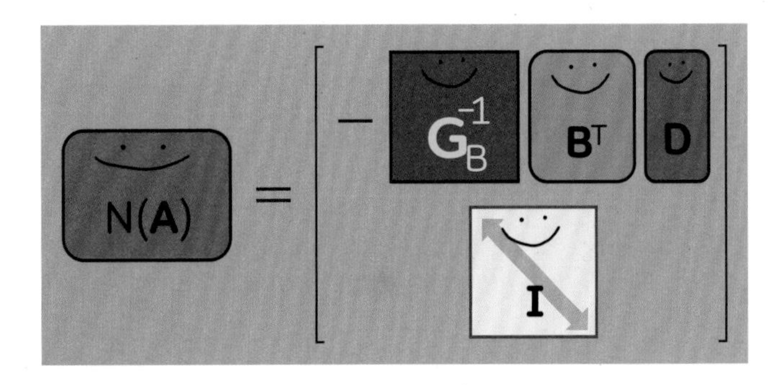

N(**A**)의 베이시스 찾기 과정을 앞서의 문제를 가지고 R의 도움을 받아 계속 이어가겠습니다.

```
D <- A[, -c(1,2)]
print(D)
```

$$\begin{bmatrix} 3.3 & 1.1 \\ 5.4 & 7.8 \\ 5.7 & 3.1 \end{bmatrix}$$

```
GB <- t(B)%*%B
print(GB)
```

$$\begin{bmatrix} 4.34 & 0.11 \\ 0.11 & 16.94 \end{bmatrix}$$

```
print(- inv(GB)%*%t(B)%*%D )
```

$$\begin{bmatrix} -1 & 1 \\ -2 & -2 \end{bmatrix}$$

```
I <- diag(2)
print(I)
```

$$\begin{bmatrix} 1 & 0 \\ 0 & 1 \end{bmatrix}$$

```
print(rbind(- inv(GB)%*%(t(B)%*%D),I)))
```

$$\begin{bmatrix} -1 & 1 \\ -2 & -2 \\ 1 & 0 \\ 0 & 1 \end{bmatrix}$$

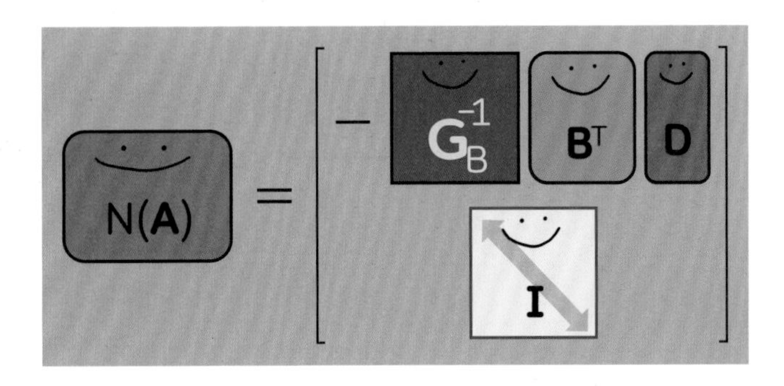

R(**A**)와 N(**A**)가 단짝 친구라는 사실에서 시작해

$$\mathbf{A}\vec{x} = \vec{0}$$

N(**A**)의 베이시스 벡터들을 찾아냈습니다.

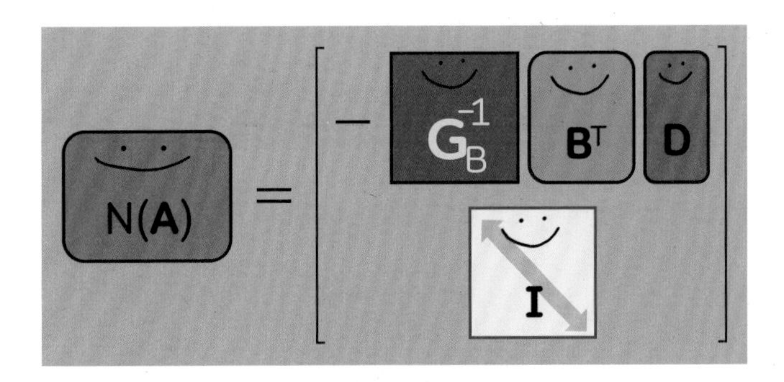

그러면 **A**의 로우 벡터들이 R(**A**)에 있는 벡터들이므로 앞서 얘기한 것처럼 **A**의 로우 벡터들이 N(**A**)에 있는 벡터들과 오쏘고널한지 확인해 보겠습니다.

```
N <- rbind(-inv(GB)%*%(t(B)%*%D),I)))
```

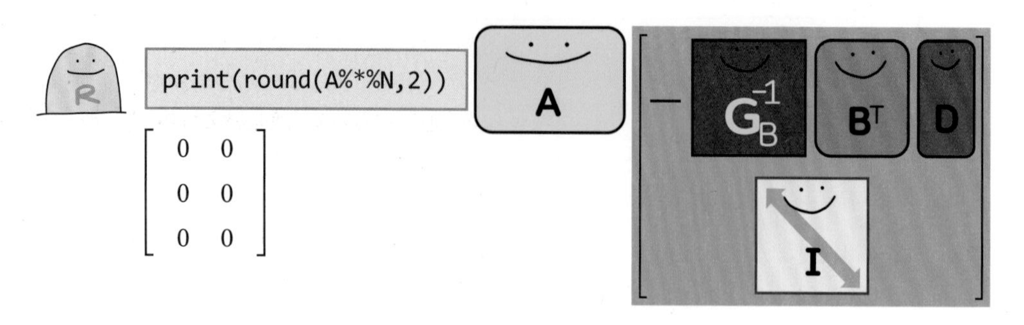

위에 보인 것처럼 N(**A**)의 베이시스를 찾는 데 여러 매트릭스들의 트랜스포즈 및 인벌스 춤이 필요했습니다.

C(**A**)의 베이시스인 **B**를 찾는 과정은 간단했습니다.

R(**A**)를 스팬할 수 있는 베이시스 찾기 역시 간단합니다.

R(**A**)를 스팬할 수 있는 베이시스 찾기는 $\mathbf{A}^\mathbf{T}$와 rref($\mathbf{A}^\mathbf{T}$)를 비교하면 확인할 수 있습니다.

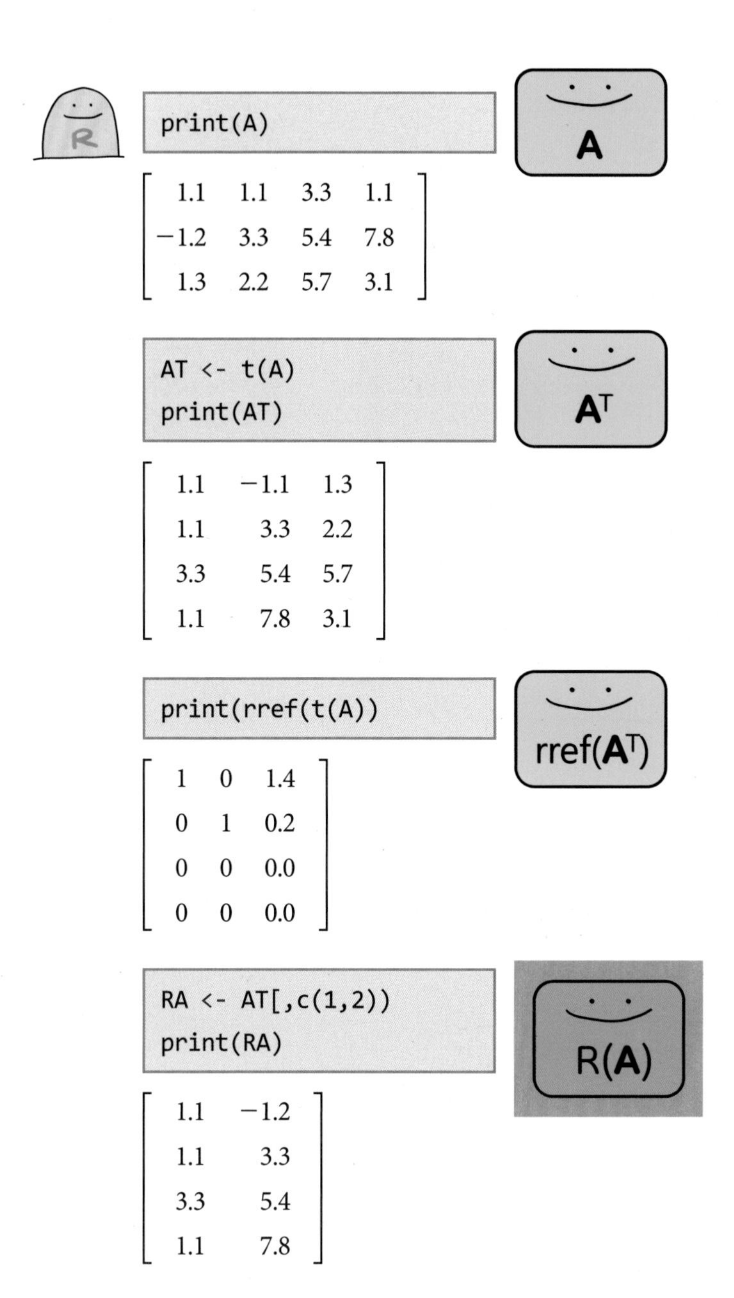

R(**A**)를 스팬할 수 있는 베이시스 찾는 법입니다.

N($\mathbf{A}^\mathbf{T}$)를 스팬할 수 있는 베이시스 찾기는

N(**A**)를 스팬하는 베이시스 찾기 방식과 같습니다.

시작하는 지도의 형태가 조금 달라진다는 차이만 빼고요.

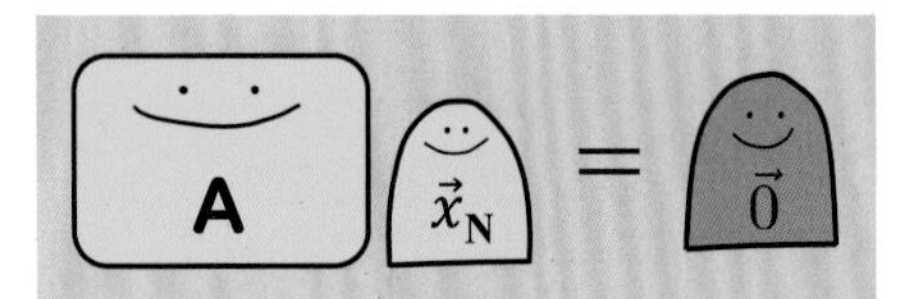

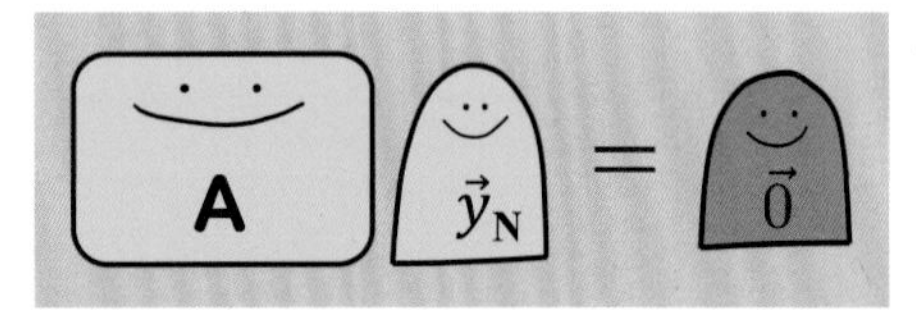

지도 만드는 사람들은 $\vec{y}_N$이라는 벡터가 N($\mathbf{A}^\mathbf{T}$)에 왔다는 것을 다음과 같이 표현하고

$$A^T\vec{y}_N = \vec{0}$$

$\vec{x}_N$이라는 벡터가 N(**A**)에 왔다는 것을 다음과 같이 표현합니다.

$$A\vec{x}_N = \vec{0}$$

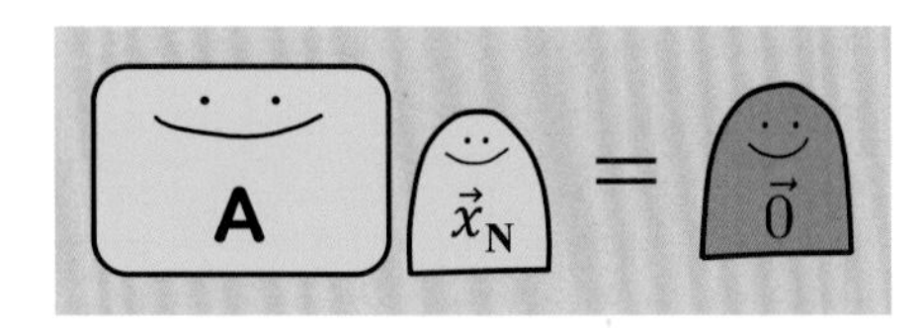

위의 지도에서 $\vec{x}_N$은

지도 만드는 사람들이 보기에 **A**의 오른쪽에 서서 **A** 컬럼 벡터들의 리니어 컴비네이션을 통해 $\vec{0}$로 가는 길을 알려 주고 있습니다.

N(**A**)에 사는 벡터들이 알려 주는 길로만 가면 널(null)로 갈 수 있다는 사실을 알고, 이 서브스페이스를

A의 널 스페이스(null space of **A**)라 부르기 시작했다는 이야기가 전해집니다.

지도 만드는 사람들이 N(**A**)를 먼저 발견한 후, 이어서 발견한 곳이 N($\mathbf{A}^T$)입니다.

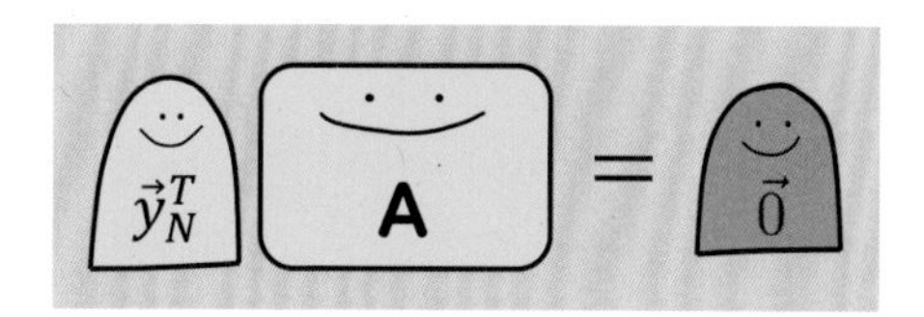

지도 만드는 사람들이 보는 기준으로 $\vec{y}_N^T$는

A의 왼쪽에서 **A** 로우 벡터들의 리니어 컴비네이션으로 $\vec{0}$에게 가는 길을 알려 주고 있습니다.

$N(\mathbf{A}^T)$에 있는 모든 벡터들은 $C(\mathbf{A})$에 있는 벡터들과 오쏘고널하므로 닷 프로덕트하면 0이 되어

결과적으로 **A**에 있는 로우 벡터들의 리니어 컴비네이션으로 $\vec{0}$로 가는 길을 알려 줍니다.

$N(\mathbf{A}^T)$에 있는 모든 벡터들은 **A**의 왼쪽에서 **A**의 로우 벡터들의 리니어 컴비네이션을 통해 $\vec{0}$로 가는 길을 알려 주는 것이지요.

이런 이유로 지도 만드는 사람들은 이 서브스페이스를 **A의 레프트 널 스페이스**(left null space of **A**)라 부르기 시작했다는 이야기도 전해진답니다.

3.4 오쏘고널 컴플리먼트 서브스페이스와 풀 랭크 매트릭스

도메인과 코도메인의 디멘션이 다음과 같이 주어졌을 때,

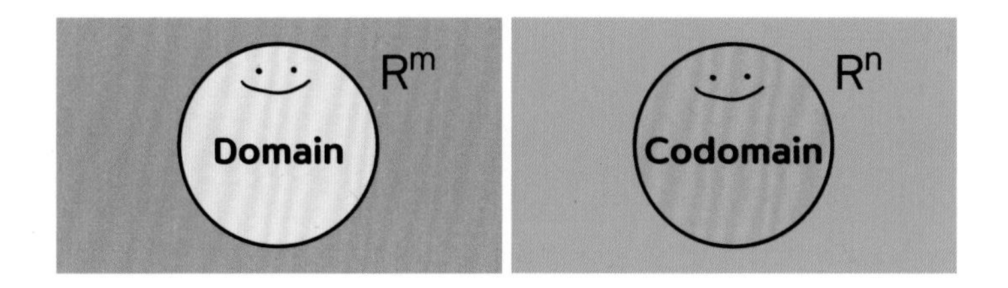

도메인 전체를 스팬하려면 m개의 인디펜던트 벡터가 필요하고

코도메인 전체를 스팬하려면, n개의 인디펜던트 벡터가 필요하다는 것을 스페이스의 디멘션을 통해 확인할 수 있습니다.

이번 이야기에서는 스페이스 전체를 스팬하는 인디펜던트 벡터들의 모임에 대해 아래 그림을 참조해 이야기해 보겠습니다.

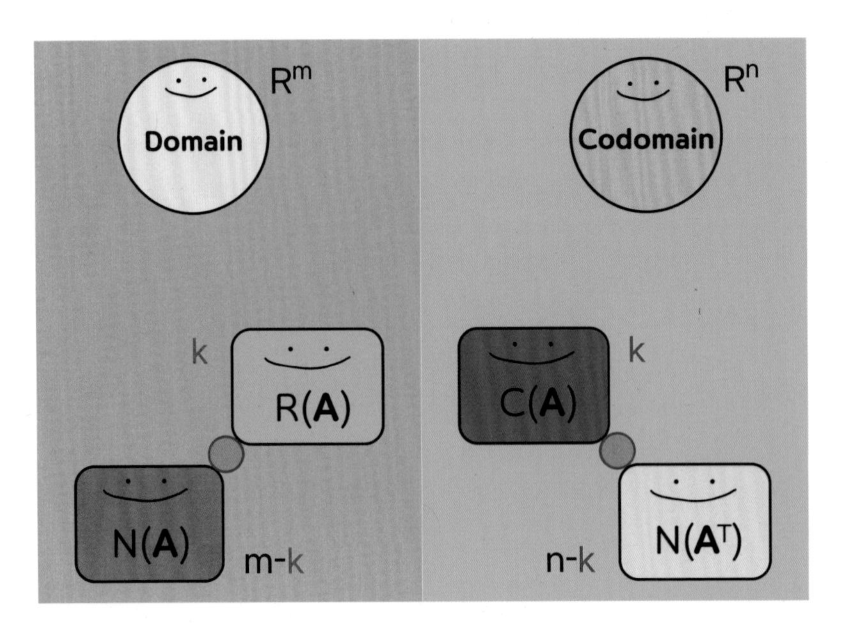

먼저 아래 그림들을 보고 잠시 디펜던트, 인디펜던트, 그리고 오쏘고널 벡터들의 차이점에 대해 생각해 보세요.

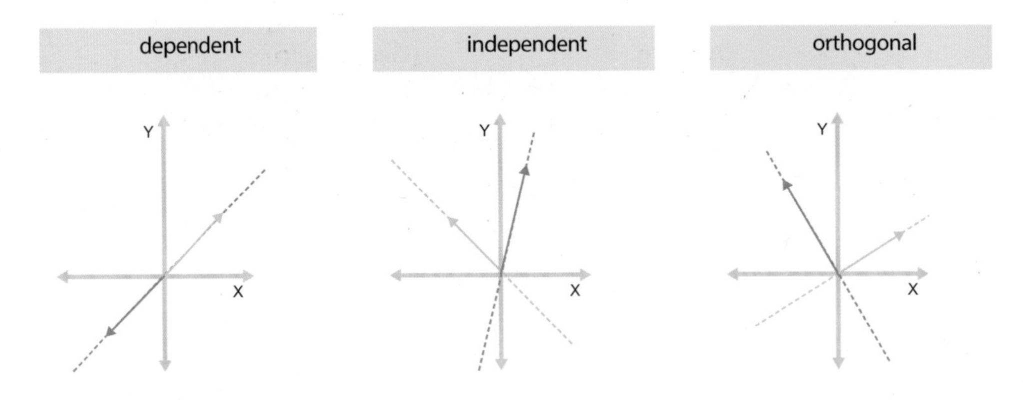

두 개의 벡터가 오쏘고널하다는 것은 가장 인디펜던트하다는 말과 같습니다.

서브스페이스를 스팬하는 베이시스가 들어 있는 매트릭스를 만들 때, 그 안에 들어가는 벡터들은 인디펜던트하기만 하면 됩니다.

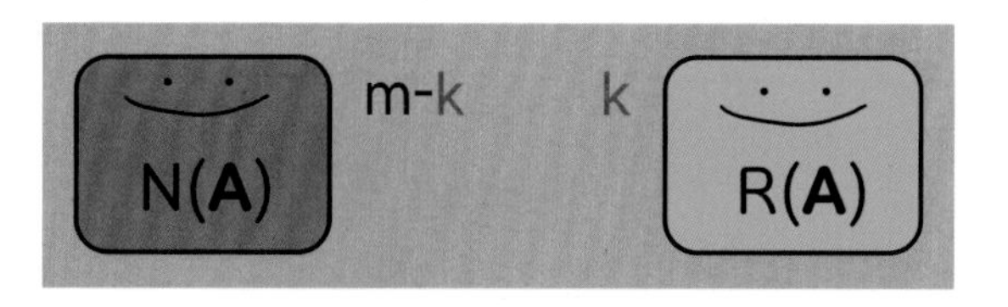

R(**A**)의 베이시스와 N(**A**)의 베이시스는 인디펜던트 정도를 넘어 **항상 오쏘고널**합니다.

그래서 R(**A**)의 베이시스와 N(**A**)의 베이시스가 다음과 같이 한 개의 매트릭스 안에 들어가면 해당 매트릭스는 **넌싱귤라** 매트릭스가 됩니다.

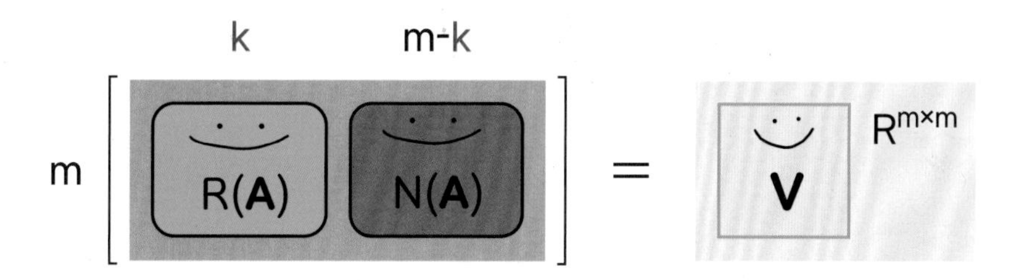

앞에서 이야기했듯이 싱귤라(singular)와 넌싱귤라(nonsingular)는 스퀘어(square) 매트릭스에게만 사용할 수 있는 용어이므로 굳이 넌싱귤라 **스퀘어** 매트릭스라 하지 않고, 줄여서 **넌싱귤라 매트릭스**라 부릅니다.

도메인 전체를 스팬하는 베이시스 벡터들을 가지는 이 매트릭스를 앞으로는 **V**라 부르겠습니다. **V**와 같은 넌싱귤라 매트릭스를 **풀 랭크**(full rank) 매트릭스라 합니다. 매트릭스의 세계에서 풀 랭크 매트릭스는 베이시스가 더 이상 필요 없는 매트릭스를 뜻합니다.

베이시스가 더 이상 필요 없는 이유는 풀 랭크 매트릭스에 있는 컬럼 벡터로 **V**의 도메인 전체를 스팬할 수 있기 때문입니다.

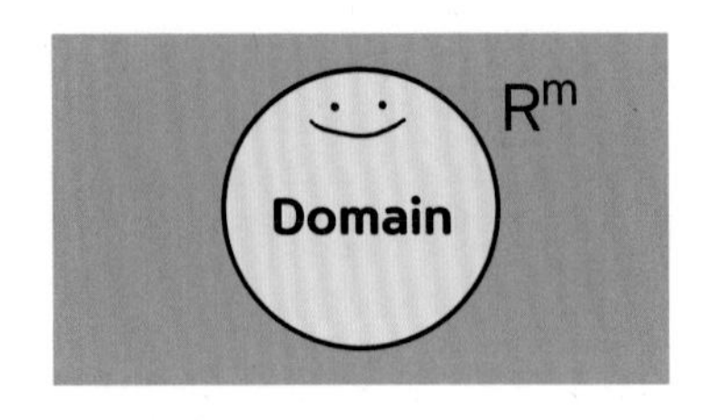

하지만 **V**의 컬럼 벡터들이 서로 오쏘고널한지는 또 다른 매트릭스들의 춤을 통해 알아 봐야 합니다.

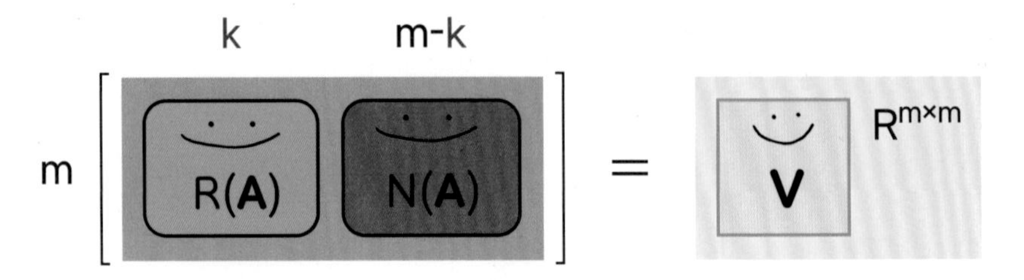

R(**A**)의 베이시스 벡터들과 N(**A**)의 베이시스 벡터들은 서로 오쏘고널하지만, R(**A**)의 베이시스 벡터끼리는 인디펜던트하지만 오쏘고널할 필요는 없으니까요. N(**A**)의 베이시스 벡터끼리도 인디펜던트하지만 오쏘고널할 필요는 없습니다.

C(**A**)와 N($\mathbf{A}^T$)의 베이시스 벡터들도 하나의 매트릭스에 모이면 코도메인 전체를 스팬할 수 있는 베이시스들을 가지고 있는 **풀 랭크 매트릭스**가 됩니다.

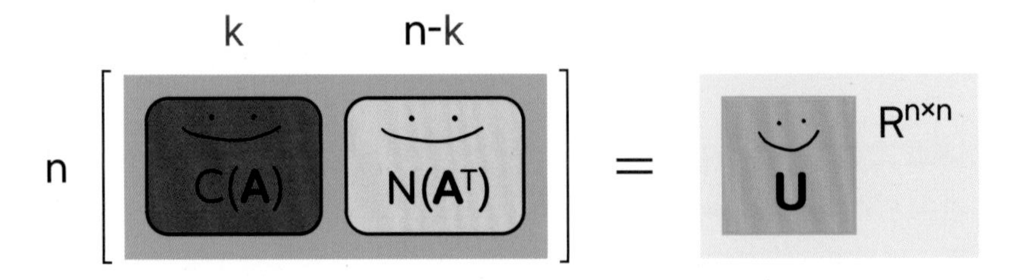

코도메인 전체를 스팬하는 베이시스 벡터들을 가지는 이 매트릭스를 앞으로 **U**라고 부르겠습니다.

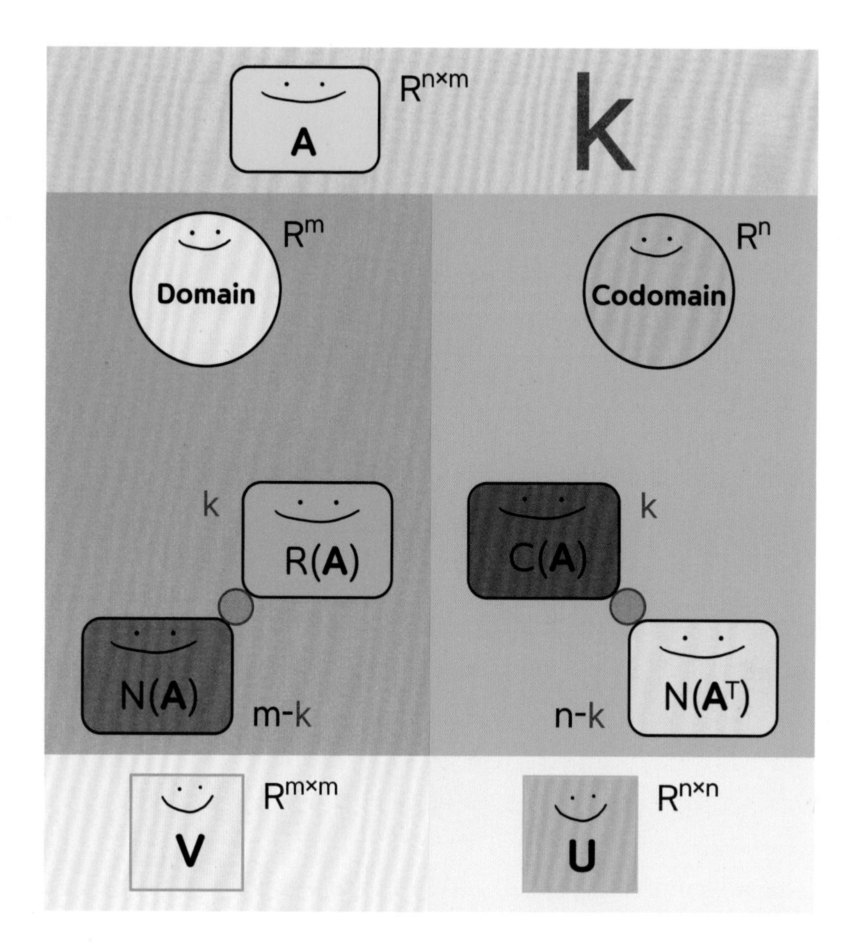
A
$R^{n \times m}$
k
Domain
R^m
Codomain
R^n
k
R(A)
N(A)
m-k
C(A)
k
N(A^T)
n-k
V
$R^{m \times m}$
U
$R^{n \times n}$

3.5 오쏘고널 매트릭스

인벌스(inverse)는 매트릭스가 스퀘어(square)일 때만 시도할 수 있는 어려운 춤이었습니다.

인벌스를 시도해 성공한 매트릭스들은 자신의 인벌스와 멀티플리케이션하여 가장 안정적 매트릭스라는 **I**를 만들 수 있지만,

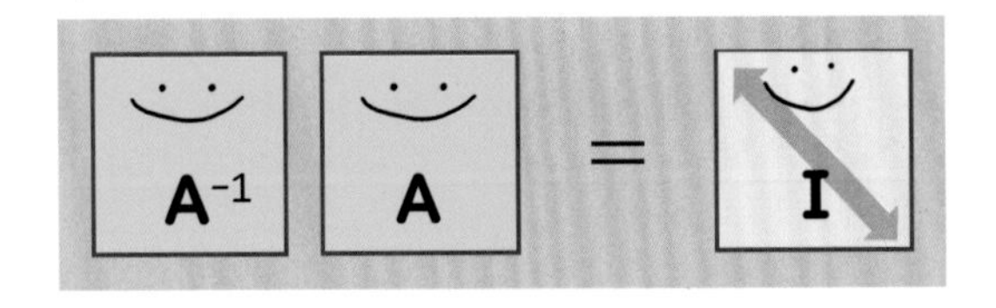

인벌스라는 춤은 매우 힘든 춤이라고 앞서 이야기한 바 있습니다.

트랜스포즈는 사람들이 만나 안녕하세요? 날씨가 참 좋습니다, 하며 인사하고 악수하는 정도로 쉬워서 모든 매트릭스들이 출 수 있는 춤이라고 앞에서 이야기했지요.

이번에 이야기할 오쏘고널 매트릭스는 안녕하세요? 날씨가 참 좋네요, 하며 인사하는 정도로 매우 쉬운, 모든 매트릭스들이 출 수 있는 춤을 통해 자신의 인벌스를 찾을 수 있는 매트릭스입니다.

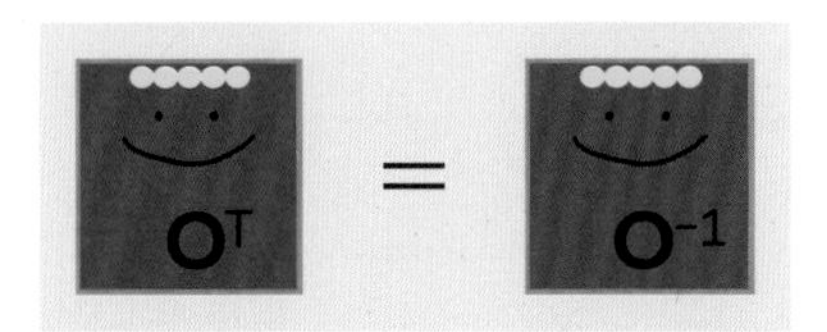

안녕하세요? 날씨가 참 좋습니다처럼 간단한 인사 정도로 자신의 인벌스를 찾을 수 있는 오쏘고널 매트릭스를 처음 발견했을 때의 반응은 정말 대단했습니다.

왜냐하면 넌싱귤라 매트릭스라도 **I**를 만들기 위한 인벌스 춤은 쉽지 않았지만, 트랜스포즈는 누구나 쉽게 출 수 있는 춤이기 때문입니다.

그러므로 인벌스 춤을 출 수 있는 넌싱귤라 매트릭스는 **그램 슈미트 프로세스**(Gram-Schmidt process)라는 춤을 추어 오쏘고널 매트릭스로 변신하고자 하는데, 이 춤은 벡터들의 언어로 넌싱귤라 매트릭스가 오쏘고널 매트릭스로 변신하기 위해 추는 열정의 춤이라는 뜻입니다.

A라는 **넌싱귤라 매트릭스가 그램 슈미트 프로세스**라는 춤을 추면, **A**는 $\mathbf{O_A}$라는 새로운 형태의 오쏘고널 매트릭스가 되고 모든 컬럼 벡터의 놈(norm)은 1이 됩니다.

그럼 R과 함께 넌싱귤라 매트릭스들의 또 다른 춤 그램 슈미트 프로세스의 결과물인 오쏘고널 매트릭스를 찾는 방법을 보이겠습니다. 또한 싱귤라 매트릭스들이 어떻게 다시 헤쳐 모여서 그램 슈미트 프로세스를 추는지도 보이고, 그 결과물은 어떠한 의미가 있는지 이야기하겠습니다.

이 춤은 동작이 섬세한 춤들 중 하나이므로 R도 도서관에서 **far**라는 책을 빌려 와 참고합니다. 만약에 R이 far라는 책을 처음으로 대출하는 것이라면 다음과 같이 또 도서 대출 카드를 만들어야 합니다.

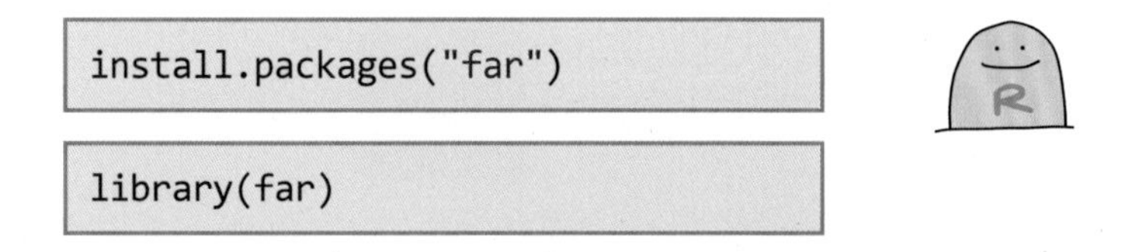

```
install.packages("far")
```

```
library(far)
```

A가 인벌스가 있는 경우에 그램 슈미트 프로세스 춤을 추는 방법을 다음 그림에 보였습니다.

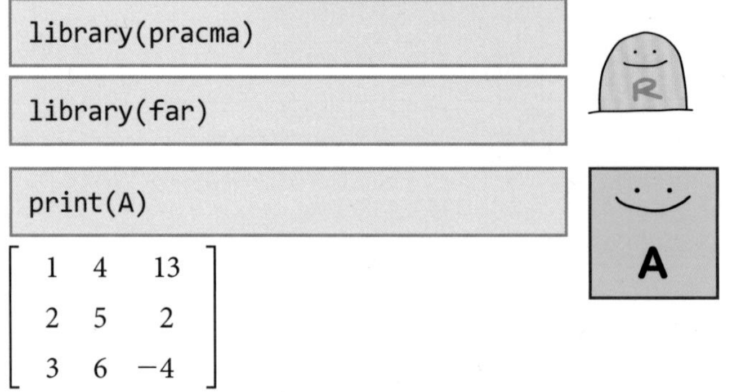

```
library(pracma)
```

```
library(far)
```

```
print(A)
```

$$\begin{bmatrix} 1 & 4 & 13 \\ 2 & 5 & 2 \\ 3 & 6 & -4 \end{bmatrix}$$

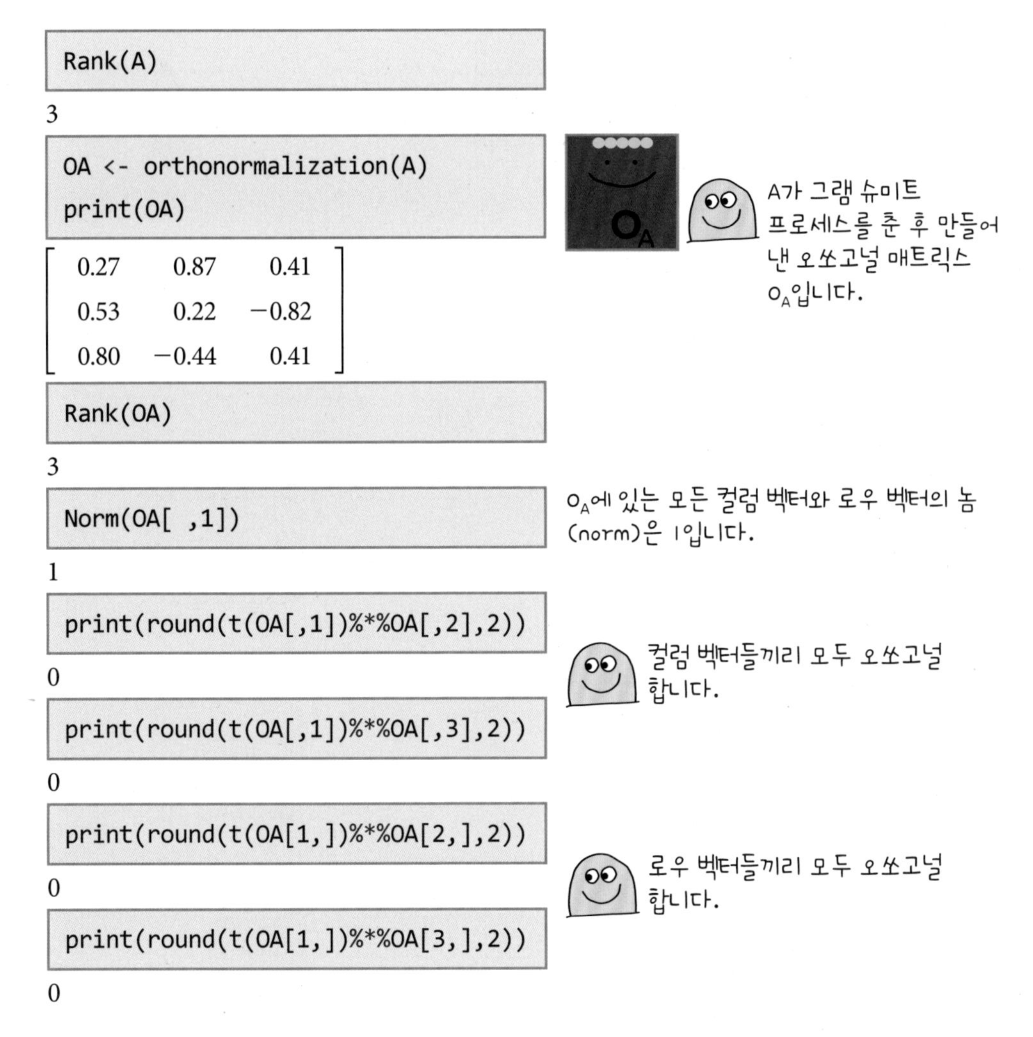

```
Rank(A)
```

3

```
OA <- orthonormalization(A)
print(OA)
```

$$\begin{bmatrix} 0.27 & 0.87 & 0.41 \\ 0.53 & 0.22 & -0.82 \\ 0.80 & -0.44 & 0.41 \end{bmatrix}$$

```
Rank(OA)
```

3

```
Norm(OA[ ,1])
```

1

```
print(round(t(OA[,1])%*%OA[,2],2))
```

0

```
print(round(t(OA[,1])%*%OA[,3],2))
```

0

```
print(round(t(OA[1,])%*%OA[2,],2))
```

0

```
print(round(t(OA[1,])%*%OA[3,],2))
```

0

A가 렉탱귤라 매트릭스이나 싱귤라 매트릭스일 경우, 그램 슈미트 프로세스를 추기 위해 먼저 **A** 안의 인디펜던트 벡터들을 **B**에 넣고 **B**에 있는 벡터들과 디펜던트 벡터들을 **D**로 분리해야 합니다.

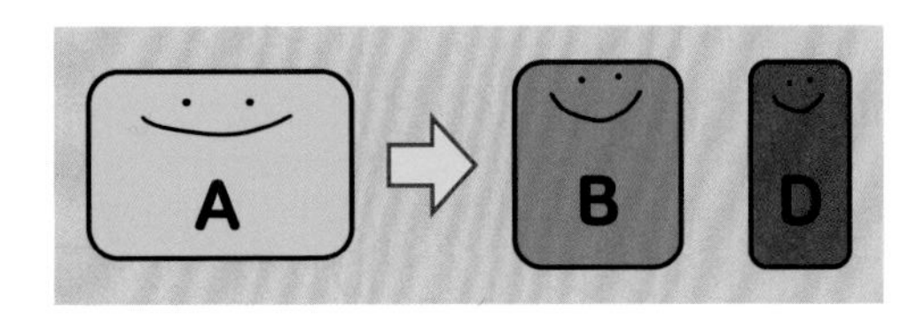

컬럼 벡터들이 인디펜던트한 매트릭스는 스퀘어 매트릭스가 아니어도 그램 슈미트 프로세스를 추어 오쏘고널 매트릭스를 만들 수 있습니다.

그리고 그 결과로 나온 오쏘고널 매트릭스는 매우 흥미로운 정보를 가지고 있습니다. 먼저 R의 도움을 받아 **B**가 어떻게 그램 슈미트 프로세스를 추는지 보이고, 그 결과물인 오쏘고널 매트릭스에 대해 이야기하겠습니다.

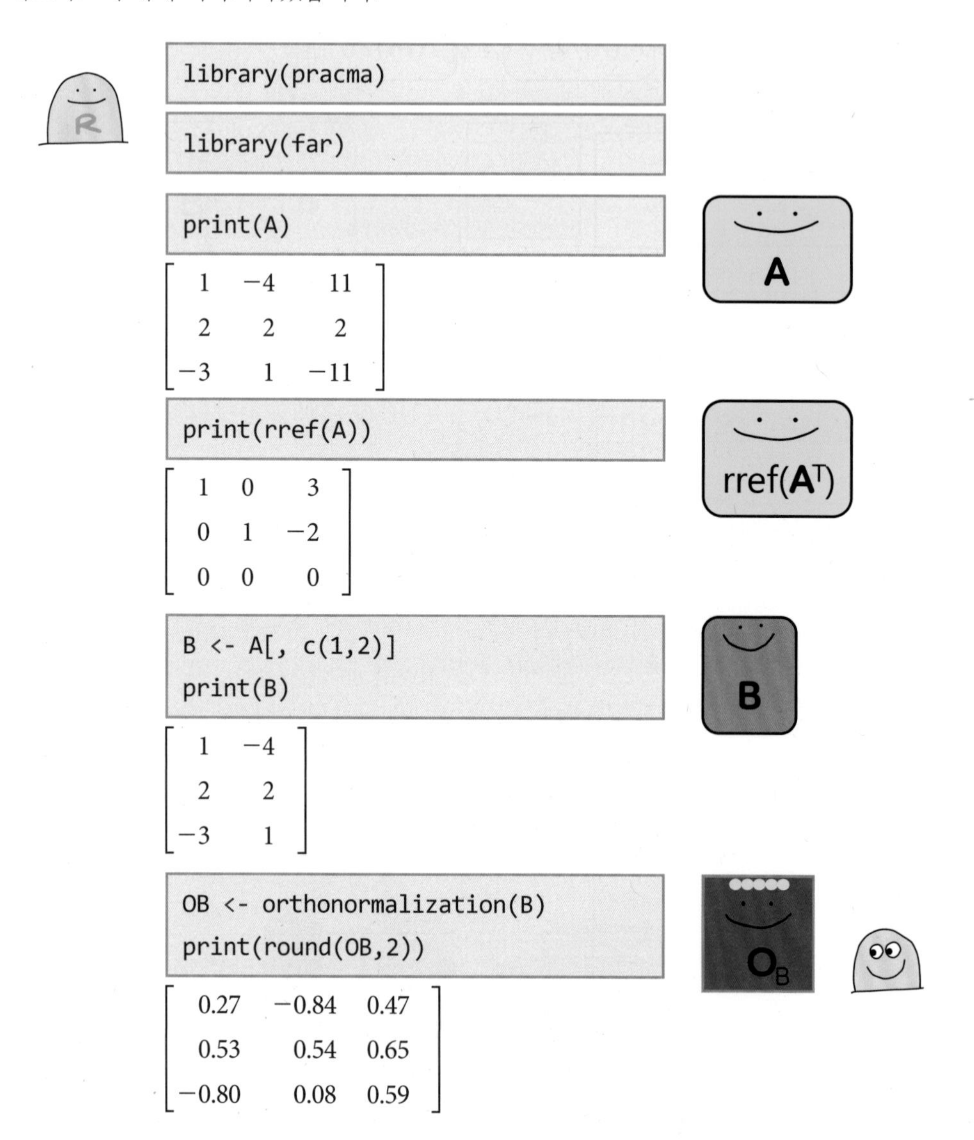

A는 3×3 매트릭스였고, **B**는 3×2 매트릭스였습니다.

$$\begin{bmatrix} 1 & -4 & 11 \\ 2 & 2 & 2 \\ -3 & 1 & -11 \end{bmatrix} = \mathbf{A} \qquad \mathbf{B} = \begin{bmatrix} 1 & -4 \\ 2 & 2 \\ -3 & 1 \end{bmatrix}$$

코도메인의 디멘션은 3이고 **A**의 컬럼 랭크는 2이므로 N($\mathbf{A}^T$)의 베이시스 안에 있는 벡터의 개수는 하나입니다.

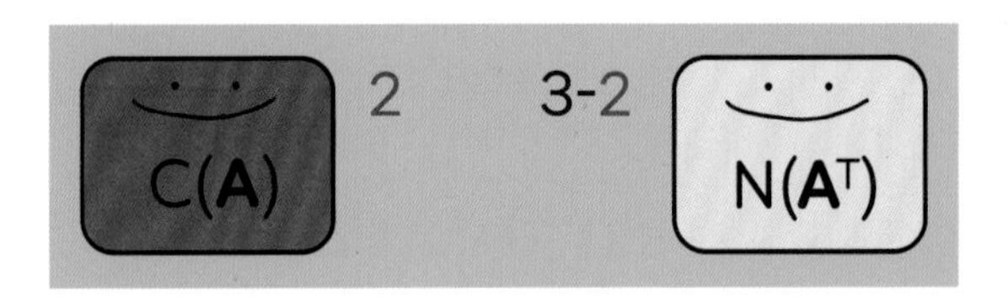

A는 안에 디펜던트한 컬럼 벡터가 있어 그램 슈미트 프로세스 춤을 출 수 없지만, **B**처럼 컬럼 벡터들이 인디펜던트한 매트릭스가 그램 슈미트 프로세스를 추려면

B가 스팬하는 C(**A**)의 단짝 서브스페이스에 있는 N($\mathbf{A}^T$)의 베이시스 벡터들이 함께 와서 다음 그림처럼 춤을 추기 전에 **B**와 N($\mathbf{A}^T$)의 베이시스가 만나 짝 맞춰 스퀘어 매트릭스가 됩니다.

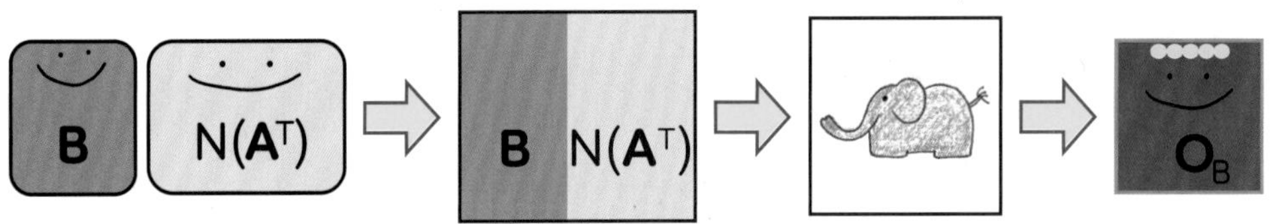

이렇게 해서 나온 $\mathbf{O_B}$는 3×3이 되고, 처음 두 개의 컬럼 벡터는 C(**A**)를 스팬할 수 있는 베이시스 벡터, 그리고 나머지 하나는 N($\mathbf{A}^T$)를 스팬할 수 있는 베이시스 벡터가 됩니다.

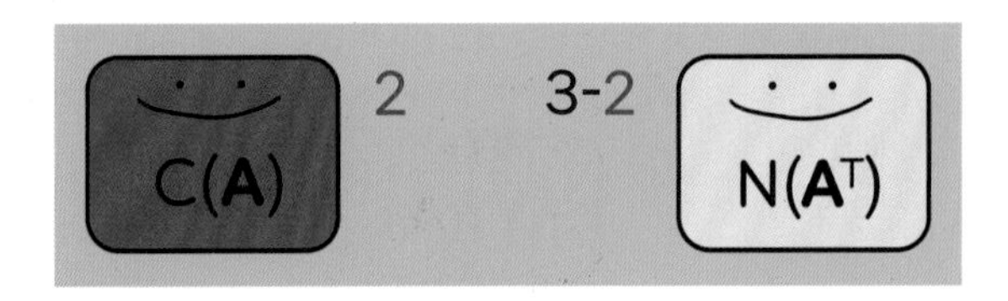

이 과정에 익숙해지도록 연습 문제를 준비했습니다.

아 참, 이미 알고 있을 독자도 있겠지만, 위에서 R에게 orthonormalization(B)라고 물어보는 경우 **B**의 컬럼 벡터들은 반드시 인디펜던트해야 합니다.

그렇지 않은 경우, R은 여러분이 물어보는 말을 알아듣지 못할 것입니다.

♣♣♣♣♣♣♣♣♣♣♣♣

[연습 문제]

첫 번째 문제입니다.

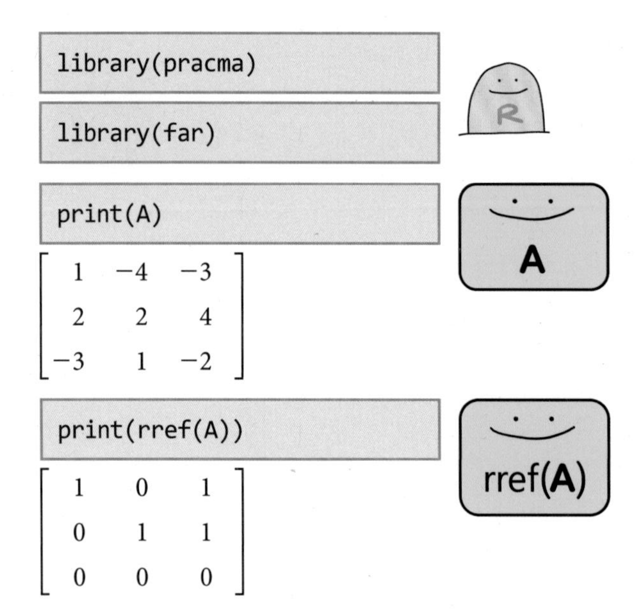

```
library(pracma)
```

```
library(far)
```

```
print(A)
```

$$\begin{bmatrix} 1 & -4 & -3 \\ 2 & 2 & 4 \\ -3 & 1 & -2 \end{bmatrix}$$

```
print(rref(A))
```

$$\begin{bmatrix} 1 & 0 & 1 \\ 0 & 1 & 1 \\ 0 & 0 & 0 \end{bmatrix}$$

```
B <- A[, c(1,2)]
```

```
OB <- orthonormalization(B)
print(round(OB,2))
```

$$\begin{bmatrix} 0.27 & -0.84 & 0.47 \\ 0.53 & 0.54 & 0.65 \\ -0.80 & 0.08 & 0.59 \end{bmatrix}$$

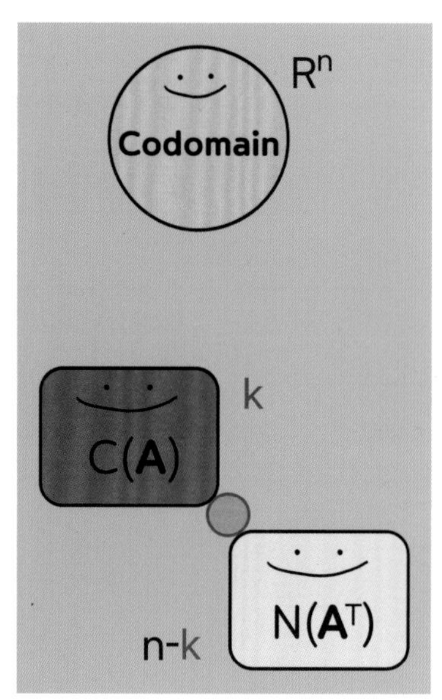


```
CA <- OB[,c(1,2)]
print(round(CA,2))
```

$$\begin{bmatrix} 0.27 & -0.84 \\ 0.53 & 0.54 \\ -0.80 & 0.08 \end{bmatrix}$$

```
NAT <- OB[,c(3)]
print(round(NAT,2))
```

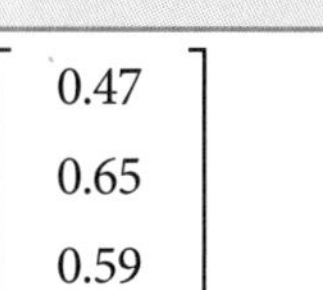

$$\begin{bmatrix} 0.47 \\ 0.65 \\ 0.59 \end{bmatrix}$$

두 번째 문제입니다.

```
library(pracma)
```

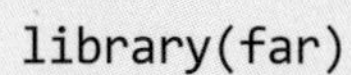

```
library(far)
```

```
print(A)
```

$$\begin{bmatrix} 1 & -4 & -3 & -3 & 23 \\ 2 & 2 & 4 & 4 & -1 \\ -3 & 1 & -2 & -2 & -14 \end{bmatrix}$$

```
print(rref(A))
```

$$\begin{bmatrix} 1 & 0 & 1 & 1 & 0 \\ 0 & 1 & 1 & 1 & 0 \\ 0 & 0 & 0 & 0 & 1 \end{bmatrix}$$

rref(**A**)

```
B <- A[, c(1,2)]
```

B

```
OB <- orthonormalization(B)
print(round(OB,2))
```

$$\begin{bmatrix} 0.27 & -0.84 & 0.47 \\ 0.53 & 0.54 & 0.65 \\ -0.80 & 0.08 & 0.59 \end{bmatrix}$$

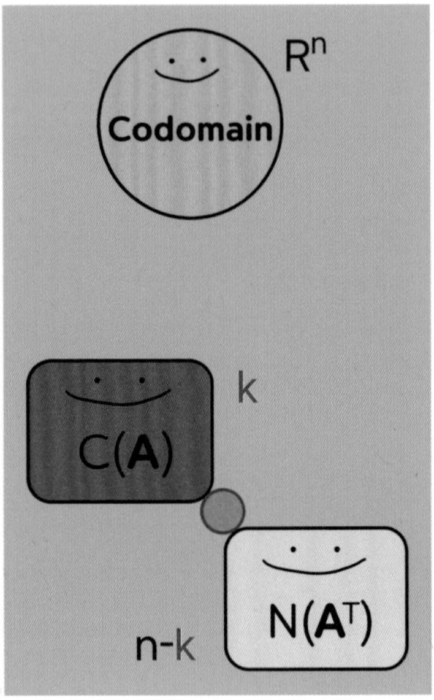

O_B

```
CA <- OB[,c(1,2)]
print(round(CA,2))
```

$$\begin{bmatrix} 0.27 & -0.84 \\ 0.53 & 0.54 \\ -0.80 & 0.08 \end{bmatrix}$$

C(**A**)

```
NAT <- OB[,c(1,2)]
print(round(NAT,2))
```

$$\begin{bmatrix} 0.47 \\ 0.65 \\ 0.59 \end{bmatrix}$$

N($\mathbf{A}^T$)

Codomain R^n

C(**A**) k

N($\mathbf{A}^T$) n-k

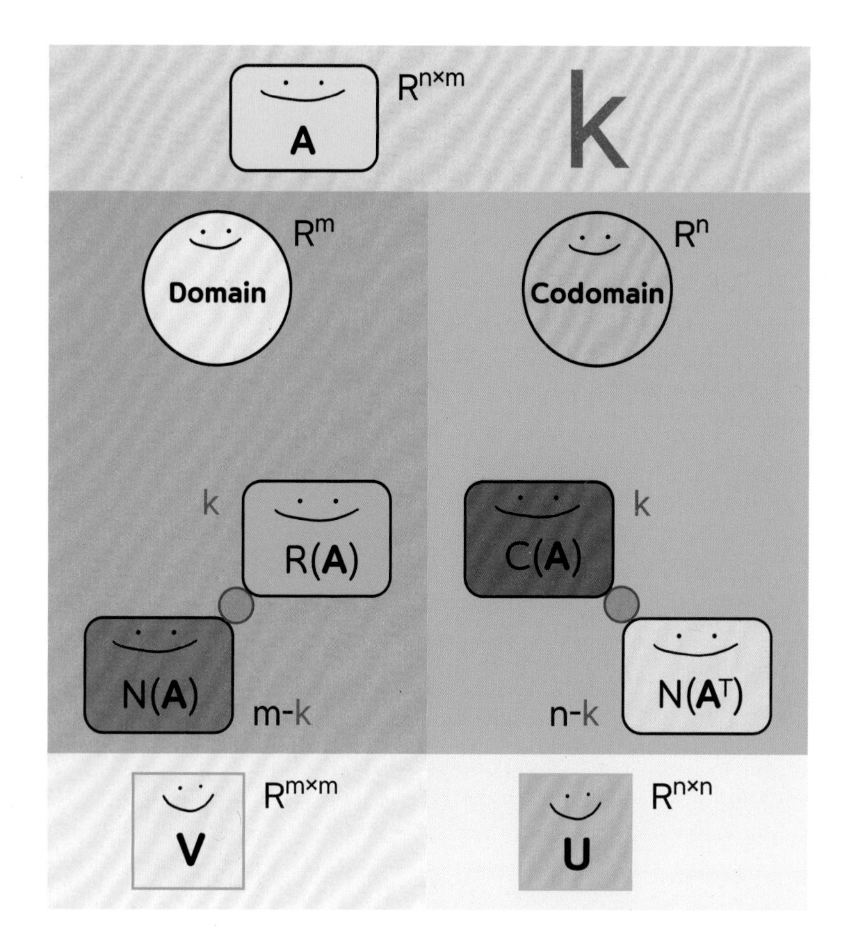

앞에서 이야기했던 도메인 전체를 스팬할 수 있었던 **V**와 코도메인 전체를 스팬할 수 있었던 **U**가 그램 슈미트 프로세스 춤을 추면

다음과 같은 오쏘고널 매트릭스가 됩니다.

지도 만들기

4.1 넌싱귤라 매트릭스로 지도 만드는 법

A와 $\vec{b}$가 주어졌을 때 **언제나** $\vec{b}$로 가는 지도를 만들 수 있는 것은 아닙니다.

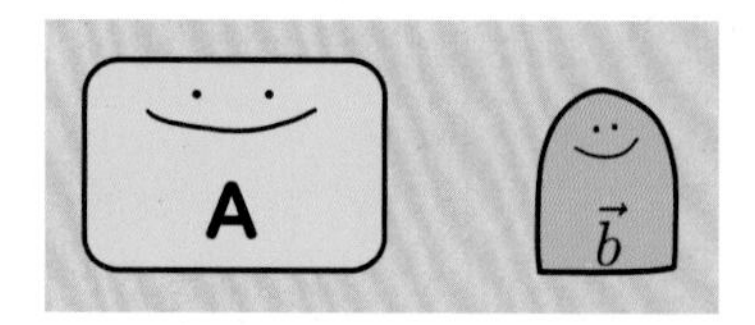

$\vec{b}$가 C(**A**) 안에 없다면

우리가 만들어야 할 지도는 C(**A**) 안에서 $\vec{b}$를 바라볼 수 있는 곳으로 가는 지도입니다. 이러한 지도를 벡터들의 세계에선 모자 지도라고 합니다. 이렇게 모자 지도로 표현된 곳은 C(**A**)에서 $\vec{b}$와 가장 가까운 곳입니다.

본격적으로 모자 지도 만드는 법을 얘기하기 전에, 이번 이야기에서 넌싱귤라 매트릭스로 지도 만드는 방법을 알아보겠습니다. 넌싱귤라 매트릭스로 지도 만들기는 지도 만드는 세

가지 방법 중 가장 간단한 방법이면서 다른 지도 만들기에 포함되는 과정이기도 합니다.

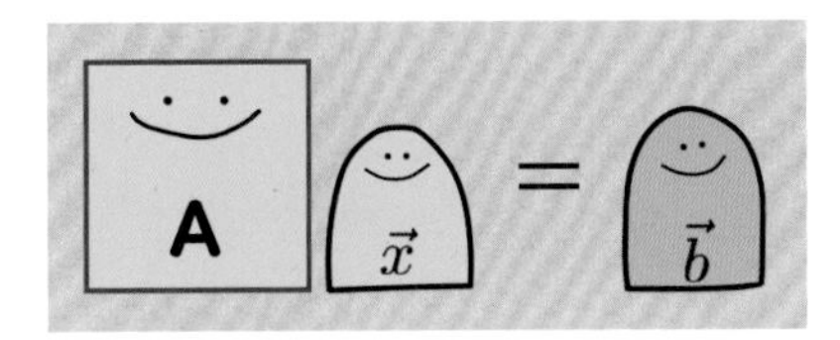

A가 넌싱귤라일 때,

우리는 항상 $\vec{b}$로 가는 지도를 만들 수 있습니다.

넌싱귤라 매트릭스로 만드는 지도는 다음 과정을 따릅니다. 먼저 양쪽에 $\mathbf{A}^{-1}$을 다음과 같이 곱해 줍니다.

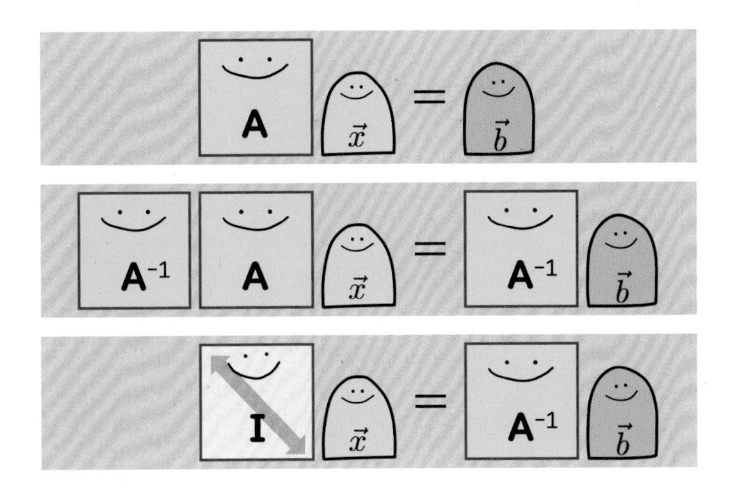

$\vec{x}$가 **A**의 컬럼 벡터의 리니어 컴비네이션을 통해 $\vec{b}$로 가는 지도를 완성했습니다.

“짜잔~!”

넌싱귤라 매트릭스로 만든, $\vec{b}$로 가는 지도입니다.

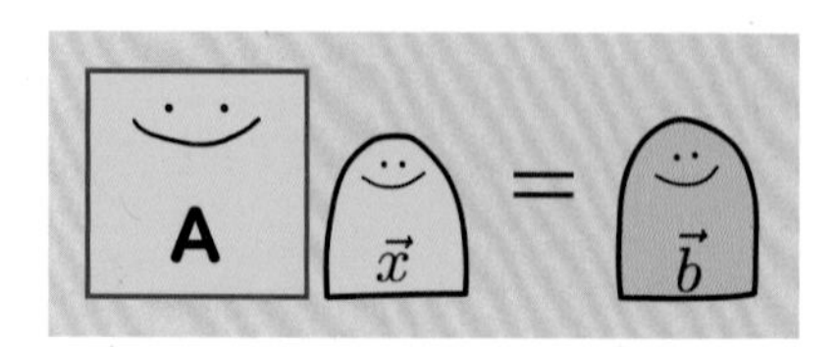

R의 도움을 받아 위의 지도를 다시 만들어 보겠습니다.

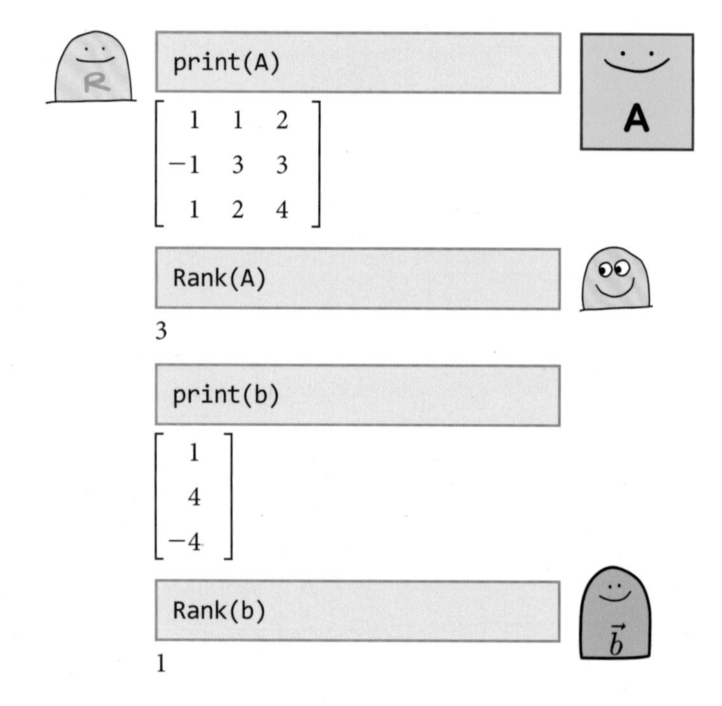

```
print(A)
```

$$\begin{bmatrix} 1 & 1 & 2 \\ -1 & 3 & 3 \\ 1 & 2 & 4 \end{bmatrix}$$

```
Rank(A)
```

3

```
print(b)
```

$$\begin{bmatrix} 1 \\ 4 \\ -4 \end{bmatrix}$$

```
Rank(b)
```

1

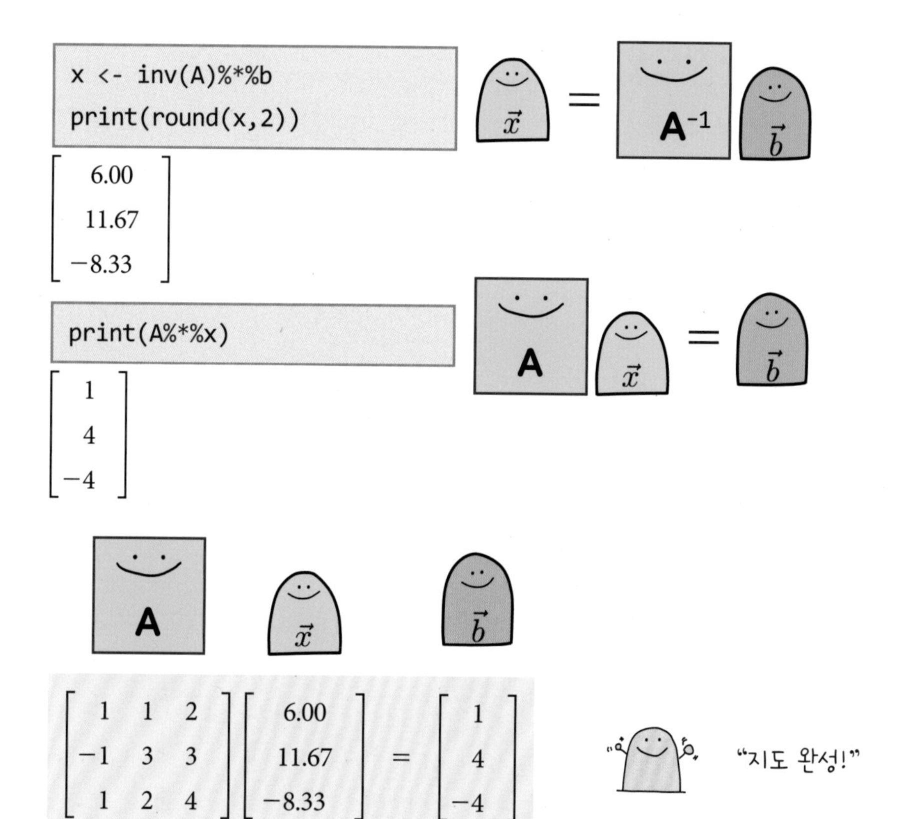

$$\begin{bmatrix} 1 & 1 & 2 \\ -1 & 3 & 3 \\ 1 & 2 & 4 \end{bmatrix} \begin{bmatrix} 6.00 \\ 11.67 \\ -8.33 \end{bmatrix} = \begin{bmatrix} 1 \\ 4 \\ -4 \end{bmatrix}$$

"지도 완성!"

4.2 모자 지도 만들기

컬럼의 갯수가 컬럼 벡터의 사이즈보다 큰 **A**와 $\vec{b}$가 주어졌을 때,

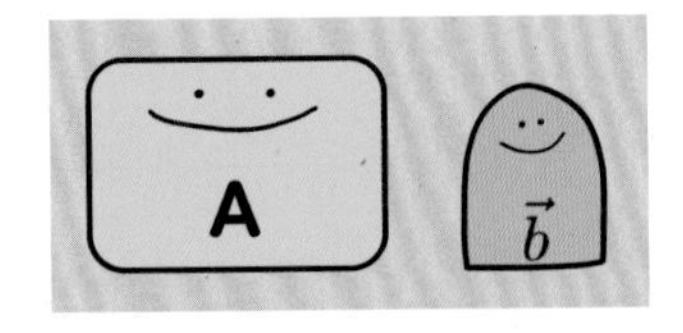

우리는 먼저 **Ab**라는 매트릭스를 다음과 같이 만들고 **A**와 **Ab**의 랭크(rank)를 비교합니다.

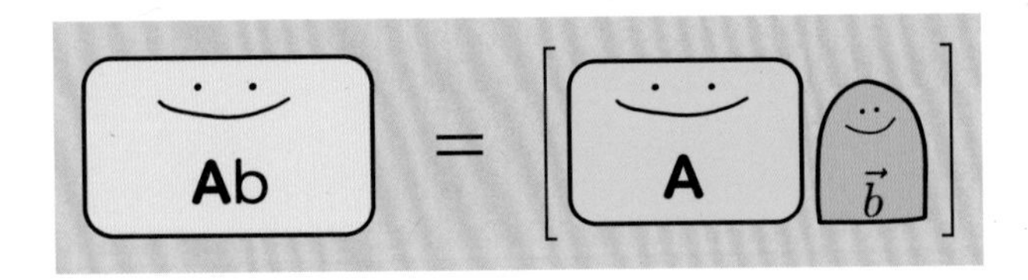

만약 **Ab**의 랭크가 **A**의 랭크보다 크다면 $\vec{b}$가 C(**A**) 안에 없다는 말이므로, 이때 우리는 모자 지도를 만들어야 합니다.

만약 **Ab**의 랭크가 **A**의 랭크와 같다면 $\vec{b}$가 C(**A**) 안에 있다는 얘기이므로, 이 경우 우리는 무한히 많은 $\vec{b}$로 가는 지도를 만들 수 있습니다. 이 내용에 대해서는 후에 계속 이야기하겠습니다.

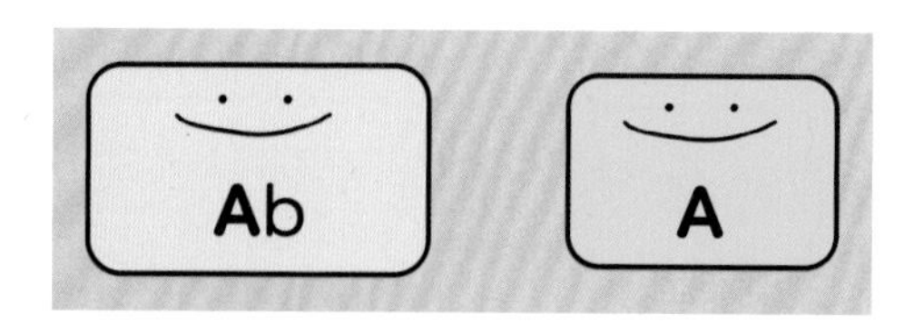

그리고 정말 만약에 **Ab**의 랭크가 **A**의 랭크보다 작은 경우를 발견하였다면, 지금 여러분은 너무 피곤한 정신 상태이므로 음악을 틀어 놓고 차 한잔하며 잠시 쉬었다 제 이야기를 다시 읽어야 한다는 신호입니다.

모자 지도는 벡터의 세계에서는 실제 이렇게 생겼지만

지도 만드는 사람들 눈에는 이렇게 보입니다.

$\hat{\vec{b}}$

모자 지도 만드는 과정은 **A**와 rref(**A**)의 비교로 시작합니다.

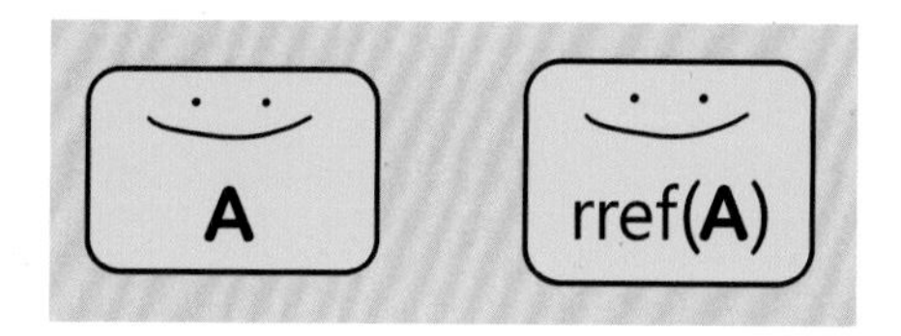

그후 **A**를 **B**와 **D**로 나누어 주는데

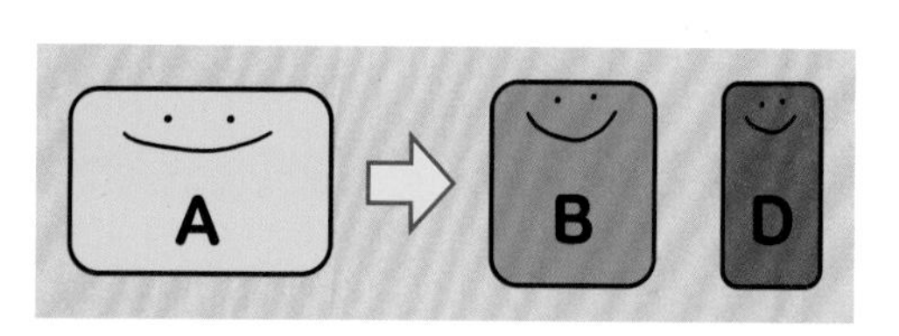

A를 **B**와 **D**로 나누는 과정은 앞에서 이야기했지만, 다시 한 번 간략하게 요약하여 반복하겠습니다.

A를 **B**와 **D**로 나누면서

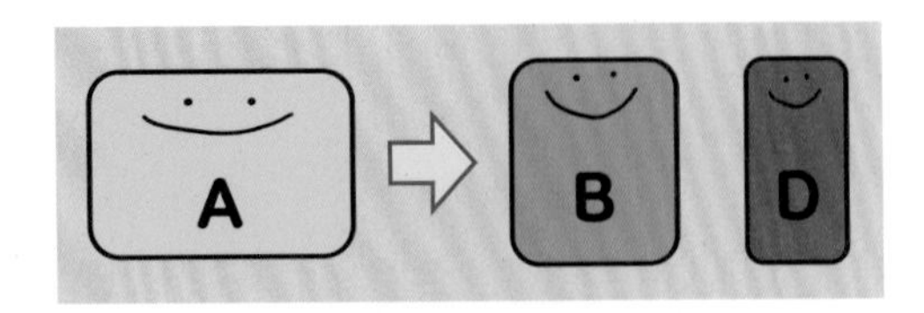

$\vec{x}$도 $\vec{x}_B$와 $\vec{x}_D$로 나누어

A$\vec{x}$를 **B**, **D**, $\vec{x}_B$, $\vec{x}_D$를 사용해 다음과 같이 관계를 맺어 줍니다.

이때 **D** 안에 있는 모든 컬럼 벡터들은 **B**에 있는 컬럼 벡터들과 디펜던트하므로 모자 지도를 만들 때 우리는 **D**에 있는 컬럼 벡터들을 사용할 필요가 없습니다. 따라서 $\vec{x}_D$를 다음과 같이 $\vec{0}$로 교체할 수 있습니다.

이제 모자 지도 만들 준비가 되었습니다. **A**와 $\vec{b}$가 주어졌을 때, $\vec{x}_B$만 찾으면 모자 지도를 완성할 수 있습니다.

한편 이렇게 만든 모자 지도를 벡터의 세계에선 또 다른 이름으로 바라보는 지도라 부르기도 하는데, 그 이유는 이곳에서 C(**A**)에 있는 벡터들이 $\vec{b}$를 바라볼 수 있기 때문입니다.

이제 양 변에 $\mathbf{B}^\mathbf{T}$를 곱해 넌싱귤라 그램 매트릭스를 만들어 줍니다.

그러면 다음 과정과 같이 $\vec{x}_B$를 찾을 수 있습니다.

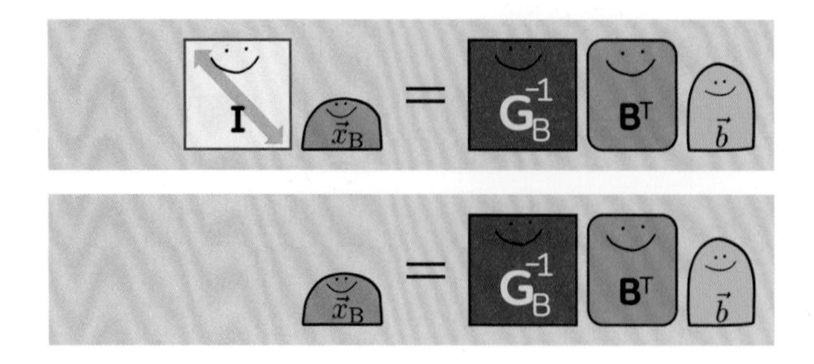

모자 지도 만드는 마지막 과정은

앞의 과정에서 얻은 $\vec{x}_B$를 다음과 같이 바꿔 주는 것입니다.

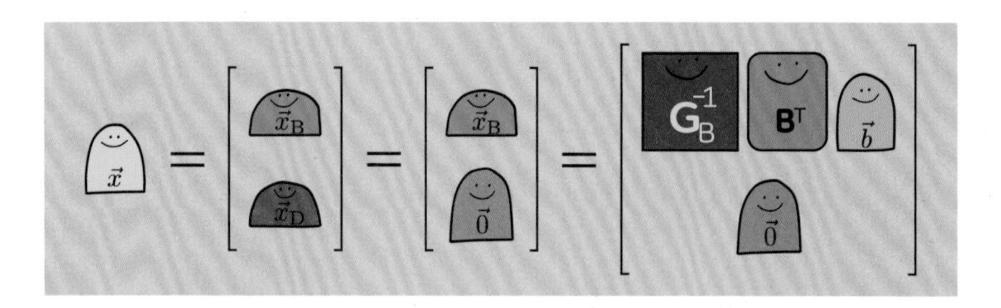

모자 지도가 완성되었습니다.

지금까지의 과정을 과정을 모아서 한 번에 정리해 보여드리면 다음과 같습니다.

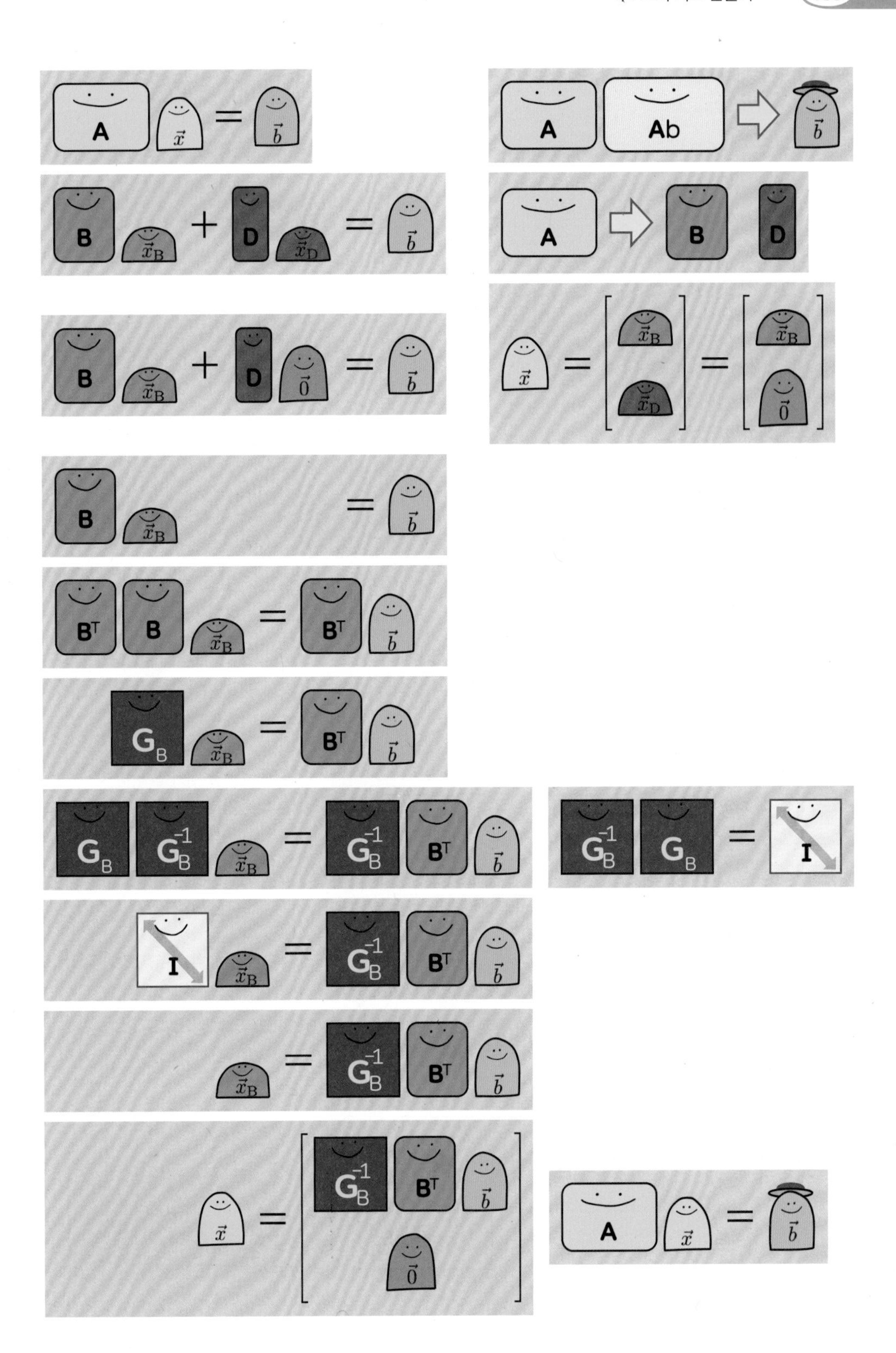
A
Ab
B
D
B^T
G_B
G_B^{-1}
I

지도 만드는 사람들은 모자 지도를 만들어야 한다는 것을 다음과 같이 표현합니다.

$$\vec{b} \notin C(\mathbf{A})$$

A와 **Ab**의 랭크를 비교해 이제 모자 지도를 만들어야 한다는 것을 알면, 지도 만드는 사람들은 모자 지도 만드는 과정을 다음과 같이 표현합니다.

$$\begin{aligned} A\vec{x} &= \vec{b} \\ B\vec{x}_B + D\vec{x}_D &= \vec{b} \\ B\vec{x}_B + D\vec{0} &= \vec{b} \\ B^T B\vec{x}_B &= B^T\vec{b} \\ \vec{x}_B &= (B^T B)^{-1} B^T \vec{b} \\ \vec{x} &= \begin{bmatrix} \vec{x}_B \\ \vec{0} \end{bmatrix} \\ A\vec{x} &= \hat{\vec{b}} \end{aligned}$$

위의 모자 만드는 과정을 R은 다음과 같이 표현합니다.

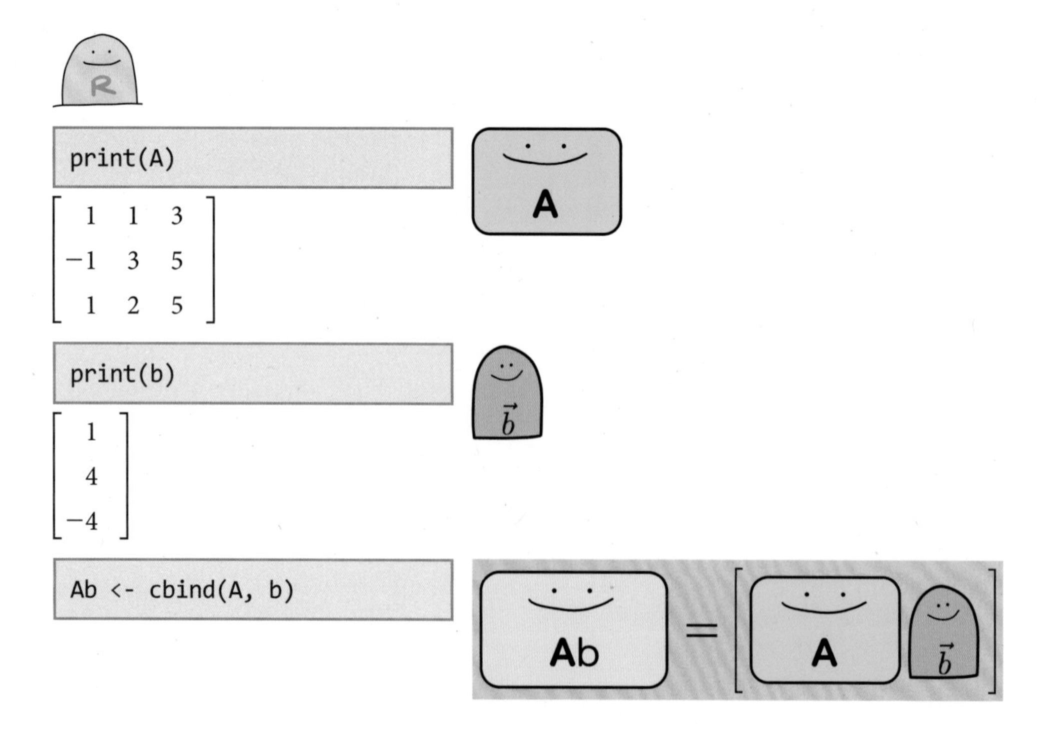

```
print(A)
```

$$\begin{bmatrix} 1 & 1 & 3 \\ -1 & 3 & 5 \\ 1 & 2 & 5 \end{bmatrix}$$

```
print(b)
```

$$\begin{bmatrix} 1 \\ 4 \\ -4 \end{bmatrix}$$

```
Ab <- cbind(A, b)
```

```
Rank(A)
```

2

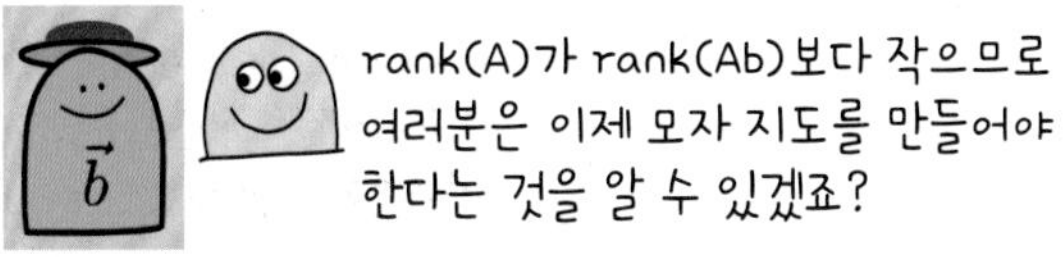

rank(A)가 rank(Ab)보다 작으므로 여러분은 이제 모자 지도를 만들어야 한다는 것을 알 수 있겠죠?

```
Rank(Ab)
```

3

```
print(rref(A))
```

$$\begin{bmatrix} 1 & 0 & 1 \\ 0 & 1 & 2 \\ 0 & 0 & 0 \end{bmatrix}$$

rref(**A**)

```
B <- A[,c(1,2)]
```

B

```
GB <- t(B)%*%B
```

G_B

```
xB <- inv(GB) %*%t(B)%*%b
print(round(xB,2))
```

$$\begin{bmatrix} -2.33 \\ 0.36 \end{bmatrix}$$

$\vec{x}_B = G_B^{-1} B^T \vec{b}$

```
b_hat <-  B%*%xB
print(round(b_hat,2))
```

$$\begin{bmatrix} -1.98 \\ 3.40 \\ -1.62 \end{bmatrix}$$

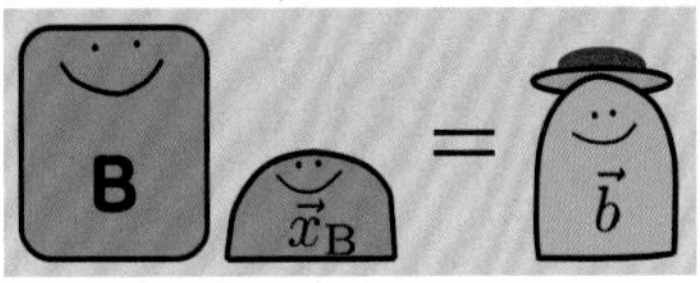

$B \vec{x}_B = \hat{\vec{b}}$

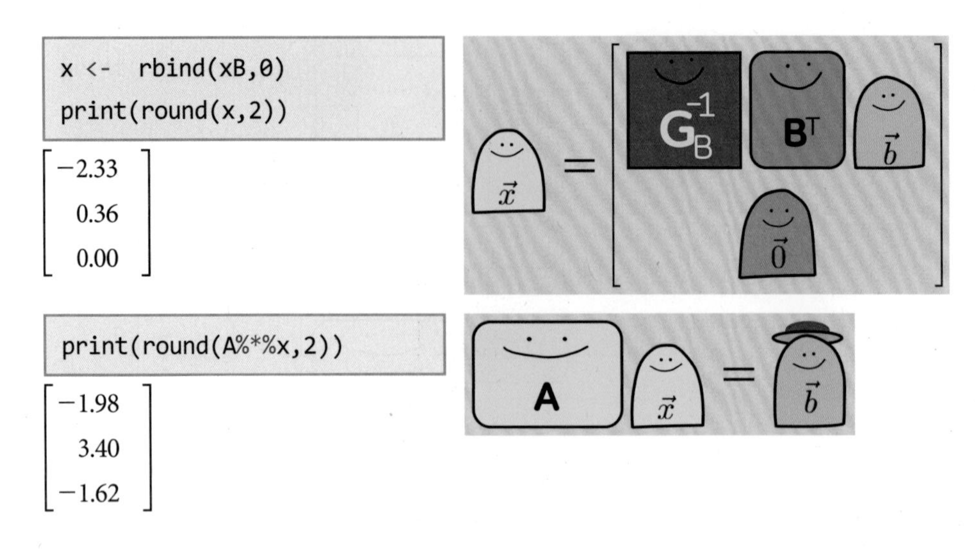

```
x <-  rbind(xB,0)
print(round(x,2))
```

$$\begin{bmatrix} -2.33 \\ 0.36 \\ 0.00 \end{bmatrix}$$


```
print(round(A%*%x,2))
```

$$\begin{bmatrix} -1.98 \\ 3.40 \\ -1.62 \end{bmatrix}$$

모자 지도가 완성되었습니다.

4.3 하이퍼플레인으로 지도 만들기

A와 $\vec{b}$가 주어졌을 때, 우리는 이제 C(**A**) 안에 $\vec{b}$가 있는지 없는지를 쉽게 확인할 수 있습니다.

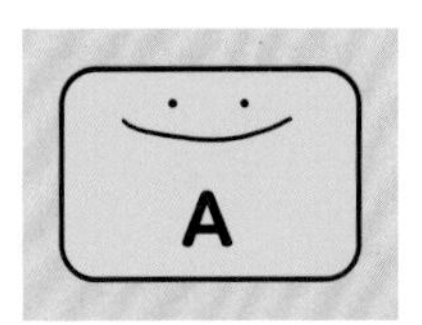

만약 **A** 컬럼 벡터의 개수가 **A**의 랭크(rank)보다 크면서 $\vec{b}$가 C(**A**) 안에 있다면 우리는 $\vec{b}$로 가는 무한히 많은 길을 만들 수 있다는 걸 알 수 있습니다. 이렇게 $\vec{b}$로 가는 길이 수없이 많을 때, 지도 만드는 사람들은 **하이퍼플레인**(hyperplane)을 통해 $\vec{b}$로 가는 길을 표현합니다.

"안녕하세요. 하이퍼플레인입니다."

이제 $\vec{b}$로 가는 길이 수없이 많을 때, 지도 만드는 사람들이 어떻게 하이퍼플레인을 통해 수많은 길들을 표현하는지 이야기하고, 그중 몇 가지 길을 선택해 R의 언어로는 어떻게 표현하는지 보여드리겠습니다.

하이퍼플레인은 서브스페이스와 비슷하지만, 중요한 차이 중 하나는 하이퍼플레인 안에는 $\vec{0}$이 없다는 사실입니다.

"$\vec{0}$가 안 보이네! 아아,
하이퍼플레인이구나."

하이퍼플레인은 이미 이전에 말씀드렸던 두 가지 과정을 통해 구할 수 있습니다. 그 **첫 번째 과정**은 **B**로 지도를 만드는 것입니다. 모자 지도 만드는 방법을 기억하고 있죠?

B만 가지고 지도 만드는 과정은 모자 지도 만드는 과정과 비슷하지만, 그 결과물은 모자 지도가 아니라 일반 지도입니다. 왜냐하면, 우리는 이미 $\vec{b}$가 C(**A**) 안에 있다는 사실을 알고 시작했으니까요.

그럼 하이퍼플레인으로 지도 만들기를 시작해 보겠습니다. 그 첫 번째 과정은 먼저 **A**를 **B**와 **D**로 나눈 후,

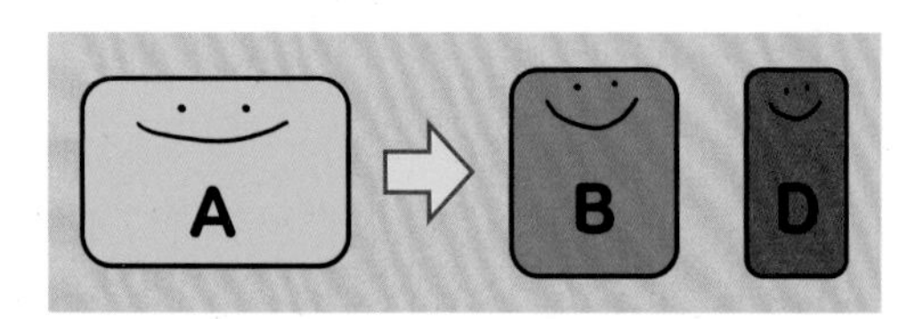

$\vec{x}$도 $\vec{x}_B$와 $\vec{x}_D$로 나누어 $\vec{x}_D$를 $\vec{0}$로 바꿔 줍니다.

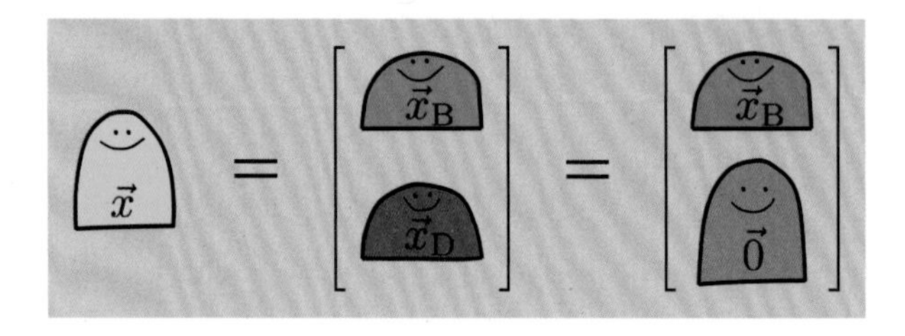

모자 지도 만드는 과정과 같이 $\vec{x}_B$를 구한 후,

$\vec{x}_B$와 $\vec{0}$을 합하면 하나의 지도가 완성됩니다. 이렇게 첫 번째 과정에서 구한 $\vec{x}$를 $\vec{x}_0$라 하겠습니다.

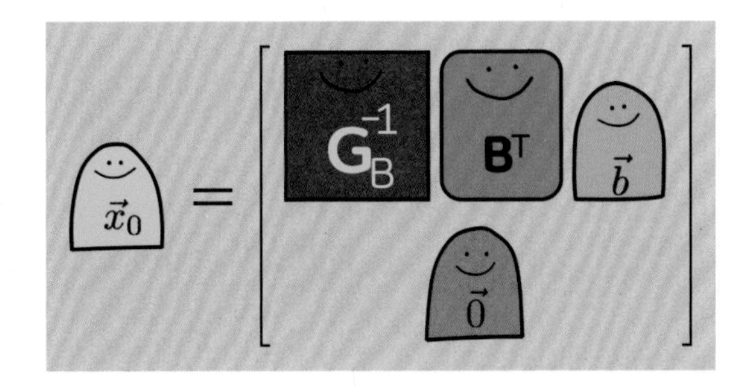

$\vec{x}_0$는 **A** 컬럼 벡터들의 리니어 컴비네이션으로 $\vec{b}$로 가는 길을 알려 줍니다. 여기까지가 첫 번째 과정의 끝입니다.

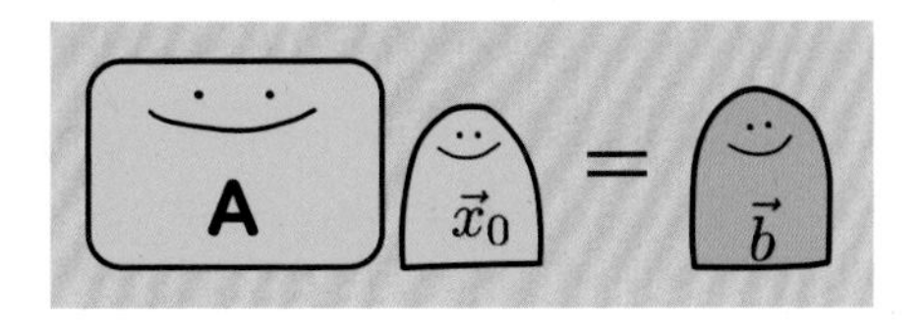

이제 두 번째 과정으로 넘어가겠습니다.

두 번째 과정은 N(**A**)의 베이시스를 찾는 과정입니다.

이 과정은 이전에 이야기했었는데, 아직 익숙지 않다면 이전 이야기를 천천히 한 번 더 살펴보고 오십시오. 저와 R은 여기서 꼼짝 않고 기다리고 있을 테니까요.

다녀오셨나요? 그럼 N(**A**)의 베이시스 찾기 과정을 여기서 다시 한 번 더 정리하고 넘어가겠습니다.

$$\mathbf{A}\vec{x} = \vec{0}$$

$$\mathbf{B}\vec{x}_B + \mathbf{D}\vec{x}_D = \vec{0}$$

$$\mathbf{B}\vec{x}_B = -\mathbf{D}\vec{x}_D$$

$$\mathbf{B}^T\mathbf{B}\vec{x}_B = -\mathbf{B}^T$$

$$\mathbf{G}_B\vec{x}_B = -\mathbf{B}^T\mathbf{D}\vec{x}_D$$

$$\mathbf{G}_B^{-1}\mathbf{G}_B\vec{x}_B = -\mathbf{G}_B^{-1}\mathbf{B}^T\mathbf{D}\vec{x}_D$$

$$\mathbf{I}\vec{x}_B = -\mathbf{G}_B^{-1}\mathbf{B}^T\mathbf{D}\vec{x}_D$$

$$\vec{x}_B = -\mathbf{G}_B^{-1}\mathbf{B}^T\mathbf{D}\vec{x}_D$$

$$\vec{x}_N = \begin{bmatrix}\vec{x}_B\\ \vec{x}_D\end{bmatrix} = \begin{bmatrix}-\mathbf{G}_B^{-1}\mathbf{B}^T\mathbf{D}\vec{x}_D\\ \vec{x}_D\end{bmatrix} = \begin{bmatrix}-\mathbf{G}_B^{-1}\mathbf{B}^T\mathbf{D}\\ \mathbf{I}\end{bmatrix}\vec{x}_D$$

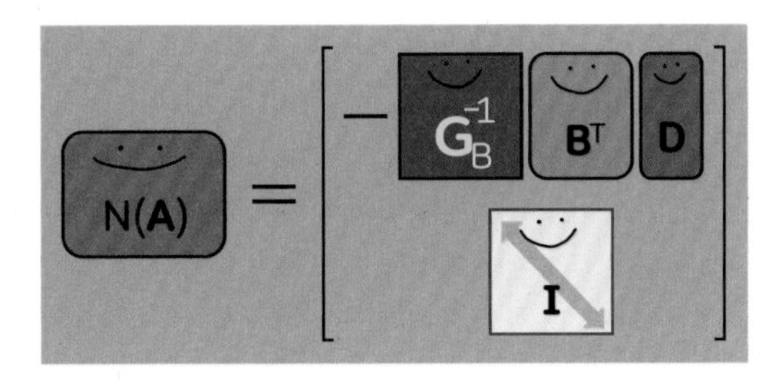

N(**A**)의 베이시스를 찾은 후, N(**A**) 안에 있는 그 어떤 곳도 다음과 같이 $\vec{x}_D$를 사용해 표현할 수 있습니다.

이제 지도 만드는 사람들이 $\vec{x}_D$ 안에 이 벡터의 사이즈만큼 어떤 숫자를 넣어도 N(**A**)의 베이시스 벡터와 $\vec{x}_D$가 N(**A**) 안에서 $\vec{x}_0$와 더해져 $\vec{b}$로 가는 지도를 완성할 수 있습니다.

아래 지도는 다음과 같은 의미를 가집니다.

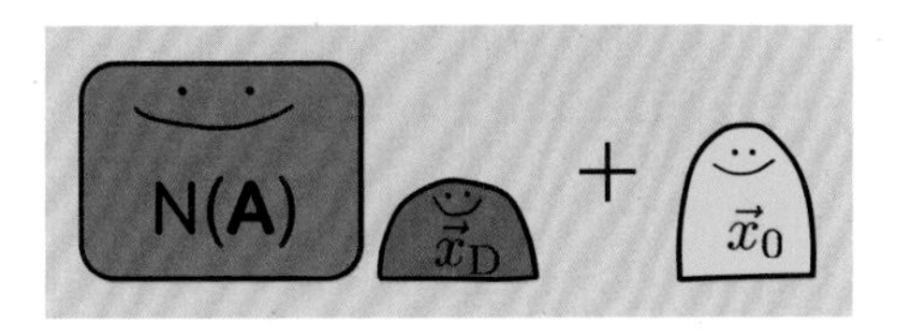

"N(A)의 어디에 있건간에 N(A) 안에 있는 벡터가 결정되면,
거기서 $\vec{x}_0$의 방향과 걸음 크기로 한 걸음 가시오!"

지도 만드는 사람들은 N(**A**) 전체가 $\vec{x}_0$만큼 움직인 곳이라는 말로 하이퍼플레인을 설명하기도 합니다.

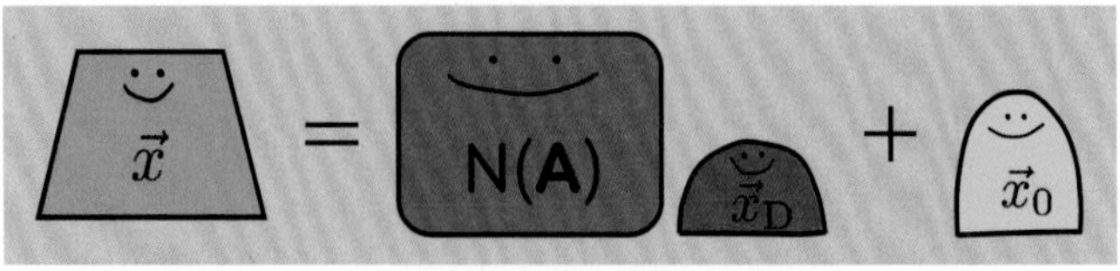

$\vec{x}$는 이 경우 하나의 벡터가 아니라 하이퍼플레인이 됩니다.

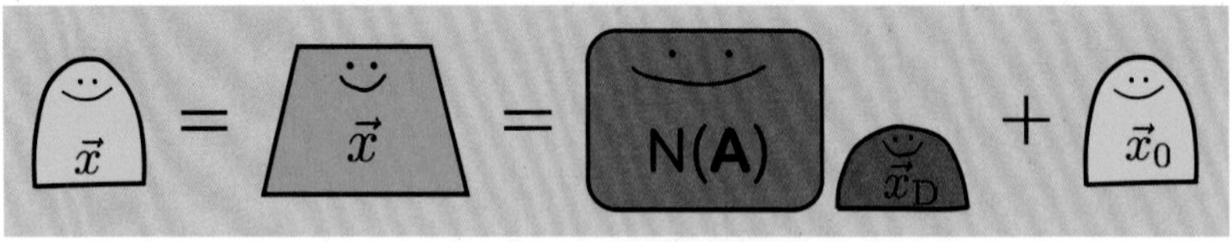

하이퍼플레인을 구하고 나면 우리는 $\vec{x}_D$ 안에 숫자를 바꿔 가며 무한히 많은 지도를 만들 수 있습니다.

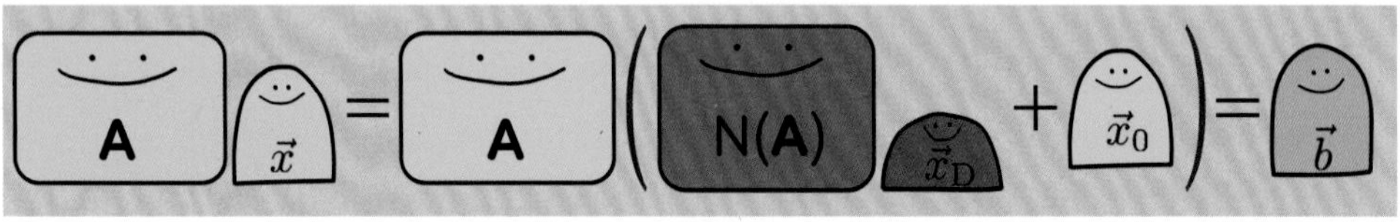

R이 어떻게 $\vec{x}_D$ 안에 다른 숫자를 넣어 $\vec{b}$로 가는 무한히 많은 지도를 만드는지 보겠습니다.

그 전에, 지도 만드는 사람들은 앞서의 과정을 어떻게 표현하는지 다시 정리해 보겠습니다.

첫 번째 과정은 **B**의 컬럼 벡터만 가지고 지도 만드는 과정입니다.

$$A\vec{x} = \vec{b}$$
$$B\vec{x}_B + D\vec{x}_D = \vec{b}$$
$$B\vec{x}_B + D\vec{0} = \vec{b}$$
$$B^T B\vec{x}_B = B^T\vec{b}$$
$$\vec{x}_B = (B^T B)^{-1}B^T\vec{b}$$

여기서 다음과 같이 $\vec{x}_0$를 찾았습니다.

$$\vec{x}_0 = \begin{bmatrix} \vec{x}_B \\ \vec{0} \end{bmatrix}$$

이 지도는 **A**의 인디펜던트 컬럼 벡터들만 가지고 만든 지도입니다.

$$A\vec{x}_0 = \vec{b}$$

두 번째 과정은 N(**A**)의 베이시스를 찾는 과정입니다.

$$\begin{aligned} A\vec{x}_N &= \vec{0} \\ B\vec{x}_B + D\vec{x}_D &= \vec{0} \\ B\vec{x}_B &= -D\vec{x}_D \\ B^T B\vec{x}_B &= -B^T D\vec{x}_D \\ G_B B\vec{x}_B &= -B^T D\vec{x}_D \\ \vec{x}_B &= -(G_B)^{-1} B^T D\vec{x}_D \end{aligned}$$

$\vec{x}_N$을 통해 N(**A**)의 베이시스를 구했습니다.

$$\vec{x}_N = \begin{bmatrix} \vec{x}_B \\ \vec{x}_D \end{bmatrix} = \begin{bmatrix} -(G_B)^{-1} B^T D\vec{x}_D \\ \vec{x}_D \end{bmatrix} = \begin{bmatrix} -(G_B)^{-1} B^T D \\ I \end{bmatrix} \cdot \vec{x}_D = N \cdot \vec{x}_D$$

첫 번째와 두 번째 과정을 합하면, 우리는 다음과 같이 하이퍼플레인을 구할 수 있고,

$$\vec{x} = N \cdot \vec{x}_D + \vec{x}_0$$

이 하이퍼플레인을 통해 $\vec{b}$로 가는 무수히 많은 길을 만들어 낼 수 있습니다.

$$A\vec{x} = A[N \cdot \vec{x}_D + \vec{x}_0] = \vec{b}$$

이 과정에 익숙해질 수 있도록 R과 함께 연습 문제를 준비하였습니다.

이 연습 문제에서는 이미 Rank(**A**)와 Rank(**Ab**)를 비교해, 지도를 하이퍼플레인으로 나타낸다는 것을 아는 상태에서 지도 만들기를 시작한다고 가정하였습니다.

♣♣♣♣♣♣♣♣♣♣♣♣

[연습 문제]

첫 번째 과정입니다.

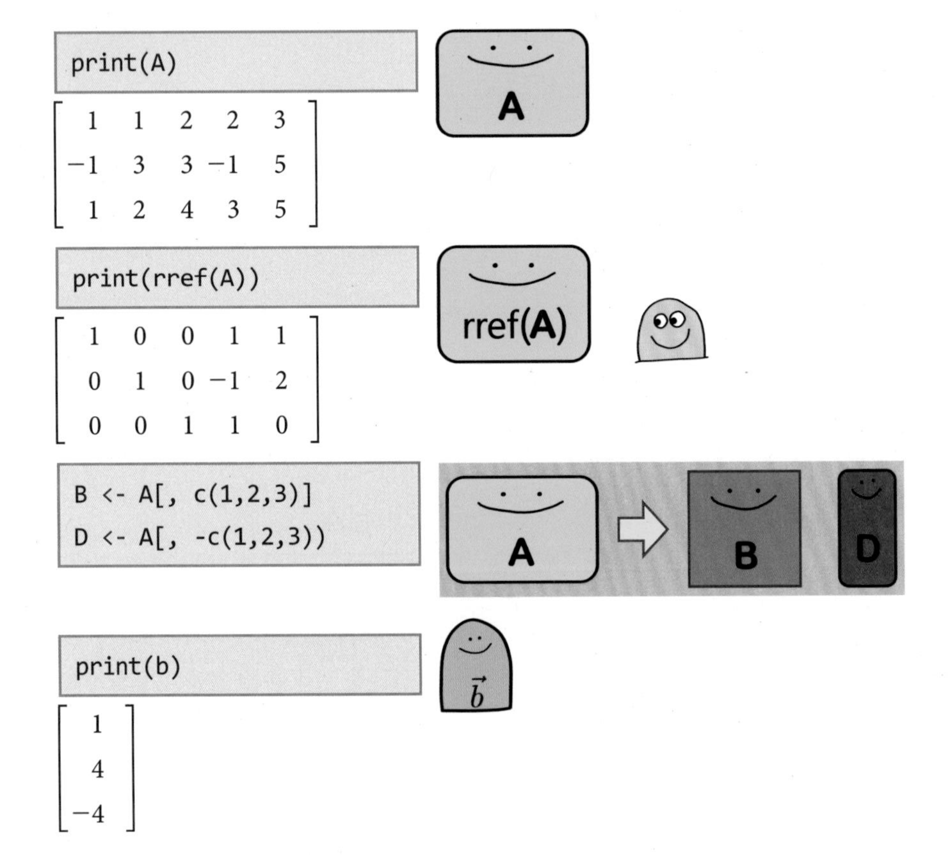


```
print(A)
```

$$\begin{bmatrix} 1 & 1 & 2 & 2 & 3 \\ -1 & 3 & 3 & -1 & 5 \\ 1 & 2 & 4 & 3 & 5 \end{bmatrix}$$

```
print(rref(A))
```

$$\begin{bmatrix} 1 & 0 & 0 & 1 & 1 \\ 0 & 1 & 0 & -1 & 2 \\ 0 & 0 & 1 & 1 & 0 \end{bmatrix}$$

```
B <- A[, c(1,2,3)]
D <- A[, -c(1,2,3))
```

```
print(b)
```

$\vec{b}$

$$\begin{bmatrix} 1 \\ 4 \\ -4 \end{bmatrix}$$

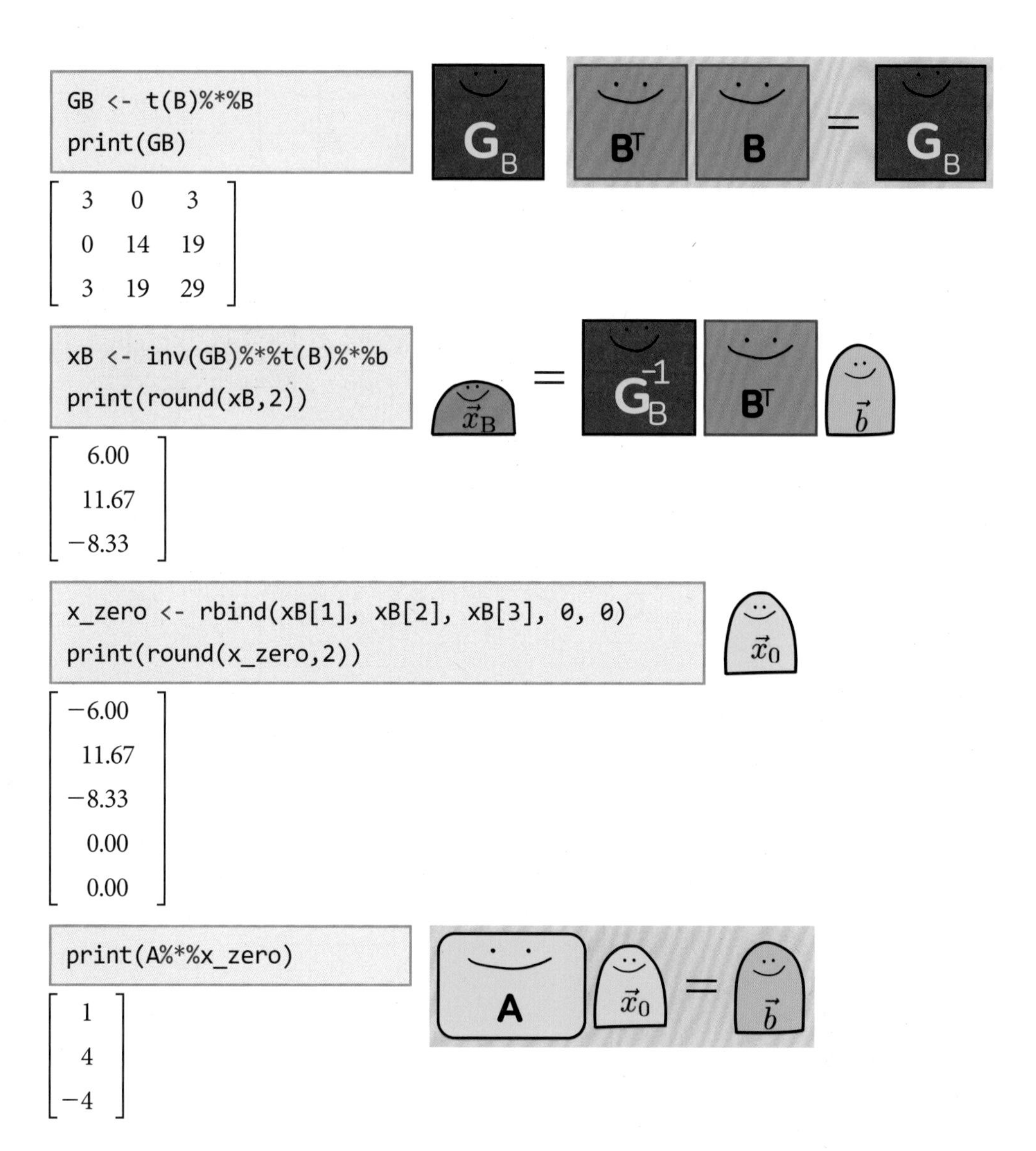

```
GB <- t(B)%*%B
print(GB)
```

$$\begin{bmatrix} 3 & 0 & 3 \\ 0 & 14 & 19 \\ 3 & 19 & 29 \end{bmatrix}$$

```
xB <- inv(GB)%*%t(B)%*%b
print(round(xB,2))
```

$$\begin{bmatrix} 6.00 \\ 11.67 \\ -8.33 \end{bmatrix}$$

```
x_zero <- rbind(xB[1], xB[2], xB[3], 0, 0)
print(round(x_zero,2))
```

$$\begin{bmatrix} -6.00 \\ 11.67 \\ -8.33 \\ 0.00 \\ 0.00 \end{bmatrix}$$

```
print(A%*%x_zero)
```

$$\begin{bmatrix} 1 \\ 4 \\ -4 \end{bmatrix}$$

"야호! 첫 번째 과정을 끝냈습니다."

이제 두 번째 과정입니다.

```
N <- rbind(-inv(GB)%*%t(B)%*%D, diag(2))
print(round(N, 0)
```

$$\begin{bmatrix} 1 & -1 \\ -1 & -2 \\ 1 & 0 \\ -1 & 0 \\ 0 & 1 \end{bmatrix}$$

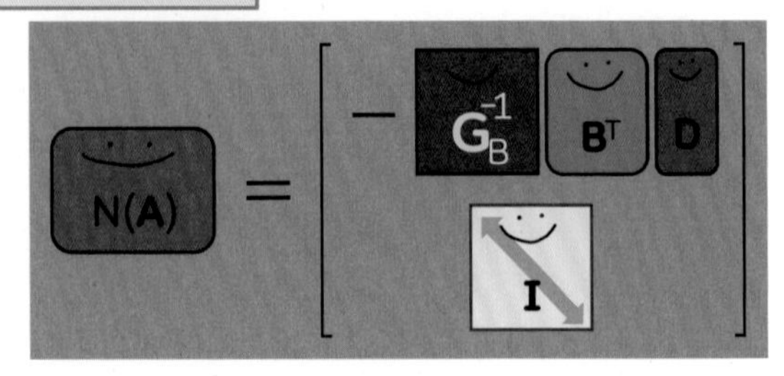

이제 $\vec{x}_D$ 안에 아무 숫자나 넣어(여기서는 -3과 2를 넣었습니다) N(**A**) 안에 있는 벡터 하나를 찾고 그것과 $\vec{x}_0$를 더해 다음과 같은 지도를 하나 만들 수 있습니다.

```
# point 1
x_D <- matrix(c(-3, 2), nrow=2)
print(x_D)
```

$$\begin{bmatrix} -3 \\ 2 \end{bmatrix}$$

```
x_1 <- x_zero - N%*%x_D
print(round(x_1, 2))
```

$$\begin{bmatrix} 5.00 \\ 18.67 \\ -11.33 \\ 3.00 \\ -2.00 \end{bmatrix}$$

```
print(A%*%x_1)
```

$$\begin{bmatrix} 1 \\ 4 \\ -4 \end{bmatrix}$$

여기 다른 지도 하나를 더 만들었습니다.

```
# point 2
x_D <- matrix(c(1, 5), nrow=2)
print(x_D)
```

$$\begin{bmatrix} 1 \\ 5 \end{bmatrix}$$

```
x_2 <- x_zero - N%*%x_D
print(round(x_2, 2))
```

$$\begin{bmatrix} 12.00 \\ 20.67 \\ -7.33 \\ -1.00 \\ -5.00 \end{bmatrix}$$

```
print(A%*%x_2)
```

$$\begin{bmatrix} 1 \\ 4 \\ -4 \end{bmatrix}$$

N(**A**)의 베이시스를 rref(**Ab**)로도 구할 수 있습니다. 이 방법은 나중에 어려운 지도를 만드는 데 도움되므로 이번 이야기를 끝내기 전에 이 방법에 대해 이야기하겠습니다.

이번 이야기에 등장하는 **A**와 $\vec{b}$를 토대로 만든 **Ab**의 rref(**Ab**)는 다음과 같이 생겼습니다. rref(**Ab**)는 $\vec{x}_0$와 N(**A**)를 한꺼번에 보여 주고 있습니다.

```
Ab <- cbind(A, b)
print(round(rref(Ab),2))
```

$$\begin{bmatrix} 1 & 0 & 0 & 1 & 1 & 6.00 \\ 0 & 1 & 0 & -1 & 2 & 11.67 \\ 0 & 0 & 1 & 1 & 0 & -8.33 \end{bmatrix}$$

rref(**Ab**)는 지도 만드는 방법을 처음 배우는 사람들에게는 익숙하지 않은 방법으로, $\vec{b}$로 가는 길 중 하나인 $\vec{x}_0$와 N(**A**)의 베이시스를 보여 줍니다.

먼저 $\vec{x}_0$가 보이나요? 아래는 이전에 찾은 $\vec{x}_0$ 입니다. rref(**Ab**)와 비교해 보세요.

```
x_zero <- rbind(xB[1], xB[2], xB[3], 0, 0)
print(round(x_zero,2))
```

$\vec{x}_0$

$$\begin{bmatrix} 6.00 \\ 11.67 \\ -8.33 \\ 0.00 \\ 0.00 \end{bmatrix}$$

다음과 같이 $\vec{x}_0$를 찾은 후 N(**A**)의 베이시스를 찾을 수 있습니다.

$$\vec{x}_B = \vec{x}_B = \begin{bmatrix} x_1 \\ x_2 \\ x_3 \end{bmatrix} = \begin{bmatrix} 6.00 \\ 11.67 \\ -8.33 \end{bmatrix}$$

$$\vec{x}_D = \vec{x}_D = \begin{bmatrix} x_4 \\ x_5 \end{bmatrix} = \begin{bmatrix} 0 \\ 0 \end{bmatrix}$$

$$\vec{x}_0 = \vec{x}_0 = \begin{bmatrix} x_1 \\ x_2 \\ x_3 \\ x_4 \\ x_5 \end{bmatrix} = \begin{bmatrix} 6.00 \\ 11.67 \\ -8.33 \\ 0.00 \\ 0.00 \end{bmatrix}$$

지도 만드는 사람들은 위에 있는 rref(**Ab**)를 다음과 같이 표현하고,

$$\begin{aligned} x_1 \qquad\qquad\qquad + x_4 + x_5 &= 6.00 \\ + x_2 \qquad\quad - x_4 + 2x_5 &= 11.67 \\ x_3 + x_4 \qquad\quad &= -8.33 \end{aligned}$$

다음과 같이 다시 정리할 수 있습니다.

$$x_1 = 6.00 - x_4 - x_5$$
$$x_2 = 11.67 + x_4 - 2x_5$$
$$x_3 = -8.33 - x_4$$

위에 정리된 지도 만드는 사람들의 표현과 우리가 이전에 구한 하이퍼플레인은 다음과 같은 관계를 가지고 있습니다.

$$x_1 = 6.00 - x_4 - x_5 \qquad x_2 = 11.67 + x_4 - 2x_5 \qquad x_3 = -8.33 - x_4$$

$$\vec{x} = \begin{bmatrix} x_1 \\ x_2 \\ x_3 \\ x_4 \\ x_5 \end{bmatrix} = \begin{bmatrix} 6.00 \\ 11.67 \\ -8.33 \\ 0 \\ 0 \end{bmatrix} + \begin{bmatrix} -1 & -1 \\ 1 & -2 \\ -1 & 0 \\ 1 & 0 \\ 0 & 1 \end{bmatrix} \cdot \begin{bmatrix} x_4 \\ x_5 \end{bmatrix}$$

$$x_1 = 6.00 - x_4 - x_5 \qquad x_2 = 11.67 + x_4 - 2x_5 \qquad x_3 = -8.33 - x_4$$

$$\vec{x} = \begin{bmatrix} x_1 \\ x_2 \\ x_3 \\ x_4 \\ x_5 \end{bmatrix} = \begin{bmatrix} 6.00 \\ 11.67 \\ -8.33 \\ 0 \\ 0 \end{bmatrix} + \begin{bmatrix} -1 & -1 \\ 1 & -2 \\ -1 & 0 \\ 1 & 0 \\ 0 & 1 \end{bmatrix} \cdot \begin{bmatrix} x_4 \\ x_5 \end{bmatrix}$$

$$x_1 = 6.00 - x_4 - x_5 \qquad x_2 = 11.67 + x_4 - 2x_5 \qquad x_3 = -8.33 - x_4$$

$$\vec{x} = \begin{bmatrix} x_1 \\ x_2 \\ x_3 \\ x_4 \\ x_5 \end{bmatrix} = \begin{bmatrix} 6.00 \\ 11.67 \\ -8.33 \\ 0 \\ 0 \end{bmatrix} + \begin{bmatrix} -1 & -1 \\ 1 & -2 \\ -1 & 0 \\ 1 & 0 \\ 0 & 1 \end{bmatrix} \cdot \begin{bmatrix} x_4 \\ x_5 \end{bmatrix}$$

이 과정에 익숙해진 후에는 다음과 같은 rref(**Ab**)를 보면

```
Ab <- cbind(A, b)
print(round(rref(Ab),2))
```

$$\begin{bmatrix} 1 & 0 & 0 & 1 & 1 & 6.00 \\ 0 & 1 & 0 & -1 & 2 & 11.67 \\ 0 & 0 & 1 & 1 & 0 & -8.33 \end{bmatrix}$$

아래와 같은 표현으로 생각한 다음

$$\begin{aligned} x_1 \quad\quad + x_4 + x_5 &= 6.00 \\ + x_2 \quad - x_4 + 2x_5 &= 11.67 \\ x_3 + x_4 \quad\quad &= -8.33 \end{aligned}$$

바로 하이퍼플레인을 구할 수 있을 것입니다.

$$\vec{x} = \vec{x} = \vec{x} = \begin{bmatrix} x_1 \\ x_2 \\ x_3 \\ x_4 \\ x_5 \end{bmatrix} = \begin{bmatrix} 6.00 \\ 11.67 \\ -8.33 \\ 0 \\ 0 \end{bmatrix} + \begin{bmatrix} -1 & -1 \\ 1 & -2 \\ -1 & 0 \\ 1 & 0 \\ 0 & 1 \end{bmatrix} \begin{bmatrix} x_4 \\ x_5 \end{bmatrix}$$

이 과정은 꾸준한 노력이 필요합니다. 이제 앞에서 이야기했던 과정을 총정리하겠습니다.

첫 번째 과정입니다.

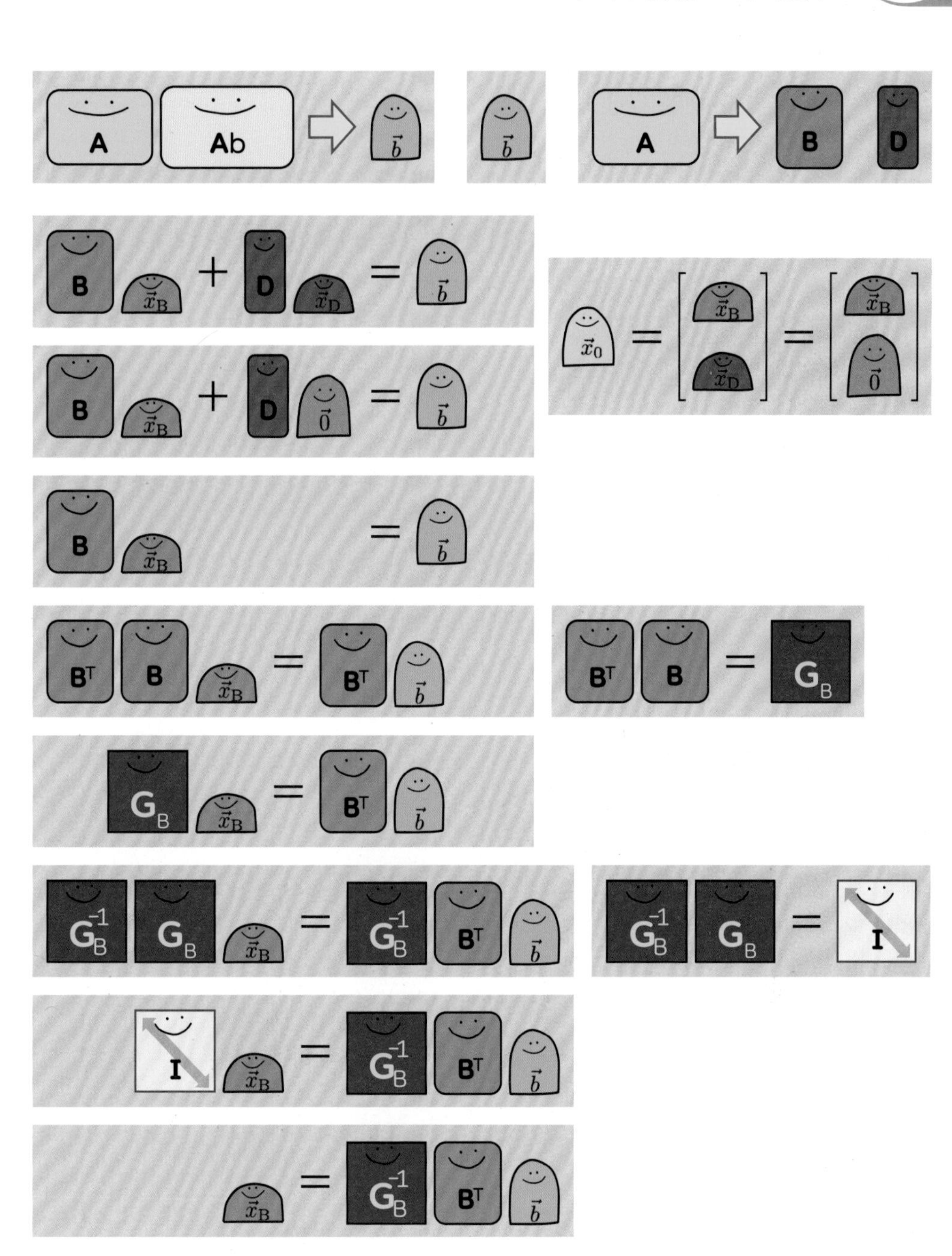

$$\vec{x}_0 = \begin{bmatrix} G_B^{-1} B^T \vec{b} \\ \vec{0} \end{bmatrix}$$

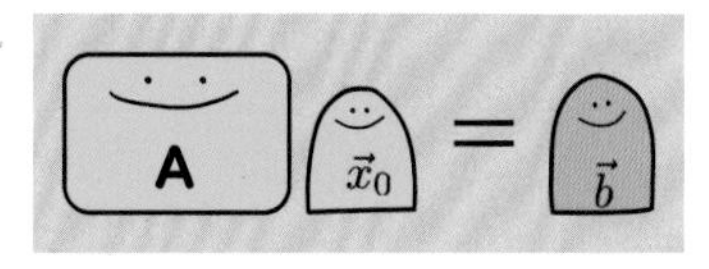

이제 두 번째 과정입니다.

$$A\vec{x}_{N} = \vec{0}$$

$$B\vec{x}_{B} + D\vec{x}_{D} = \vec{0}$$

$$B\vec{x}_{B} = -D\vec{x}_{D}$$

$$B^{T}B\vec{x}_{B} = -B^{T}D\vec{x}_{D}$$

$$G_{B}\vec{x}_{B} = -B^{T}D\vec{x}_{D}$$

$$G_{B}^{-1}G_{B}\vec{x}_{B} = -G_{B}^{-1}B^{T}D\vec{x}_{D}$$

$$I\vec{x}_{B} = -G_{B}^{-1}B^{T}D\vec{x}_{D}$$

$$\vec{x}_{B} = -G_{B}^{-1}B^{T}D\vec{x}_{D}$$

$$N(A) = \begin{bmatrix} -G_{B}^{-1}B^{T}D \\ I \end{bmatrix}$$

$$\mathbf{A}\vec{x} = \mathbf{A}(\mathrm{N}(\mathbf{A})\vec{x}_{\mathrm{D}} + \vec{x}_0) = \vec{b}$$

아래의 벡터 세계에서 유명한 그림에서 보았듯 모든 서브스페이스는 $\vec{0}$를 포함하고 있습니다.

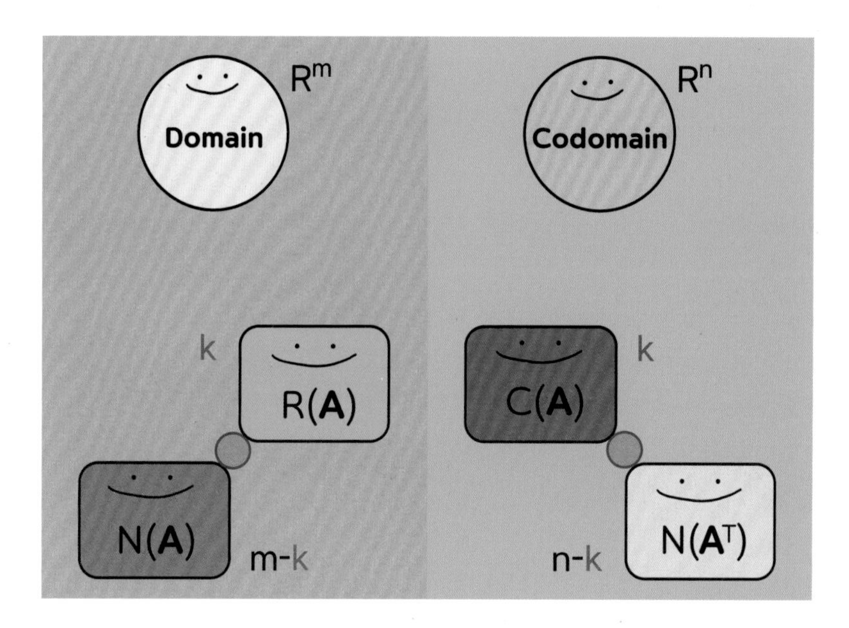

하지만 아래 있는 하이퍼플레인은 N(**A**)를 $\vec{x}_0$의 방향과 걸음 크기만큼 다른 곳으로 이동시키므로 $\vec{0}$이 더 이상 존재하지 않게 됩니다.

$$\vec{x} = \vec{x} = \vec{x} = \begin{bmatrix} x_1 \\ x_2 \\ x_3 \\ x_4 \\ x_5 \end{bmatrix} = \begin{bmatrix} 6.00 \\ 11.67 \\ -8.33 \\ 0 \\ 0 \end{bmatrix} + \begin{bmatrix} -1 & -1 \\ 1 & -2 \\ -1 & 0 \\ 1 & 0 \\ 0 & 1 \end{bmatrix} \cdot \begin{bmatrix} x_4 \\ x_5 \end{bmatrix}$$

4.4 선형 프로그래밍

여기서는 목적지에 가는 방법이 무한히 많을 때, 그중 가장 좋은 지도 만들기에 대해 이야기해 보겠습니다.

이번 이야기는 이제 막 지도 만드는 법을 배우고자 하는 독자에게는 어렵게 느껴질 수도 있는 부분입니다. 그러므로 대학원 이상 과정에서 공부하고자 하는 독자가 아니라면 건너뛰어도 괜찮습니다.

선형대수학에 흥미를 가지고 좀 더 친해 보고자 하는 독자, 대학원 이상의 과정을 목표로 하는 독자들에게는 매우 유용한 내용이므로 여유를 가지고 천천히 제 이야기를 들어 주면 좋겠습니다.

가장 훌륭한 길 찾기에 대한 제 이야기를 도와줄 디멘션 3×5인 매트릭스 **A**를 소개합니다.

A 안에 다음과 같이 5개의 컬럼 벡터가 있고,

아래와 같은 지도가 있을 때, $\vec{x}$에는 목적지 $\vec{b}$에 가기 위해 **A**에 있는 각각의 컬럼 벡터가 걸어야 하는 걸음의 방향과 걸음 수가 표기되어 있습니다.

A의 컬럼 벡터들이 한 걸음 걸을 때마다 간식을 먹어야 하는데, 어떤 벡터는 많이 먹고 어떤 벡터는 적게 먹을 수 있습니다.

이렇게 컬럼 벡터들이 한 걸음 걸을 때마다 먹어야 하는 간식의 양을 지도 만드는 사람들은 **컬럼 벡터의 코스트**(cost of column vector)라고 합니다.

"나는 컬럼 벡터가 먹어야 할 간식의 양(cost)을 저장하는 벡터입니다."

위에 있는 컬럼 벡터들이 한 걸음 걸을 때마다 먹어야 하는 간식의 양을 1, 4, 7, 2, 5라 하면, 그 정보를 다음과 같이 $\vec{c}$라는 벡터에 저장할 수 있습니다. $\vec{c}$는 컬럼 벡터로 그 사이즈는 **A** 컬럼 벡터들의 개수와 같고, 존재하는 곳은 **A**의 도메인입니다.

$$\vec{c} = \begin{bmatrix} 1 \\ 4 \\ 7 \\ 2 \\ 5 \end{bmatrix}$$

가장 훌륭한 지도를 만들기 위해 중요한 법칙 중 하나는 컬럼 벡터 안에 들어가는 수는 0보다

작을 수 없다는 사실입니다.

$$\vec{x} = \begin{bmatrix} 6 \\ 2 \\ 1 \\ 0 \\ 3 \end{bmatrix}$$

"나는야 0보다 작을 수 없는, 양수 본능 존재!"

$\vec{x}$ 안에 0보다 작은 숫자를 넣어 지도를 만드는 것은 술래잡기 놀이할 때 실눈 뜨고 몰래 보는 반칙과 마찬가지인 규칙 위반입니다.

따라서 $\vec{b}$로 가는 지도를 만든 후에 $\vec{x}$에 0보다 작은 수가 있는지 없는지 먼저 확인하고, 0보다 작은 수가 없으면 다음과 같이 이 지도대로 여행에 필요한 간식의 양을 파악합니다.

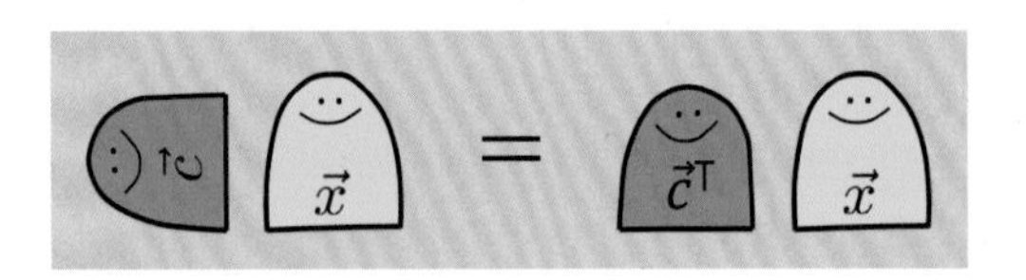

목적지까지 가려면 컬럼 벡터들이 먹어야 하는 간식의 양이 있는데, 벡터들의 세계에서 다음과 같이 표시합니다. 그리고 가장 훌륭한 지도는 앞으로 더 자세히 설명할 몇 가지 조건을 만족시키며, 가장 적은 양의 간식으로 $\vec{b}$까지 가는 지도를 말합니다.

min:  

저희는 목적지에 가는 동안 컬럼 벡터들이 먹어야 하는 간식의 양을 알려 드립니다.

단치히(George Bernard Danzig, 1914~2005)라는, '**가장 훌륭한 지도 만들기 방법**'을 처음 만든 유명 지도 만들기 장인이 제안한 다음의 관계에서 시작되었습니다.

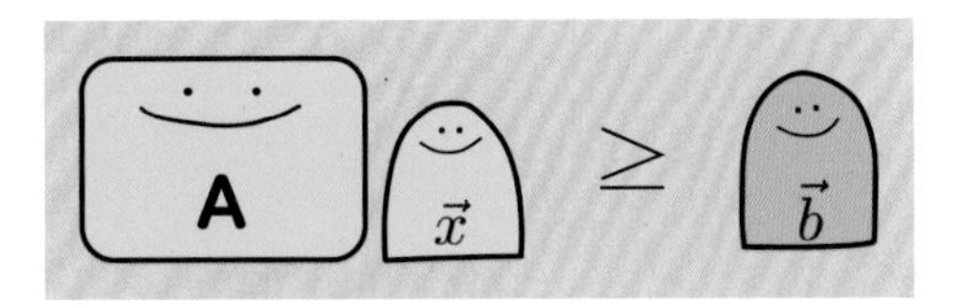

위 그림처럼 '=' 표시가 '≥'로 바뀐 것 말고는 제가 지금까지 이야기했던 지도와 별반 다를 바 없습니다.

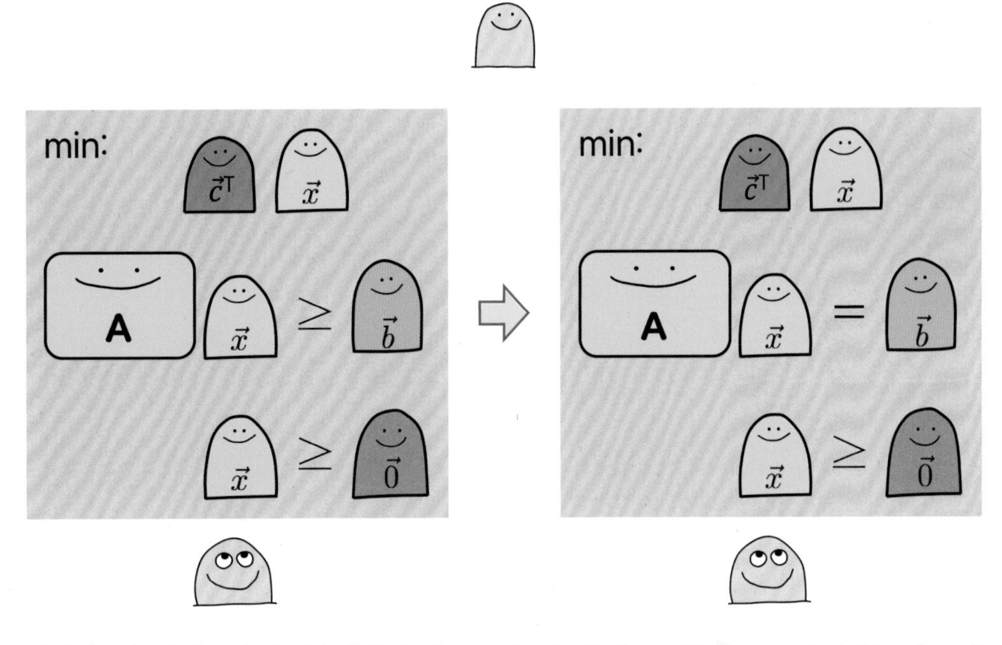

이렇게 '≥'를 '='로 바꿔 가장 훌륭한 지도를 만드는 방법은 **심플렉스**(simplex)라는 지도 만들기 방법의 한 부분입니다. 부등호를 등호로 바꿀 때, 오른쪽에 있는 **A**의 컬럼 갯수는 늘어나고, 그 옆에 있는 벡터의 사이즈도 늘어납니다. 아래 지도 만드는 사람들의 표현에서 보이는 것처럼 말이에요.

'≥'를 '='로 바꾸는 과정을 지도 만드는 사람들의 표현으로 아래 다시 보였습니다.

$$\begin{aligned} 3x_1 - 2x_2 &\geq 5 \\ x_1 + 3x_2 &\geq 2 \end{aligned}$$

$$\begin{aligned} 3x_1 - 2x_2 + x_3 &= 5 \\ x_1 + 3x_2 + x_4 &= 2 \end{aligned}$$

'≥'를 '=' 바꾸는 과정은 '≥'일 때는 1과 0으로 된 새로운 컬럼 벡터를, '≤'일 때는 0과 −1만으로 구성되어 있는 컬럼 벡터를 **A**에 새로 포함시키면 됩니다.

이때 **A** 컬럼 벡터의 사이즈가 늘어나며 $\vec{x}$의 사이즈도 같이 늘어납니다. 이 과정에서 생겨난 컬럼 벡터들에게 필요한 간식의 양은 0입니다.

지금 이야기하는 심플렉스(simplex) 방법은 오른쪽에 있는 '='에 있는 지도부터 시작해 가장 좋은 지도를 만들어 냅니다.

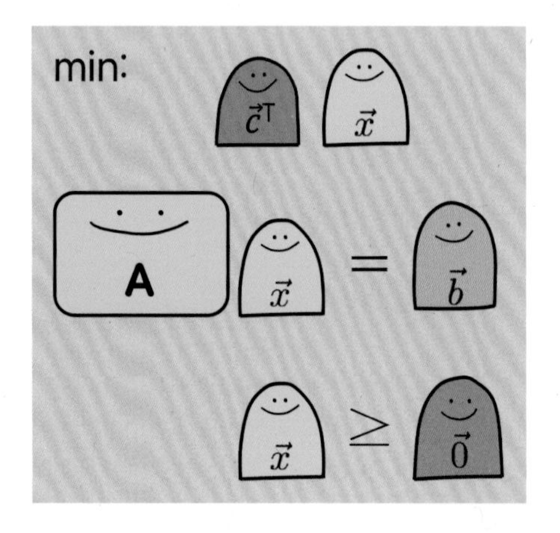

심플렉스 방법을 정리해 얘기하면 다음과 같습니다. **A** 컬럼 벡터들의 리니어 컴비네이션을 통해 목적지로 가는 길을 찾고

A 컬럼 벡터들이 그 길을 가면서 먹어야 하는 간식의 양은 다음과 같습니다.

심플렉스 방법을 통해 지금 베이시스가 된 **B**가 가장 훌륭한 지도를 만들 때 필요한 가장 훌륭한(가장 적은 간식으로 목적지에 갈 수 있는) 베이시스인지 아닌지는 아래 있는 벡터들의 닷 프로덕트로 알 수 있습니다.

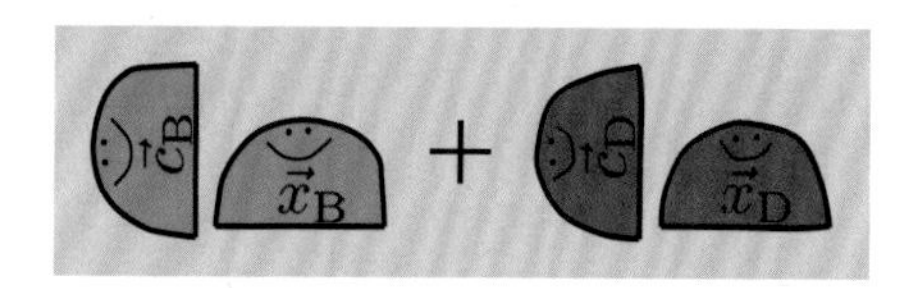

그리고 이 닷 프로덕트의 의미를, 위에서 소개한 오래 전의 지도 만들기 장인 단치히(Dantzig)의 표현으로 설명하면 다음과 같습니다.

간식의 양은?

$$z = \vec{c}^T \vec{x}$$

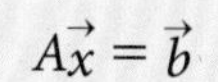

베이시스는?

"반칙하면 안 됩니다!"

$$\vec{x} \geq \vec{0}$$

앞서 애기한 내용을 지도를 만드는 사람들의 표현으로 다시 정리하면 다음과 같습니다.

베이시스를 찾습니다.

$$A\vec{x} = B\vec{x}_B + D\vec{x}_D = \vec{b}$$
$$\vec{x}_B = B^{-1}\vec{b} - B^{-1}D\vec{x}_D$$

"반칙하면 안 됩니다!"

$$\vec{x} = \begin{bmatrix} \vec{x}_B \\ \vec{x}_D \end{bmatrix} = \begin{bmatrix} B^{-1}\vec{b} - B^{-1}D\vec{x}_D \\ \vec{x}_D \end{bmatrix}$$
$$= \begin{bmatrix} B^{-1}\vec{b} \\ \vec{0} \end{bmatrix} + \begin{bmatrix} -B^{-1}D \\ I \end{bmatrix}\vec{x}_D$$

간식의 양을 확인 중입니다.

$$z = \vec{c}^T\vec{x} = \begin{bmatrix} \vec{c}_B^T & \vec{c}_D^T \end{bmatrix}\begin{bmatrix} \vec{x}_B \\ \vec{x}_D \end{bmatrix} = \vec{c}_B^T\vec{x}_B + \vec{c}_D^T\vec{x}_D$$
$$= \vec{c}_B^T(B^{-1}\vec{b} - B^{-1}D\vec{x}_D) + \vec{c}_D^T\vec{x}_D$$
$$= \vec{c}_B^T B^{-1}\vec{b} + (\vec{c}_D^T - \vec{c}_B^T B^{-1}D)\vec{x}_D$$

지도 만드는 많은 사람들은 벡터와 매트릭스를 그림으로 표현하는 것보다 위와 같은 표현을 더 편리하게 생각합니다. 저 같은 경우는 위와 같이 벡터와 매트릭스 표현을 사용하면서 종종 그림으로 상상하곤 합니다.

가장 훌륭한 베이시스 찾기의 두 번째 이야기를 풀어 놓기 전에 지도 만들기의 전설적 장인들을 짧게 소개하고 넘어가겠습니다. 이 이야기는 제가 고등학교와 대학, 대학원이라는 행복한 곳에서 지도 만들기를 배울 때 들은 것들을 모아 정리한 내용입니다.

제 이야기의 주인공은 네 분의 지도 만들기 장인입니다(사진은 wiki에서 구했습니다).

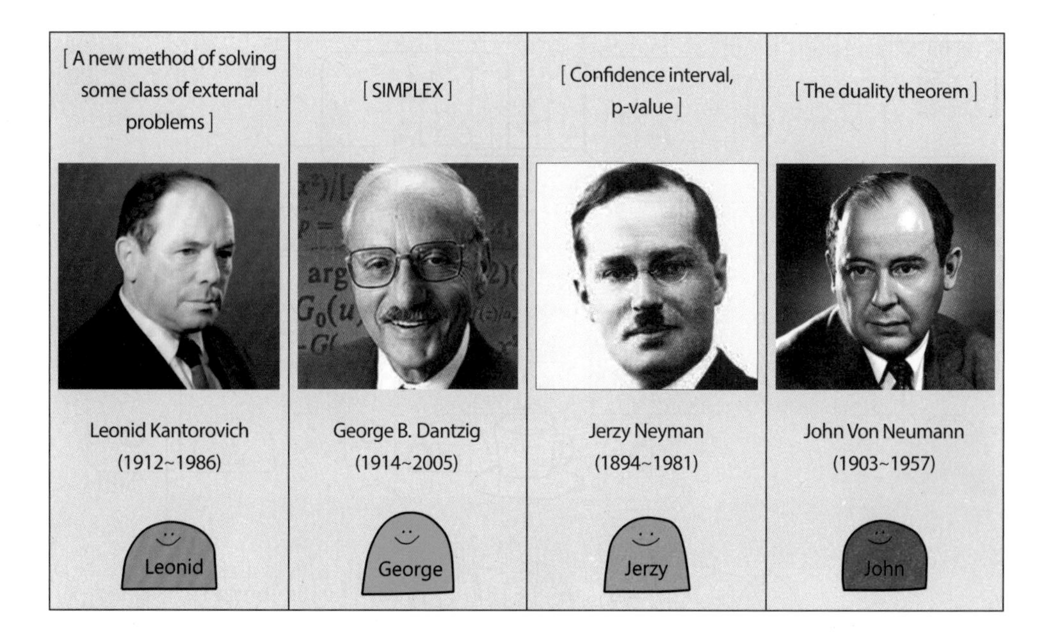

Leonid 가 만들어 낸 가장 훌륭한 베이시스 찾기법을 그가 살던 나라에서 다른 지구인들에게 알려 주는 것을 금지하던 시절이 있었습니다. 그 시절, 아래와 같은 형태로 되어 있는 매트릭스와 벡터를 사용한 베이시스 찾기는 지구에서 가장 풀기 힘든 문제 중 하나였습니다.

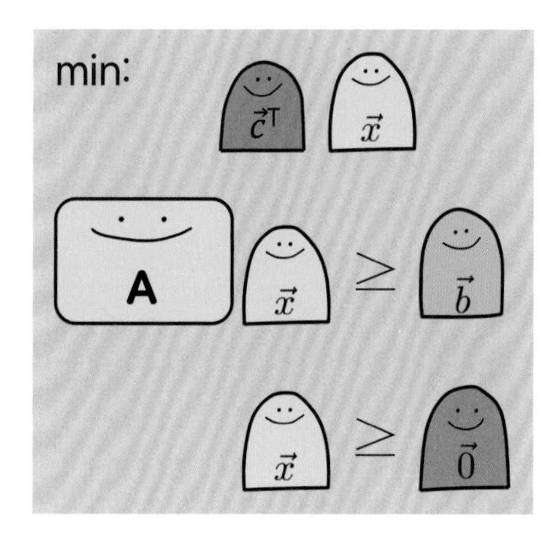

그러던 어느 날 대학원이라는 행복한 곳에서 Jerzy 에게 지도 만들기를 배우던 George 라는 학생이 하루는 수업에 늦었는데 칠판에 적혀 있던 이 문제가 **숙제**인 줄 알고 방과 후 집에서 풀면서 음…, 이번 숙제는 어렵군 하고 생각했답니다.

Jerzy는 **지구에서 가장 풀기 힘든 문제** 중 하나를 **숙제**로 오인하고 풀어 온 제자 George의 답을 보고 매우 놀랐다고 전해집니다. 이 일이 가장 훌륭한 베이시스 찾기라는 학문의 시작이 되었습니다.

Jerzy의 업적은 나중에 기회가 되면 더 자세히 이야기하고 싶습니다. 이 분 역시 지구에 사는 모든 지도 만들기 장인들에게 매우 큰 영향을 남긴 사람입니다.

는 1947년에 **심플렉스(SIMPLEX) 방법**을 발표했는데,

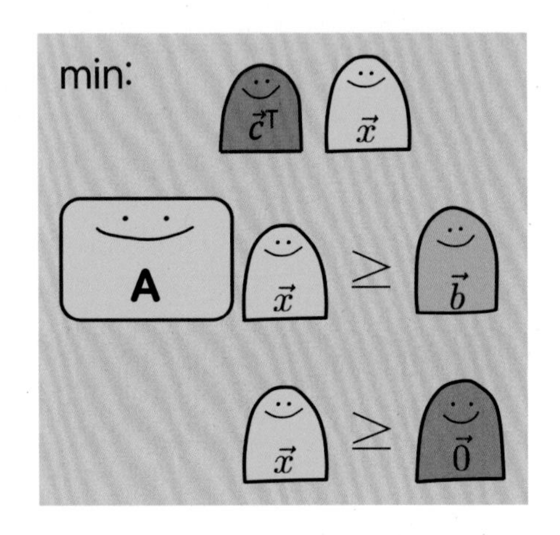

그의 발표를 들은 John이 다음과 같이 말했다고 전해집니다.

"훌륭하지만 문제를 반만 풀었군요. 나머지 반은 이렇게 해야 합니다."

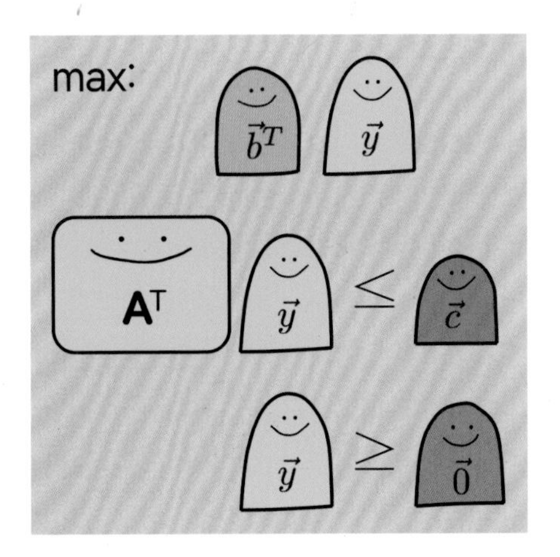

John의 이 말은 가장 훌륭한 베이시스 찾기 문제는 **A**의 로우 컴비네이션으로 또 다른 목적지 찾아가기를 함께 생각해야 한다는 것이었습니다. 심플렉스법에서 얘기했던 컬럼 벡터의 코스트는 **A**의 로우 벡터들과의 리니어 컴비네이션을 통해 갈 수 있는 목적지를 알려줍니다.

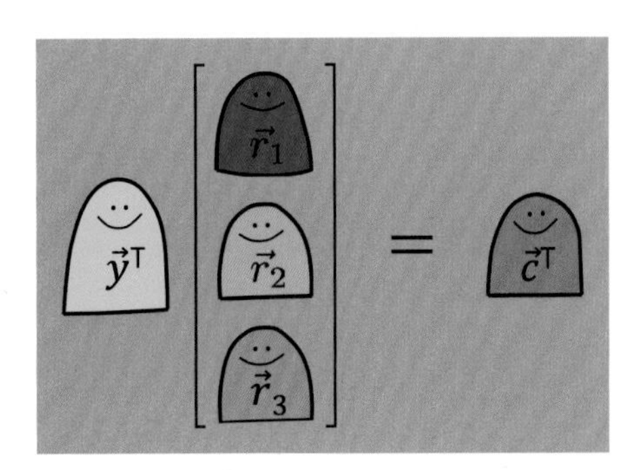

위 지도에서 $\vec{y}^T$에는 로우 벡터들이 목적지인 $\vec{c}^T$로 가기 위해 걸어야 하는 걸음 수, $\vec{b}$에는 로우 벡터가 한 걸음 걸을 때마다 먹어야 할 간식의 양이 들어 있습니다.

위에 있는 **A**의 로우 벡터들의 리니어 컴비네이션으로 표현한 지도 전체를 트랜스포즈하면 다음과 같은 지도가 됩니다.

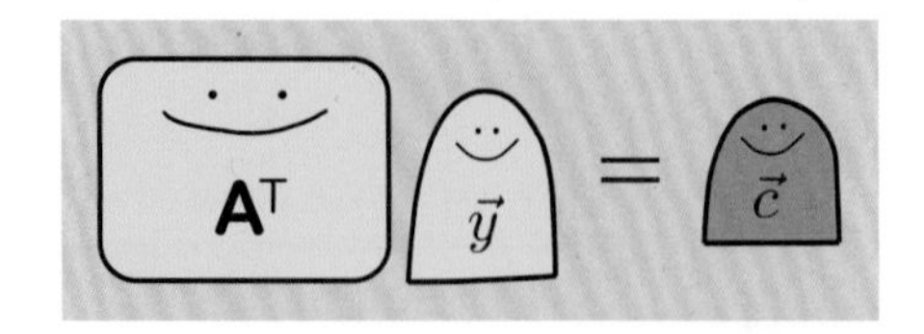

가장 훌륭한 길 찾기 두 번째 부분은 아래 두 개의 지도를 토대로

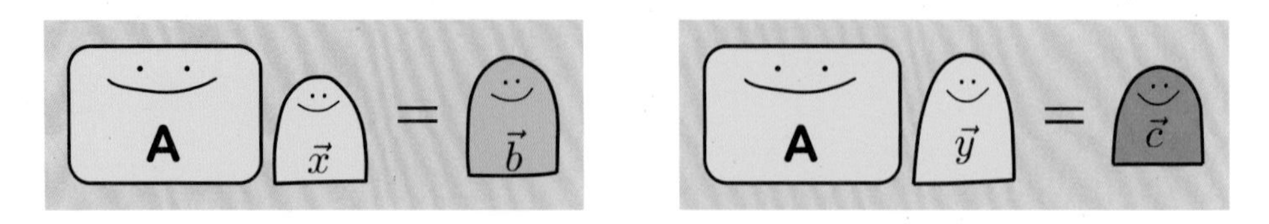

다음 관계를 만족시키는 $\vec{x}$와 $\vec{y}$를 찾는 것입니다.

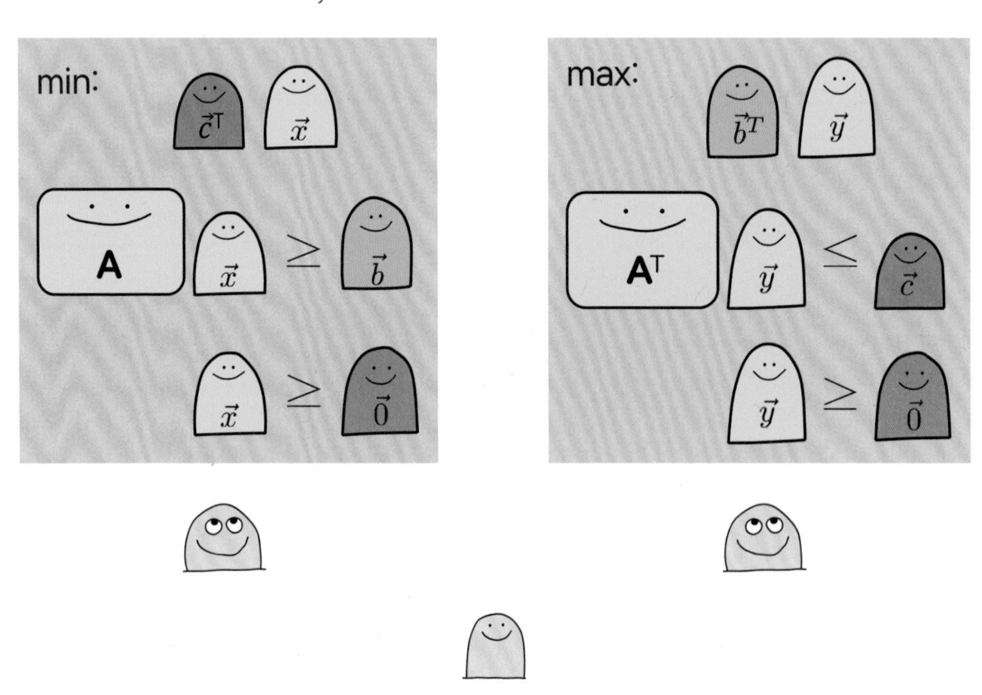

오른쪽 위의 매트릭스와 벡터에서 $\mathbf{A}^{\mathrm{T}}$, $\vec{c}$, 그리고 $\vec{b}$는 주어진 정보입니다. 이 주어진 정보를 다음과 같이 표현할 수 있고,

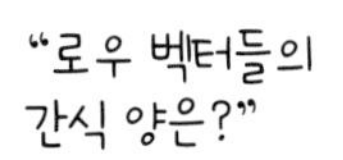

$$w = \vec{b}^T \vec{y}$$

$$A^T \vec{y} = \vec{c}$$

"베이시스는?"

"반칙하면 안 됩니다!"

$$\vec{y} \geq \vec{0}$$

이 이중 문제(dual problem)는 **A**의 로우 벡터들이 **가장 많은 간식을 먹으며** 목적지 $\vec{c}$로 가는 길을 찾는 문제입니다.

이 제안한 가장 훌륭한 베이시스 찾기 문제를 그림으로 표현하면 다음과 같습니다.

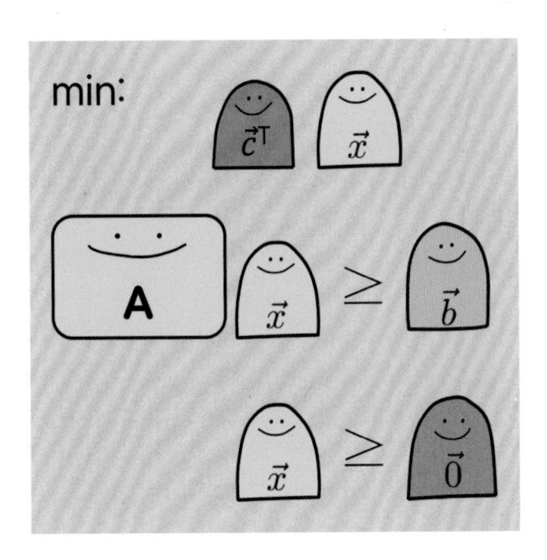

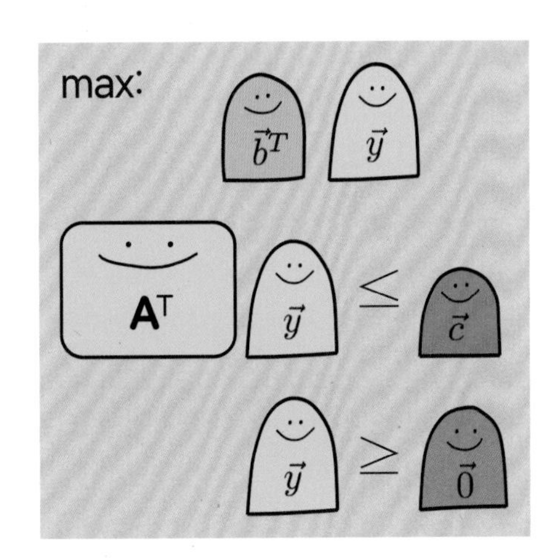

가장 훌륭한 길 찾기에 나오는 매트릭스는 모두 m이 n보다 매우 크기 때문에 항상 **A**를 **B**와 **D**로 나눌 수 있고, **B**는 넌싱귤라이며, $\mathbf{A}^\mathbf{T}$의 컬럼 벡터들은 모두 인디펜던트합니다.

그리고 $\mathbf{A}^\mathbf{T}$ 안에는 다음과 같이 $\mathbf{B}^\mathbf{T}$와 $\mathbf{D}^\mathbf{T}$가 들어 있습니다.

$$A^T = \begin{bmatrix} B^T \\ D^T \end{bmatrix}$$

그러면 지도 만드는 사람들은 맥시멈(maximum) 계산에 필요한 $\vec{y}$를 다음과 같이 표현할 수 있습니다.

$$\begin{aligned} A^T\vec{y} &= \begin{bmatrix} B^T \\ D^T \end{bmatrix}\vec{y} \\ &= \begin{bmatrix} B^T\vec{y} \\ D^T\vec{y} \end{bmatrix} = \begin{bmatrix} \vec{c}_B \\ \vec{c}_D \end{bmatrix} \end{aligned}$$

방금 위에 보인 지도 만드는 사람들의 표현에서 John이 얘기한 흥미로운 표현들 중 두 개를 아래 있는 초록색과 분홍색 상자 안에 나타내었습니다.

$$\begin{aligned} A^T\vec{y} &= \begin{bmatrix} B^T \\ D^T \end{bmatrix}\vec{y} \\ &= \begin{bmatrix} B^T\vec{y} \\ D^T\vec{y} \end{bmatrix} = \begin{bmatrix} \vec{c}_B \\ \vec{c}_D \end{bmatrix} \end{aligned}$$

위의 표현을 색 상자별로 조금 더 자세히 풀어 다음과 같이 표현하면, 아래 왼쪽 초록색 상자의 마지막에 있는 $\vec{y}^T$를 **심플렉스 멀티플라이어**(simplex multiplier)라고 하고, 아래 오른쪽 분홍색 상자의 마지막에 있는 식은 **옵티멀리티 컨디션**(optimality condition)을 확인할 때 쓰입니다.

$$
\begin{aligned}
B^T\vec{y} &= \vec{c}_B \\
BB^T\vec{y} &= B\vec{c}_B \\
(BB^T)^{-1}(BB^T)\vec{y} &= (BB^T)^{-1}B\vec{c}_B \\
\vec{y} &= B^{-T}B^{-1}B\vec{c}_B \\
\vec{y} &= B^{-T}\vec{c}_B \\
\vec{y}^T &= \vec{c}_B^T B^{-1}
\end{aligned}
$$

$$
\begin{aligned}
D^T\vec{y} &= \vec{c}_D \\
D^T\vec{y} - \vec{c}_D &= 0 \\
D^T(B^{-T}\vec{c}_B) - \vec{c}_D &= 0 \\
\vec{c}_D^T - (\vec{c}_B^T B^{-1})D &= 0
\end{aligned}
$$

마지막 트랜스포즈는 George와 John 두 사람이 만든 가장 훌륭한 베이시스 찾기 그림을 보기 쉽게 함으로써 이해를 돕기 위해 연결한 것입니다. 이 표현을 통해 지도 만드는 사람들에게 도움이 많이 되는 또 다른 표현 몇 가지와 **듀얼리티 정리**(duality theorem)에 대해 조금 더 이야기하겠습니다.

먼저 지금까지의 내용을 지도 만드는 사람들의 표현으로 다시 정리해 보겠습니다.

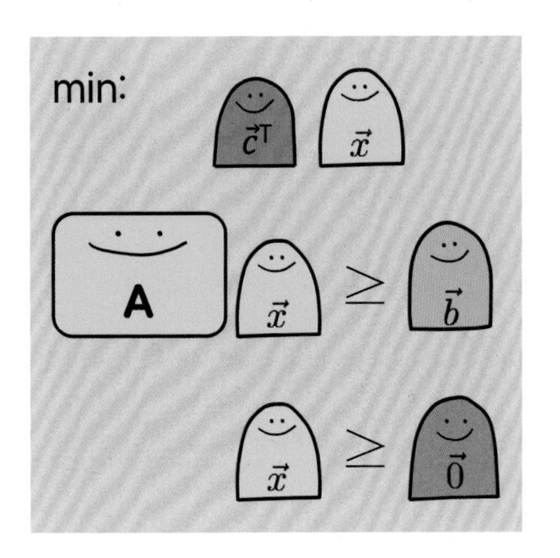

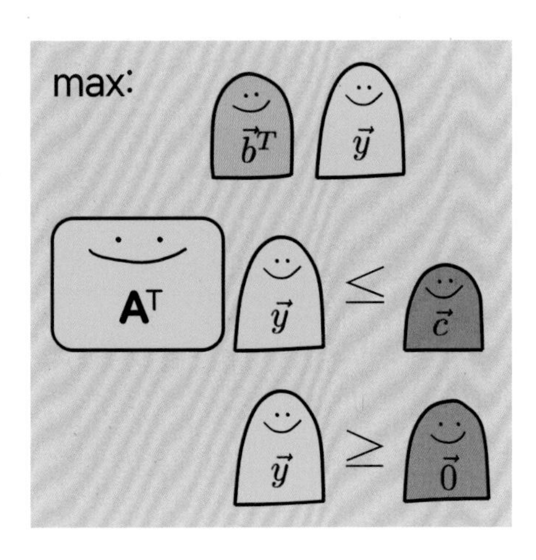

$$
\begin{aligned}
A\vec{x} = B\vec{x}_B + D\vec{x}_D &= \vec{b} \\
\vec{x}_B &= B^{-1}\vec{b} - B^{-1}D\vec{x}_D
\end{aligned}
$$

$$
\begin{aligned}
A^T\vec{y} &= \begin{bmatrix} B^T \\ D^T \end{bmatrix}\vec{y} \\
&= \begin{bmatrix} B^T\vec{y} \\ D^T\vec{y} \end{bmatrix} = \begin{bmatrix} \vec{c}_B \\ \vec{c}_D \end{bmatrix}
\end{aligned}
$$

$$\vec{x} = \begin{bmatrix} \vec{x}_B \\ \vec{x}_D \end{bmatrix} = \begin{bmatrix} B^{-1}\vec{b} - B^{-1}D\vec{x}_D \\ \vec{x}_D \end{bmatrix} = \begin{bmatrix} B^{-1}\vec{b} \\ \vec{0} \end{bmatrix} + \begin{bmatrix} -B^{-1}D \\ I \end{bmatrix} \vec{x}_D$$

$$\begin{aligned} D^T\vec{y} &= \vec{c}_D \\ D^T\vec{y} - \vec{c}_D &= 0 \\ D^T(B^{-T}\vec{c}_B) - \vec{c}_D &= 0 \\ \vec{c}_D^{\,T} - (\vec{c}_B B^{-1})D &= 0 \end{aligned}$$

$$\begin{aligned} z = \vec{c}^{\,T}\vec{x} &= \begin{bmatrix} \vec{c}_B^{\,T} & \vec{c}_D^{\,T} \end{bmatrix} \begin{bmatrix} \vec{x}_B \\ \vec{x}_D \end{bmatrix} \\ &= \vec{c}_B^{\,T}\vec{x}_B + \vec{c}_D^{\,T}\vec{x}_D \\ &= \vec{c}_B^{\,T}(B^{-1}\vec{b} - B^{-1}D\vec{x}_D) + \vec{c}_D^{\,T}\vec{x}_D \\ &= \vec{c}_B^{\,T}B^{-1}\vec{b} + (\vec{c}_D^{\,T} - \vec{c}_B^{\,T}B^{-1}D)\vec{x}_D \end{aligned}$$

$$\begin{aligned} B^T\vec{y} &= \vec{c}_B \\ BB^T\vec{y} &= B\vec{c}_B \\ (BB^T)^{-1}(BB^T)\vec{y} &= (BB^T)^{-1}B\vec{c}_B \\ \vec{y} &= B^{-T}B^{-1}B\vec{c}_B \\ \vec{y} &= B^{-T}\vec{c}_B \\ \vec{y}^{\,T} &= \vec{c}_B^{\,T}B^{-1} \end{aligned}$$

지도 만드는 사람들에게 도움이 많이 되는 표현이 세 가지 색으로 나타낸 부분입니다. 같은 그림 찾기 게임처럼 **노란색 상자**의 마지막 부분에 있는 표현과 **초록 상자**, 그리고 **분홍 상자** 안에 있는 표현들 중 같은 것을 찾아 보세요.

힌트를 드리겠습니다.

$$z = \vec{c}_B^{\,T}B^{-1}\vec{b} + (\vec{c}_D^{\,T} - \vec{c}_B^{\,T}B^{-1}D)\vec{x}_D$$

위의 표현 중 아래와 같은 표현을 **심플렉스 멀티플라이어**(simplex multiplier)라고 이야기했습니다.

$$\vec{c}_B^{\,T}B^{-1}$$

심플렉스 멀티플라이어(simplex multiplier)를 지도 만드는 사람들은 또 쉐도우 프라이스(shadow price)라고도 합니다.

그리고 여기 있는 표현을 지도 만드는 사람들은 **리듀스드 코스트**(reduced cost)라 하고, 이 리듀스드 코스트를 찾아내는 과정을 **프라이싱**(pricing)이라고 합니다.

$$\vec{c}_D^{\,T} - \vec{c}_B^{\,T} B^{-1} D$$

리듀스드 코스트가 모두 0보다 크다면, 그것은 지금 고른 베이시스인 **B** 안에 있는 벡터들이 다른 베이시스들보다 먹는 양이 적으므로 가장 경제적으로 목적지에 갈 수 있다는 것을 의미합니다.

그리고 옛 지도 만들기 장인이 알려 준 듀얼리티 정리(duality theorem)의 내용은 두 가지인데, 이 정리들은 컬럼 벡터들의 총 간식량 z와 로우 벡터들의 총 간식량 w에 관련됩니다.

간식의 양은 얼마?  $z = \vec{c}^{\,T} \vec{x}$ $w = \vec{b}^{\,T} \vec{y}$

첫 번째 정리는, 가장 훌륭한 베이시스는 $w = z$일 때 발생한다는 **강한 듀얼리티 정리**(strong duality theorem)이고,

두 번째 정리는, 걸음 수가 모두 0보다 큰 **A**의 컬럼 벡터들로 $\vec{b}$까지 가는 길 $\vec{x}$, **A**의 로우 벡터들로 $\vec{c}$까지 가는 길 $\vec{y}^{\,T}$로 표현된 간식량 관계는 항상 $w \geq z$라는 **약한 듀얼리티 정리**(weak duality theorem)입니다.

강한 듀얼리티 정리를 만족시키는 조건을 지도 만드는 사람들은 다음과 같이 표현합니다.

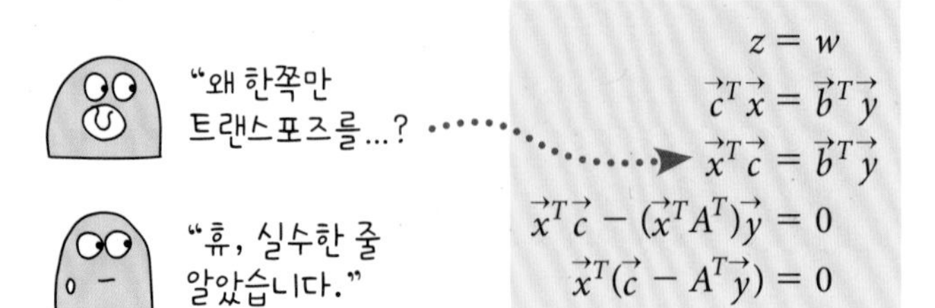

그리고 마지막 줄에 나온 관계를, 지도 만들기 중 가장 천재적이라는 말을 많이 듣는 John 이 **complementary slackness**라고 하였는데, complementary slackness는 가장 훌륭한 베이시스를 찾고 나서 벡터들의 간식량이 바뀌었을 때도 다시 가장 훌륭한 베이시스를 찾는 방법입니다.

제가 이 분 John 에 대한 이야기를 처음 들었을 때는 고등학생 때였습니다. 물리 선생님께서 아래 책을 우리에게 추천해 주셨는데

『*The Dancing Wu Li Masters: An Overview of the New Physics*』, Gary Zukav, Bantam Books, 1979

이 책에 훗날 노벨상을 수상한 어떤 과학자가 젊은 시절에  을 만나 한 질문과 대답이 실려 있었습니다(위의 책 208쪽).

"어떻게 하면 수학을 잘할 수 있을까요?"

"젊은이, 수학은 이해하는 것이 아니라 익숙해지는 것이라네."

지도 만드는 법을 배우는 동안 제게 가장 도움이 된 한마디입니다.

이 지도 만들기의 대가 

폰 노이만(John Von Neumann)에 관해 궁금한 독자들께는 다음 책을 추천합니다.

『*Prisoner's dilemma*』, William Poundstone

아, 그리고 앞서 이야기한 어기면 반칙이라는 조건을 잘 지키면 계속 가장 훌륭한 베이시스 찾기 놀이가 가능하다라는 의미에서 이 조건을 **feasibility condition**이라고 합니다.

"정말입니다!"

천천히 걸어가기

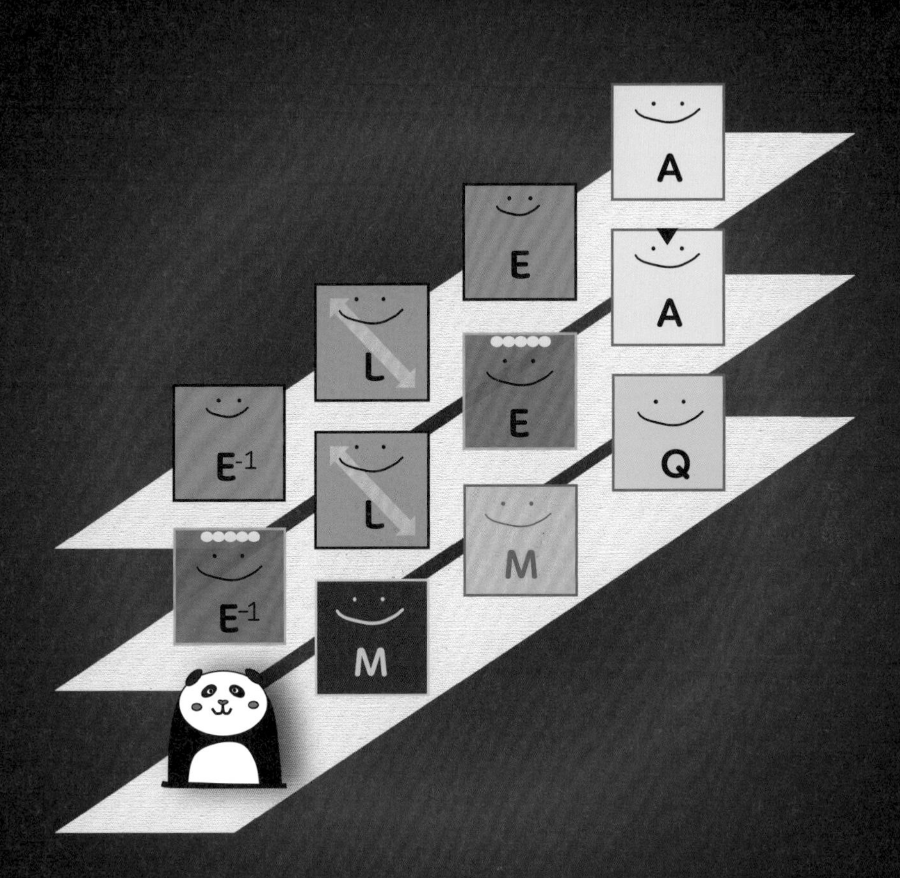

5.1 아이건 디컴퍼지션

지금부터 이야기할 **아이건 디컴퍼지션**(eigen decomposition)이라는 춤도 인벌스 춤과 마찬가지로 스퀘어 매트릭스만 시도할 수 있는 춤인데 모두가 성공할 수 있는 춤은 아닙니다.

이 춤은 지도 만드는 장인들이 훌륭한 지도 만드는 사람이 되는 데 중요하다고 생각하는 얘기를 이제 막 그 길에 들어서려는 사람들에게 전해 주듯, 매트릭스가 곁에 선 벡터에게 자신이 중요하다고 판단하는 길에 대해 이야기하면서 추는 춤입니다.

A라는 3×3 스퀘어 매트릭스가 아이건 디컴포지션 춤에 성공하면 그 결과물로 3개의 **아이건밸류**(eigenvalue)와 3개의 **아이건벡터**(eigenvector)가 나올 수 있는데, 이때 아이건벡터는 **A**가 생각하는 중요한 길, 그리고 아이건밸류는 매트릭스 **A**가 생각하는 중요도를 나타냅니다.

이렇게 나온 아이건밸류들은 **I**의 도움으로 매트릭스 안에 다음과 같이 들어갈 수 있고,

$$\mathbf{L} = \begin{bmatrix} \lambda_1 & 0 & 0 \\ 0 & \lambda_2 & 0 \\ 0 & 0 & \lambda_3 \end{bmatrix}$$

아이건벡터들은 다음과 같이 매트릭스 안에 들어갈 수 있습니다.

$$\mathbf{E} = \begin{bmatrix} \vec{e}_1 & \vec{e}_2 & \vec{e}_3 \end{bmatrix}$$

그리고 아이건밸류들이 대각선으로 들어간 **L**과 아이건벡터들이 들어간 **E**라는 매트릭스는 **A**와 다음 관계를 가집니다.

R의 도움을 받아 지금까지 이야기한 **A**가 아이건 디컴퍼지션에 성공했을 때 나온 결과물들을 어떻게 매트릭스 안에 정리하는지 보이겠습니다.

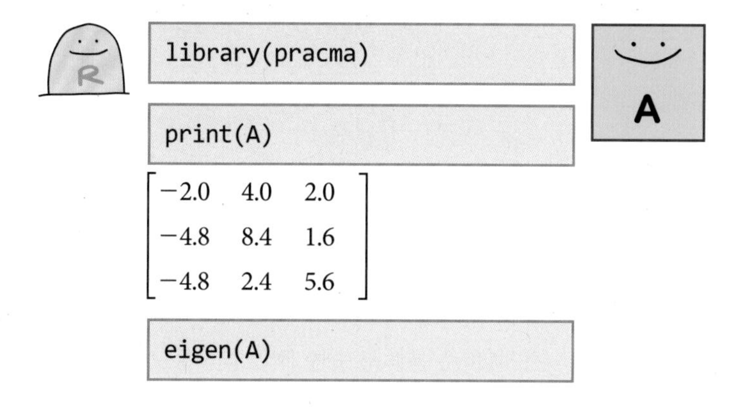

노란색 배경 박스 부분은 R이 **A**가 아이건 디컴퍼지션을 시도해 생긴 결과물들을 보여 줍니다.

```
eigen( )
$ values
[ 1 ] 6   4    2

$vectors

[1,  ]  0.45    0.32    -0.67
[2,  ]  0.89    0.00    -0.33
[ 3, ]  0.00    0.95    -0.67
```

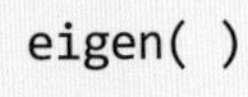

아이건밸류나 아이건벡터만 확인하고자 할 때 이렇게 R에게 물어봅니다.

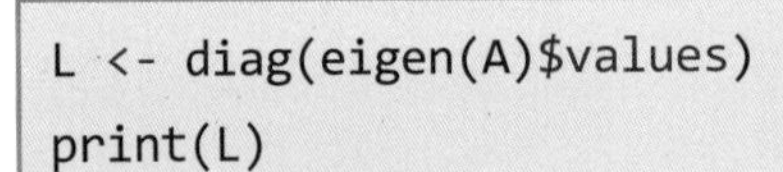

```
eigen(A)$values
```

```
6   4    2
```

'eigen(A)$values'라는 지시는 A의 아이건 디컴퍼지션 춤을 시도해 생긴 결과물 중 $ 표시를 찾아 values라고 저장되어 있는 것을 알려 달라는 부탁입니다.

그 결과물들을 이렇게 매트릭스 안에 정리할 수 있습니다.

```
L <- diag(eigen(A)$values)
print(L)
```

$$\begin{bmatrix} 6 & 0 & 0 \\ 0 & 4 & 0 \\ 0 & 0 & 2 \end{bmatrix}$$

같은 방식으로 아이건벡터들로 매트릭스 안에 모이게 할 수 있습니다.

```
E <- eigen(A)$vectors
print(round(E,2))
```

$$\begin{bmatrix} 0.45 & 0.32 & -0.67 \\ 0.89 & 0.00 & -0.33 \\ 0.00 & 0.95 & -0.67 \end{bmatrix}$$

지도 만드는 사람들은 **L**을 통해 **A**가 싱귤라인지 넌싱귤라인지 알 수 있고, 또한 **E**를 통해 **A**가 아이건 디컴퍼지션 춤을 출 수 있는지 여부를 알 수 있습니다.

$$\mathbf{L} = \begin{bmatrix} \lambda_1 & 0 & 0 \\ 0 & \lambda_2 & 0 \\ 0 & 0 & \lambda_3 \end{bmatrix}$$

L 안에 있는 아이건밸류 중에 0이 있다면 **A**는 싱귤라, **L** 안에 있는 아이건밸류 중에 0이 없다면 **A**는 넌싱귤라입니다. 이 부분에 대해서는 다음에 더 자세히 이야기하겠습니다.

앞에서 지도 만드는 사람들은 **E**를 통해 **A**가 아이건 디컴퍼지션을 출 수 있는지 없는지 여부를 알 수 있다고 했습니다.

E가 넌싱귤라인 **A**는 아이건 디컴퍼지션 춤을 출 수 있고,

E가 싱귤라인 **A**는 아이건 디컴퍼지션 춤을 출 수 없습니다.

A에서 **L**과 **E**를 찾는 과정에 익숙해지도록 연습 문제를 준비했습니다.

♣♣♣♣♣♣♣♣♣♣♣♣♣

[연습 문제]

첫 번째 문제입니다.

```
library(pracma)
```

```
print(A)
```

$$\begin{bmatrix} 1 & 4 & 7 \\ 2 & 5 & 8 \\ 3 & 6 & 9 \end{bmatrix}$$

```
Rank(A)
```

2

```
L <- diag(eigen(A)$values)
print(round(L,2))
```

$$\begin{bmatrix} 16.12 & 0.00 & 0 \\ 0.00 & -1.12 & 0 \\ 0.00 & 0.00 & 0 \end{bmatrix}$$

"아이건밸류에 0이 있으니, A는 넌싱귤라이군요."

```
E <- eigen(A)$vectors
print(round(E,2))
```

$$\begin{bmatrix} -0.46 & -0.88 & 0.41 \\ -0.57 & -0.24 & -0.82 \\ -0.68 & 0.40 & 0.41 \end{bmatrix}$$

"E가 넌싱귤라일까요?"

```
Rank(E)
```

3

"E는 넌싱귤라입니다."

두 번째 문제입니다.

```
print(A)
```

$$\begin{bmatrix} 1 & 4 & 2 \\ 5 & 5 & 8 \\ -3 & 69 & 9 \end{bmatrix}$$

```
Rank(A)
```

3

```
L <- diag(eigen(A)$values)
print(round(L,2))
```

$$\begin{bmatrix} 31.19 & 0.00 & 0 \\ 0.00 & -16.31 & 0 \\ 0.00 & 0.00 & 0.12 \end{bmatrix}$$

```
E <- eigen(A)$vectors
print(round(E,2))
```

$$\begin{bmatrix} 0.10 & -0.03 & -0.81 \\ 0.31 & -0.35 & -0.11 \\ 0.95 & 0.94 & 0.57 \end{bmatrix}$$

```
Rank(E)
```

3

"E는 넌싱귤라입니다."

세 번째 문제입니다.

```
print(A)
```

$$\begin{bmatrix} 1 & 2 & 2 \\ 2 & 4 & 8 \\ 3 & 6 & 9 \end{bmatrix}$$

A

```
Rank(A)
```

2

```
L <- diag(eigen(A)$values)
print(round(L,2))
```

$$\begin{bmatrix} 14.62 & 0 & 0 \\ 0 & -0.62 & 0 \\ 0 & 0 & 0 \end{bmatrix}$$

```
E <- eigen(A)$vectors
print(round(E,2))
```

$$\begin{bmatrix} -0.20 & 0.58 & -0.89 \\ -0.61 & -0.76 & 0.45 \\ -0.76 & 0.29 & 0.00 \end{bmatrix}$$

```
Rank(E)
```

3

"E는 넌싱귤라입니다."

네 번째 문제입니다.

이 문제는 아이건밸류가 복소수(complex number)인 경우입니다.

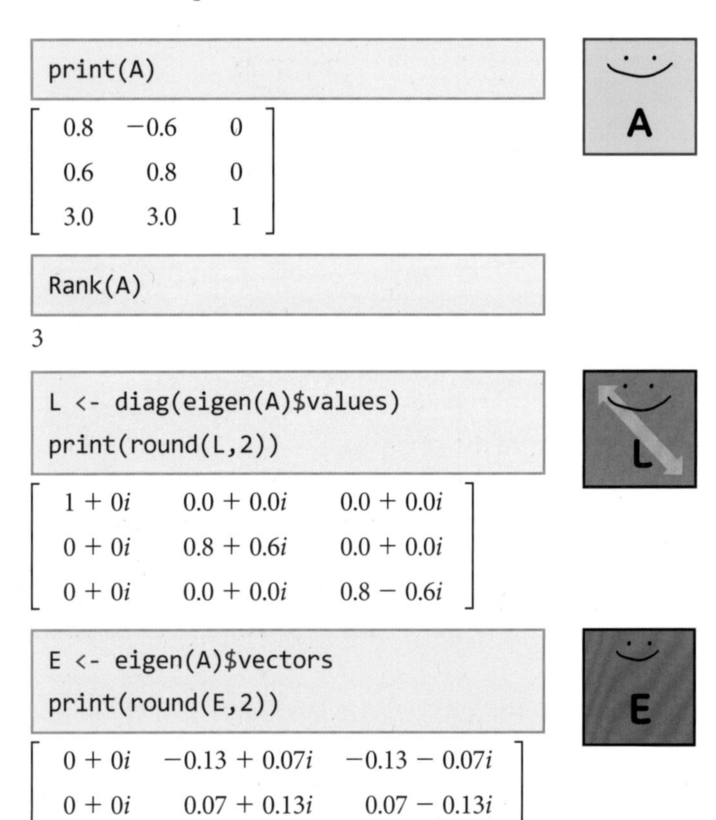

```
print(A)
```

$$\begin{bmatrix} 0.8 & -0.6 & 0 \\ 0.6 & 0.8 & 0 \\ 3.0 & 3.0 & 1 \end{bmatrix}$$

```
Rank(A)
```

3

```
L <- diag(eigen(A)$values)
print(round(L,2))
```

$$\begin{bmatrix} 1+0i & 0.0+0.0i & 0.0+0.0i \\ 0+0i & 0.8+0.6i & 0.0+0.0i \\ 0+0i & 0.0+0.0i & 0.8-0.6i \end{bmatrix}$$

```
E <- eigen(A)$vectors
print(round(E,2))
```

$$\begin{bmatrix} 0+0i & -0.13+0.07i & -0.13-0.07i \\ 0+0i & 0.07+0.13i & 0.07-0.13i \\ 1+0i & 0.98+0.00i & 0.98+0.00i \end{bmatrix}$$

네 번째 문제의 경우 **A**는 몇 가지 흥미로운 성격이 추가되는데, 이런 경우가 있다는 것까지만 이야기하고 넘어가겠습니다. 앞으로도 아이건밸류가 복소수인 경우에 관련된 이야기는 하지 않겠습니다.

더 많은 것을 이야기하고 싶지만 책이 점점 두꺼워지고 있습니다.

5.2 아이건밸류를 보고 A가 싱귤라인지 아닌지 알아보는 법

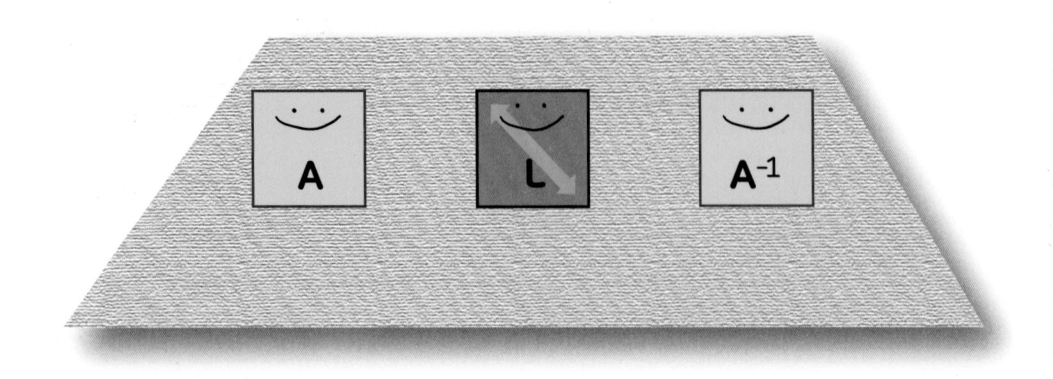

A가 아이건 디컴퍼지션에 성공하였을 때

각각의 아이건밸류와 아이건벡터, 그리고 **A**는 다음과 같은 관계를 가집니다.

위에 보인 첫 번째 관계를

지도 만드는 사람들은 다음과 같이 표현합니다.

$$A\vec{e}_1 = \lambda_1 \vec{e}_1$$

이 표현을 조금 더 확장하여 정리하면 다음과 같이 쓸 수 있습니다.

$$
\begin{aligned}
A\vec{e}_1 &= \lambda_1\vec{e}_1 \\
A\vec{e}_1 - \lambda_1\vec{e}_1 &= 0 \\
(A - \lambda_1 I)\vec{e}_1 &= 0
\end{aligned}
$$

위에 정리한 부분의 마지막 아래와 같은 표현은

$$\lambda_1 I$$

벡터의 세계에선 다음과 같은 모양을 하고 있습니다.

$$
\lambda_1 \mathbf{I} = \begin{bmatrix} \lambda_1 & 0 & 0 \\ 0 & \lambda_1 & 0 \\ 0 & 0 & \lambda_1 \end{bmatrix}
$$

그리고 괄호 안에 있는 표현을 아래와 같이 Q라는 매트릭스로 대체하면

$$Q = (A - \lambda_1 \cdot I)$$

다음과 같이 표현할 수 있습니다.

$$
\begin{aligned}
A\vec{e}_1 &= \lambda_1\vec{e}_1 \\
A\vec{e}_1 - \lambda_1\vec{e}_1 &= \vec{0} \\
(A - \lambda_1 I)\vec{e}_1 &= \vec{0} \\
Q\vec{e}_1 &= \vec{0}
\end{aligned}
$$

$$Q = (A - \lambda_1 \cdot I)$$

위의 표현은 Q의 로우 벡터들과 $\vec{e}_1$의 닷 프로덕트 결과가 모두 0이라는 사실을 알려 주고 있습니다. 그리고 이 정보에서 $\vec{e}_1$은 Q의 널 스페이스에서 왔다는 사실과 $\vec{e}_1$ 안에 0이 아닌 숫

자가 들어 있다는 사실을 통해 Q가 싱귤라라는 것을 알 수 있습니다.

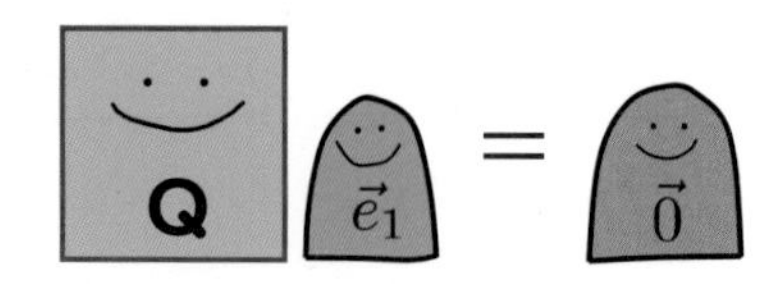

지도 만드는 사람들이 이러한 사실을 어떻게 알 수 있는지에 대해서는 이전에 4개 서브스페이스의 베이시스 벡터의 개수 관계에 대한 이야기에서 설명한 적이 있습니다. 혹시 기억이 잘 안 나는 독자들은 앞으로 돌아가 관련 이야기를 한 번 더 읽고 돌아와 제 이야기를 계속 들으면 좋을 것입니다.

아래 표현을 통해서

$$Q = (A - \lambda_1 \cdot I)$$

지도 만드는 사람들은 아이건밸류의 역할이 **A**의 **다이아고날 엘리먼트**(diagonal element)를 아이건밸류만큼 움직여 **A**를 싱귤라 매트릭스로 만들 수 있다는 걸 알 수 있고,

A의 아이건밸류 중 0이 있다는 사실 자체로 **A**가 싱귤라 매트릭스라는 사실을 알게 되었습니다.

그러면 **A**와 **Q**를 R은 어떻게 표현하는지 보겠습니다.

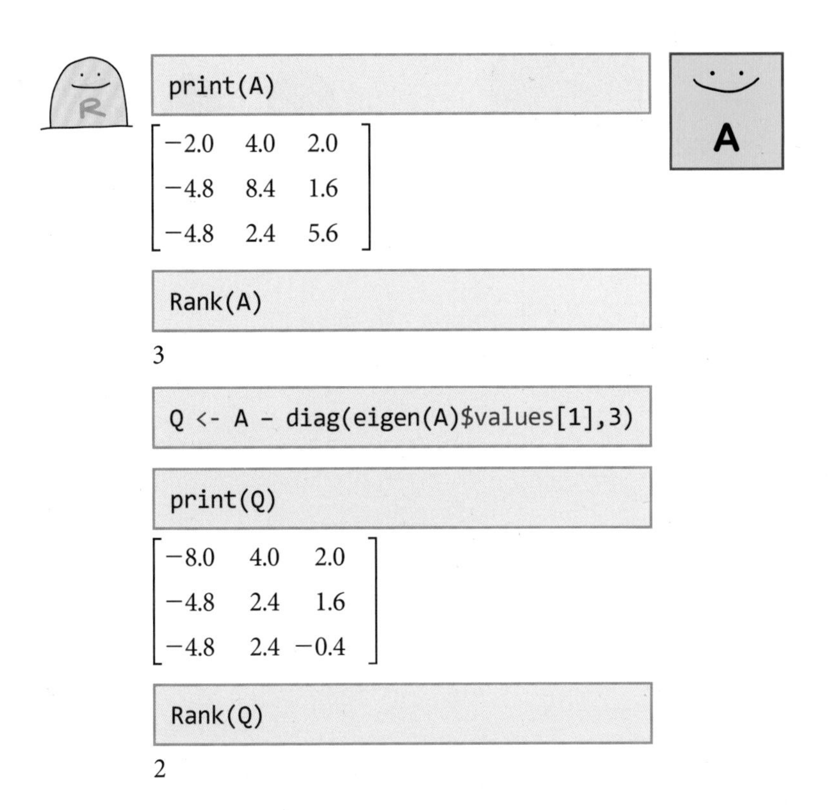

A와 **Q**는 모두 스퀘어 매트릭스이므로 두 매트릭스의 도메인과 코도메인의 디멘션은 같습니다.

A는 랭크가 3이어서 **A**의 널 스페이스 안에 $\vec{0}$ 밖에 없지만

Q는 랭크가 2이므로 **Q**의 널 스페이스 안에는 베이시스 벡터가 하나 더 있다는 사실을 알 수 있습니다.

Q의 널 스페이스를 **A**의 **아이건스페이스**(eigenspace)라고 불렀는데, 그 이유는 아래 표현에 보인 것처럼 거기 사는 A의 아이건벡터 중 하나인 $\vec{e}_1$이 스팬하고 있기 때문입니다.

$$Q\vec{e}_1 = 0$$

A와 **Q**의 도메인과 코도메인을 앞서 봤던 유명한 그림을 활용해 다음처럼 표현할 수 있습니다.

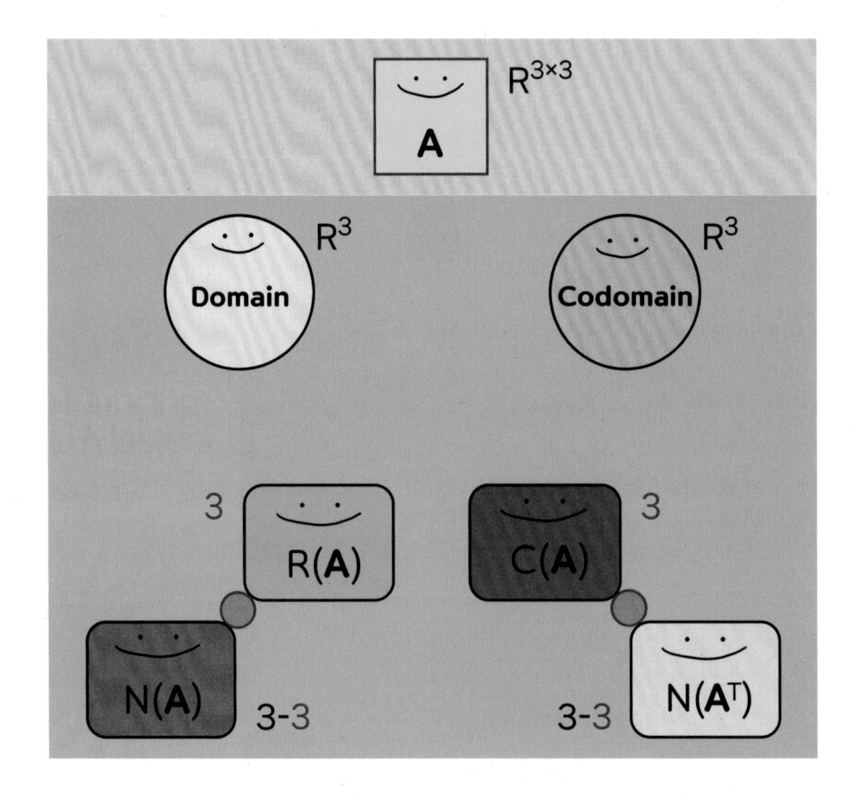

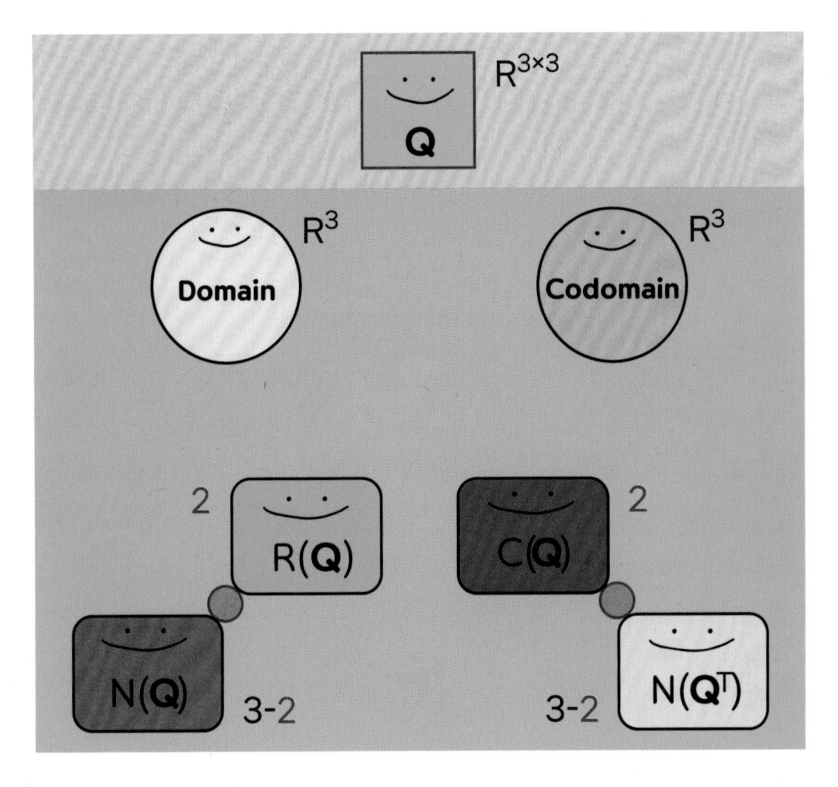

A의 대각선에 있는 숫자가 $\vec{e}_1$과 짝을 이루고 있는 아이겐밸류만큼 바뀌어 **Q**라는 다른 매트릭스가 생기고,

Q는 다른 매트릭스이므로 C(**Q**), R(**Q**), N(**Q**) 그리고 N($\mathbf{Q}^T$)라는 다른 4개의 서브스페이스가 생기지만 매트릭스의 디멘션은 바뀌지 않기에

A나 **Q** 때문에 생긴 도메인과 코도메인의 디멘션은 이전과 같습니다.

아이겐밸류, 아이건벡터, 그리고 **A**의 관계를 지도 그리는 사람들은 다음과 같이 표현하고

$$A\vec{e}_1 = \lambda_1\vec{e}_1$$

매트릭스와 벡터의 세계에선 다음과 같이 표현할 수 있습니다.

$$\left(\mathbf{A} - \begin{bmatrix} \lambda_1 & 0 & 0 \\ 0 & \lambda_1 & 0 \\ 0 & 0 & \lambda_1 \end{bmatrix} \right) \vec{e}_1 = \vec{0}$$

아이건밸류가 하는 역할 중 하나는 **A**의 다이아고날 엘리먼트를 아이건밸류만큼 빼서 **Q**라는 싱귤라 매트릭스를 만드는 것입니다.

그래서 결과물 중 첫 번째로 아이건밸류 중에 0이 있는지 확인했었습니다.

왜냐 하면 아이건밸류가 0이라는 사실은 **A**의 다이아고날 엘리먼트에 어떤 숫자를 빼지 않더라도 **A**가 싱귤라임을 의미하기 때문입니다.

그리고 **A**의 아이건밸류 중에 0이 없다면, **A**는 넌싱귤라임을 의미합니다.

앞의 이야기에 대한 이해를 돕기 위해 연습 문제를 준비하였습니다.

♣♣♣♣♣♣♣♣♣♣♣♣♣

[연습 문제]

첫 번째 문제입니다.

아래 표의 빈칸을 채워 보세요. 앞서 랭크 널리티 정리(rank-nullity theorem)에 대해 이야기할 때 했던 연습 문제와 같은 형식입니다.

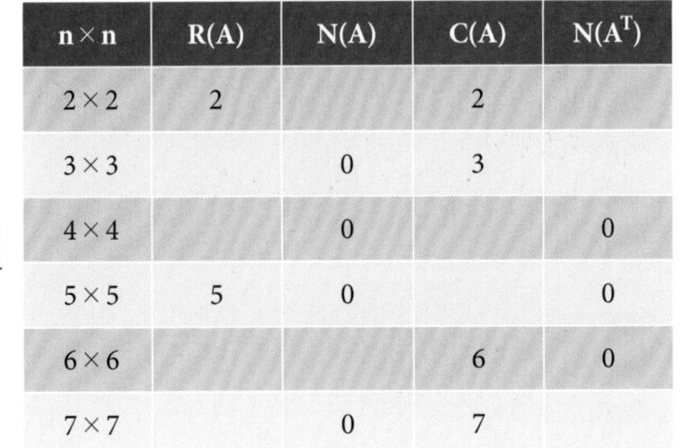

n × n	R(A)	N(A)	C(A)	$N(A^T)$
2 × 2	2		2	
3 × 3		0	3	
4 × 4		0		0
5 × 5	5	0		0
6 × 6			6	0
7 × 7		0	7	

정답은 이 책의 뒷부분에 있습니다.

A는 모두 스퀘어였고, 모두 넌싱귤라였다는 것을 매트릭스의 디멘션과 **A**의 컬럼 랭크를 비교해 확인할 수 있습니다.

그리고 보인 것처럼 **A**가 넌싱귤라일 때는 N(**A**)나 N($\mathbf{A}^T$)에는 오직 $\vec{0}$만 있습니다.

두 번째 문제입니다.

Q를 사용한 문제를 준비하였습니다. 앞에서와 마찬가지로 아래 표의 빈 공간을 채워 보세요.

Q는 **A**의 대각선 숫자를 싱귤라 밸류만큼 움직여, 현재는 싱귤라 매트릭스 상태입니다.

n×n	R(A)	N(A)	C(A)	N(A^T)
2×2			1	1
3×3		1	2	1
4×4		1	3	
5×5		1	4	
6×6		1	5	
7×7	6		6	1

정답은 이 책의 뒷부분에 있습니다.

위의 문제들을 보면 **Q**는 모두 스퀘어이며 모두 싱귤라였다는 것을 매트릭스의 디멘션과 컬럼 랭크를 비교해 확인할 수 있습니다.

A의 아이건 디컴포지션이라는 춤을 통해 만들어진 **L**은 **A**의 또 다른 표현입니다.

A만 봐서는 **A**의 싱귤라 여부를 한눈에 확인하기 힘들지만

L의 다이아고날 엘리먼트에 0이 있는지 없는지를 통해

A가 싱귤러인지 넌싱귤라인지 한눈에 쉽게 확인할 수 있습니다.

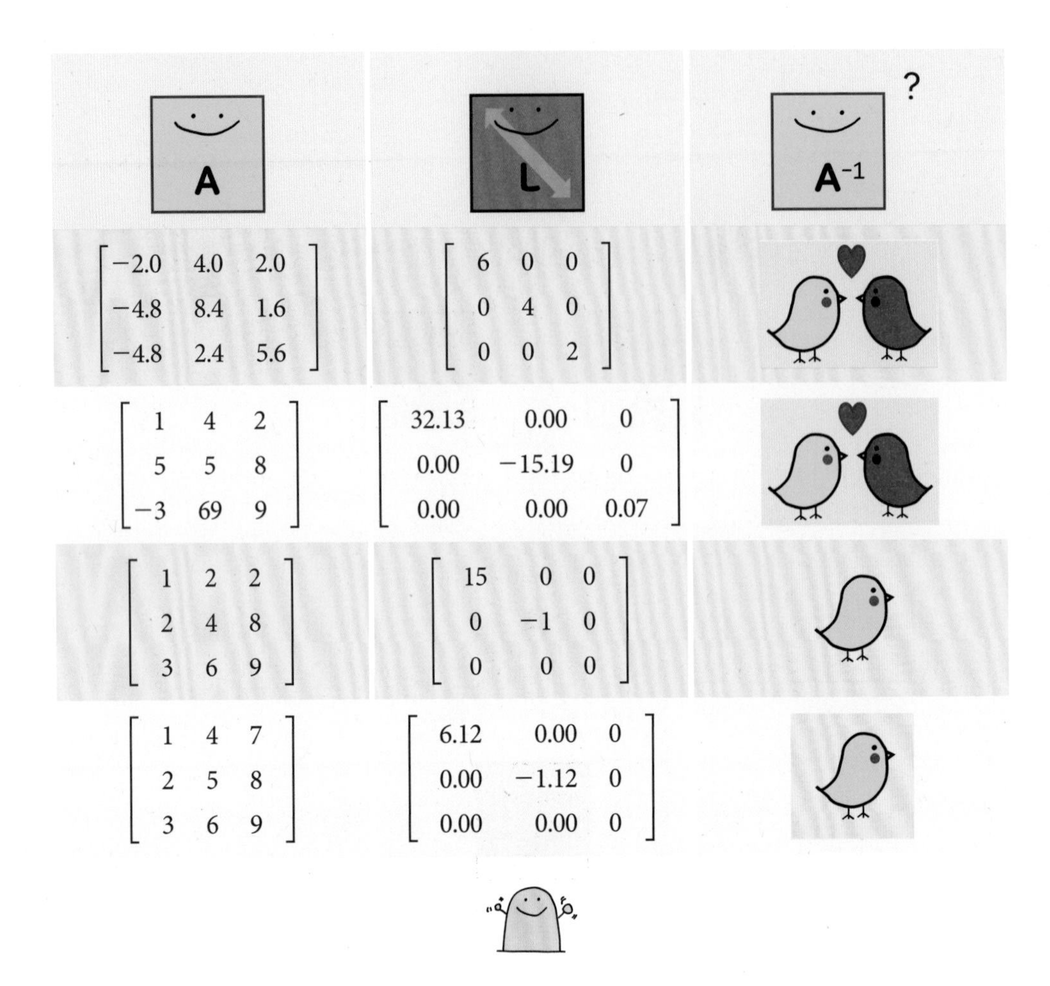

이번 이야기에서 말씀 드린 **A**와 λ_1 그리고 $\vec{e}_1$의 관계는 다른 아이건밸류와 아이건벡터들에게도 똑같이 적용됩니다.

5.3 다이아고날리저블 매트릭스

A가 아이건 디컴포지션에 성공하면, **A**를 그 춤의 결과물인 **E**와 **L**로 다음과 같이 표현할 수 있습니다.

아이건 디컴포지션에 성공한 매트릭스들을 지도 만드는 사람들은 **다이아고날리저블**(diagonalizable) 매트릭스라고 하는데, 그 이유는 등호(=)의 오른쪽 변에 있는 **L**이 다이아고날 매트릭스여서 그 이름을 가지게 되었다는 이야기가 있습니다.

다이아고날리저블 매트릭스는 매우 특별한 역할을 수행할 수 있습니다. 그래서 지도 만드는 사람들은 필요 상황에 따라 **A**가 주어졌을 때, **A**의 다이아고날리저블 여부를 확인할 수 있어야 합니다.

R이 없던 과거에는 지도 만드는 사람들이 **A**가 다이아고날리저블 매트릭스인지 여부를 확인하는 과정이 쉽지 않았는데, R과 함께라면 쉽게 확인해 볼 수 있습니다.

먼저 **A**가 아이건 디컴포지션을 시도해 나온 결과물을 R은 다음과 같이 보여 줍니다.

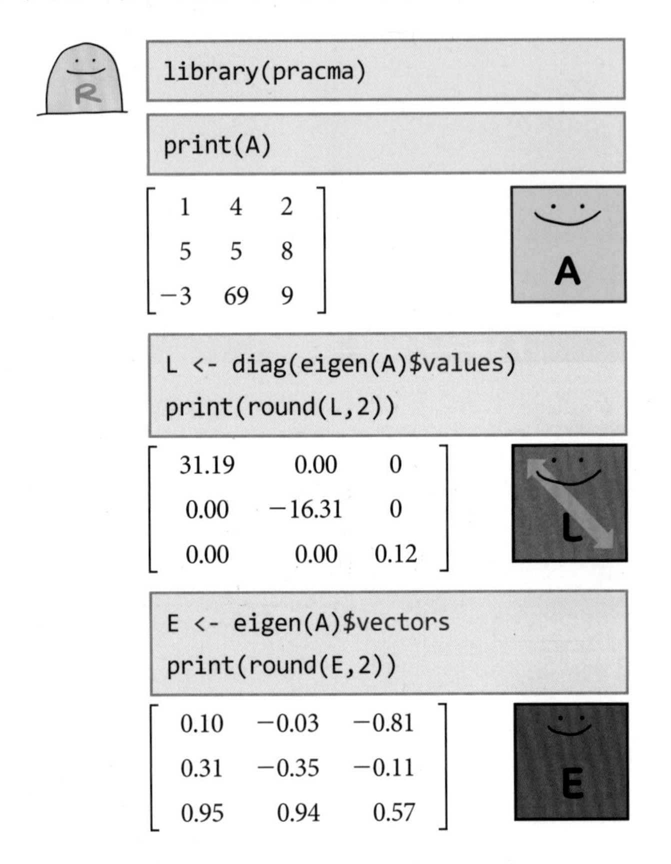

```
library(pracma)
```

```
print(A)
```

$$\begin{bmatrix} 1 & 4 & 2 \\ 5 & 5 & 8 \\ -3 & 69 & 9 \end{bmatrix}$$

```
L <- diag(eigen(A)$values)
print(round(L,2))
```

$$\begin{bmatrix} 31.19 & 0.00 & 0 \\ 0.00 & -16.31 & 0 \\ 0.00 & 0.00 & 0.12 \end{bmatrix}$$

```
E <- eigen(A)$vectors
print(round(E,2))
```

$$\begin{bmatrix} 0.10 & -0.03 & -0.81 \\ 0.31 & -0.35 & -0.11 \\ 0.95 & 0.94 & 0.57 \end{bmatrix}$$

이때 **A**가 아이건 디컴포지션을 시도해 나온 **E**가 넌싱귤라 매트릭스이면 **A**가 다이아고날리저블하다는 것을 의미합니다.

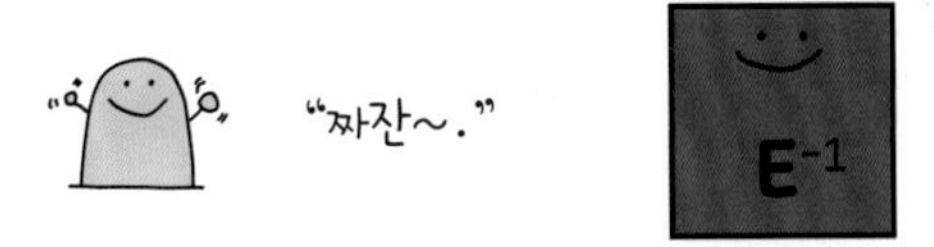

A가 아이건 디컴포지션 춤에 성공하면, **A**를 **E**와 **L**로 다음과 같이 표현할 수 있고

춤에 성공한 **A**를 **다이아고날리저블 매트릭스**라 부릅니다.

E가 싱귤라일 때는 **A**가 다이아고날리저블하지 않습니다.

L과 **E**로 알 수 있는 **A**에 관한 정보에 익숙해질 수 있게 연습 문제를 준비했습니다. 준비한 연습 문제의 형식은 어찌 보면 상형문자와 비슷한 모습이 되어 버렸네요.

[source: https://pixabay.com]

♣♣♣♣♣♣♣♣♣♣♣♣♣

[연습 문제]

빈칸을 채워 보세요.

아래 그림에서 새 한 마리는 싱귤라, 두 마리는 넌싱귤라 매트릭스를 표시합니다. 주어진 **L**과 **E**, **A**의 싱귤라 여부가 아래와 같이 주어졌을 때, 해당 정보를 이용해 **A**의 다이아고날리저블 여부를 어떻게 알 수 있는지 빈칸에 그려 보세요.

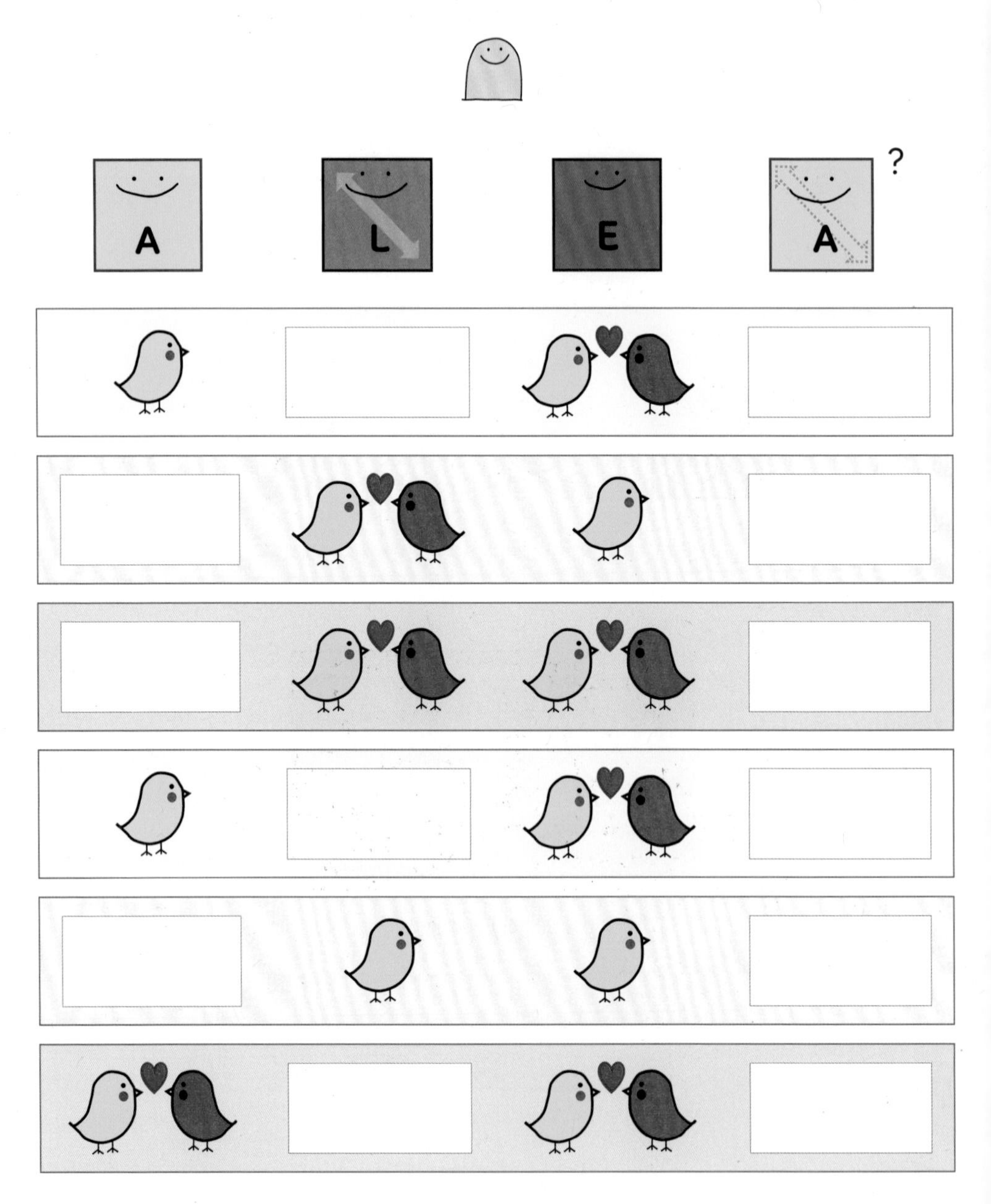

정답은 이 책의 뒷부분에 있습니다.

앞으로의 이야기에서 다이아고날리저블 매트릭스를 표현할 때 점선으로 된 대각선 화살표를 사용하지 않고

다음과 같은 표현을 사용해 우선 **A**가 다이아고날리저블 매트릭스라는 것을 확인한 후에

다음과 같은 형태의 **A**를 사용해 이야기를 이어가겠습니다.

화살표를 감추는 이유는 매트릭스가 벡터와 대화를 시도할 때 자신이 다이아고날리저블하다는 사실을 잘 드러내지 않기 때문입니다.

A는 모든 스퀘어 매트릭스가 다이아고날리저블하지는 않다는 사실을 알기에 벡터들과 대화하면서 필요할 때가 아니면 점선으로 된 화살표를 겸손하게 감추는 것이죠.

"화살표 그리는 게 힘들어 그러는 것이 절대 아니랍니다."

5.4 매트릭스와 벡터의 대화

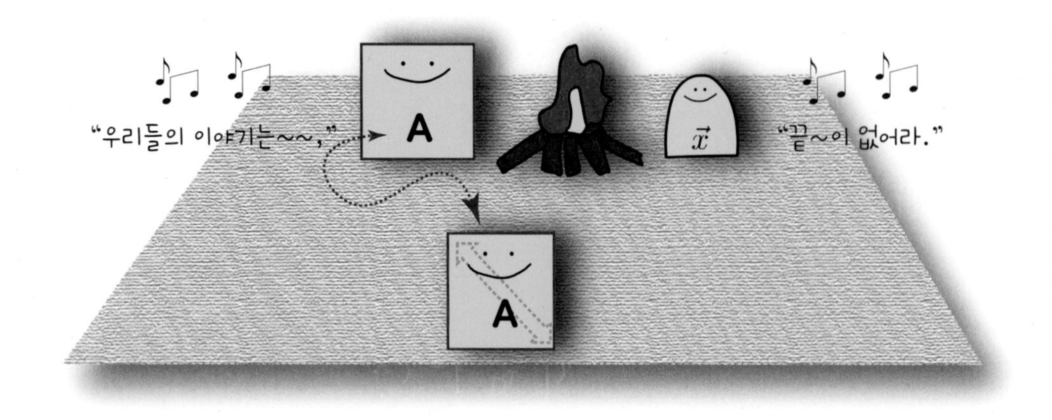

매트릭스와 벡터가 이렇게 나란히 서 있을 때

$\vec{x}$의 역할은 **A**의 컬럼 벡터들의 리니어 컴비네이션으로 어디로 가야 할지 그 길을 알려 주는 것이라고 앞에서 얘기했습니다.

매트릭스와 벡터가 이렇게 곁에 서서 닷 프로덕트하는 장면을

매트릭스와 벡터가 서로 대화하는 것으로도 이해할 수 있습니다.

이런 매트릭스와 벡터의 대화를 우리와 같이 지도 만드는 사람들은 매트릭스와 벡터의 **멀티플리케이션**(multiplication)이라고 합니다.

누군가를 처음 만나는 경우

처음엔 서로 바라보고 있는 곳을 잘 모르다가 오랜 시간 함께 대화하다 보면,

어느 사이엔가 같은 길을 향하고 있다는 걸 알게 될 때가 있습니다.

매트릭스의 세계에서 매트릭스와 벡터가 오랜 시간 함께 대화한다는 말은

매트릭스와 벡터가 멀티플리케이션을 여러 번 수행한다는 걸 뜻합니다.

그리고 그 대화의 끝에 $\vec{x}$가 어디로 향하는지

다이아고날리저블한 **A**는 아이건밸류와 아이건벡터를 이용해 오랜 대화 전에 그 길을 미리 알 수 있습니다.

이번 이야기는 다이아고날리저블한 **A**가 아이건 디컴퍼지션 춤을 추어 만든 결과물인 아이건밸류와 아이건벡터를 이용해

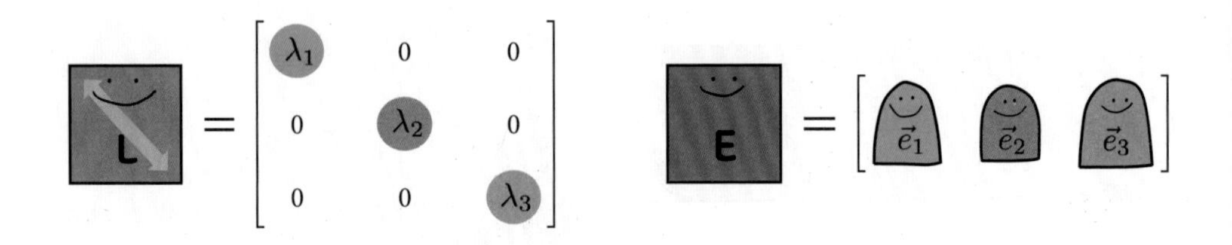

$\vec{x}$가 어디로 향할지 미리 알아 보는 방법에 대한 설명입니다.

이번 이야기를 도와줄 **A**를 소개합니다.

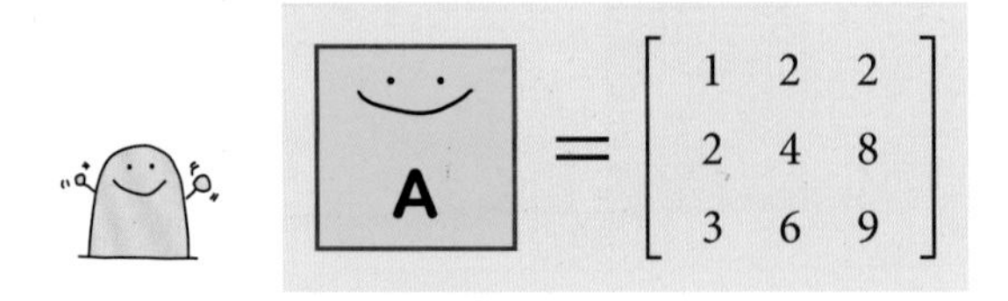

A와 **E**는 디멘션이 같은 스퀘어 매트릭스입니다.

A가 다이아고날리저블하다면 **E**는 넌싱귤라 매트릭스이므로

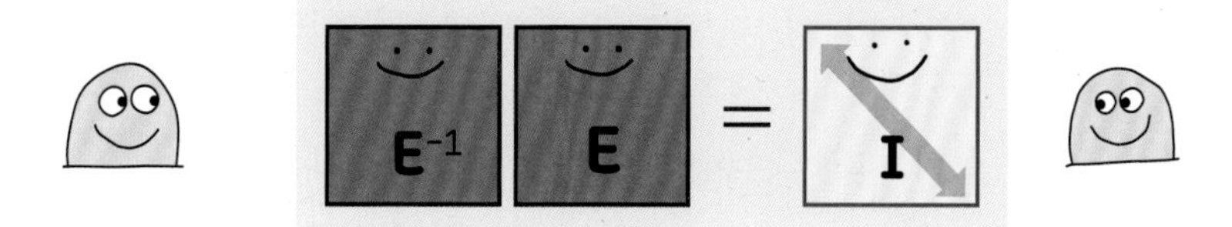

E의 컬럼 벡터들, 즉 **A**의 아이건벡터들로 **A**의 도메인이나 코도메인에 있는 모든 벡터를 스팬할 수 있습니다.

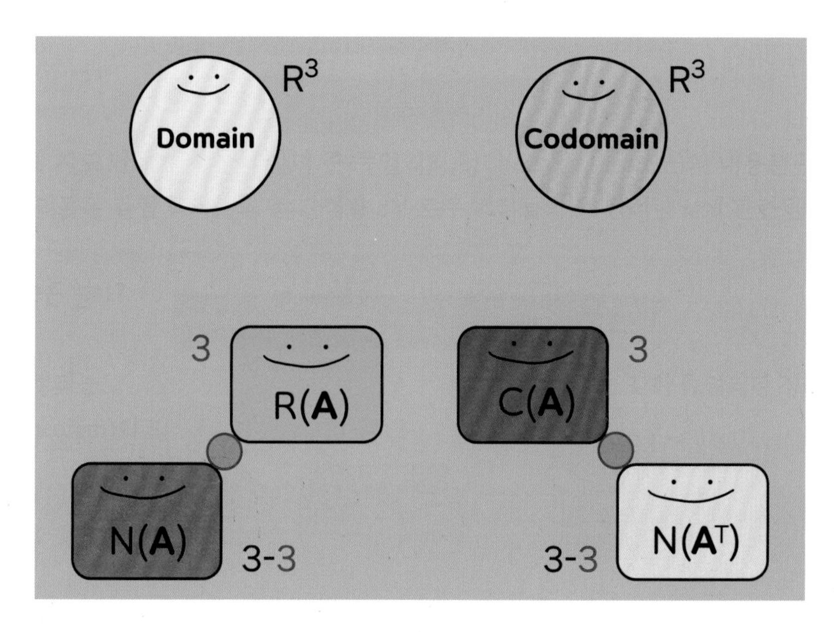

물론 여기 있는 $\vec{x}$까지 포함해서 말이에요.

아래 지도는 $\vec{x}$를 목적지로 하여 $\vec{h}$가 **E**의 컬럼 벡터들로 $\vec{x}$로 가는 길을 알려 주고 있습니다.

E는 **A**의 아이건 디컴퍼지션에 성공한 결과물로서 넌싱귤라이므로 $\vec{h}$는 다음과 같은 과정을 통해 구할 수 있습니다.

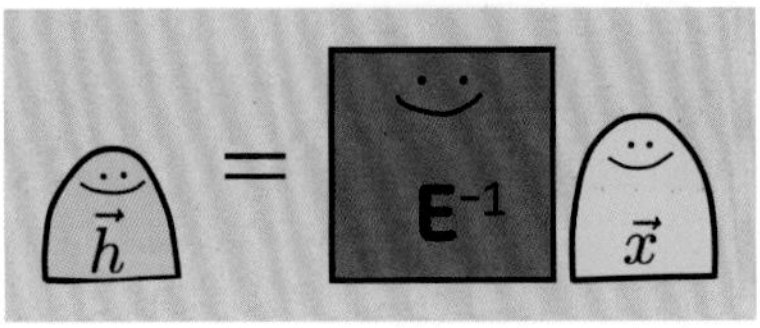

$$\vec{h} = \mathbf{E}^{-1}\vec{x}$$

"짜잔~, 찾았습니다."

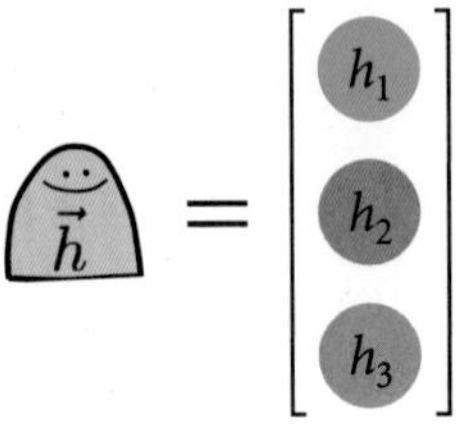

$$\vec{h} = \begin{bmatrix} h_1 \\ h_2 \\ h_3 \end{bmatrix}$$

그리고 기억하겠지만, **E** 안에는 **A**의 아이건벡터들이 다음과 같은 순서로 들어가 있습니다.

$$\mathbf{E} = \begin{bmatrix} \vec{e}_1 & \vec{e}_2 & \vec{e}_3 \end{bmatrix}$$

위의 정보를 활용해 다음과 같이 지도를 풀어 해석할 수 있습니다.

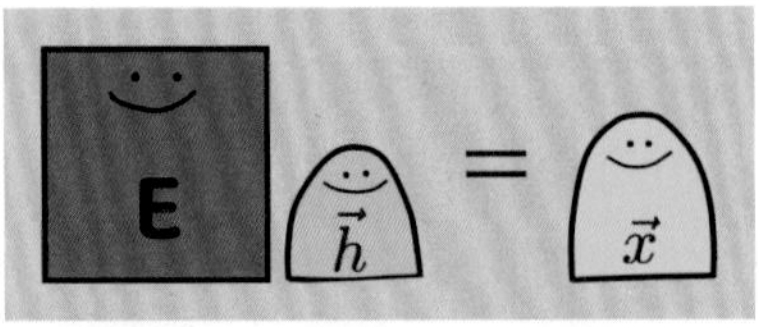

$$\mathbf{E}\vec{h} = \vec{x}$$

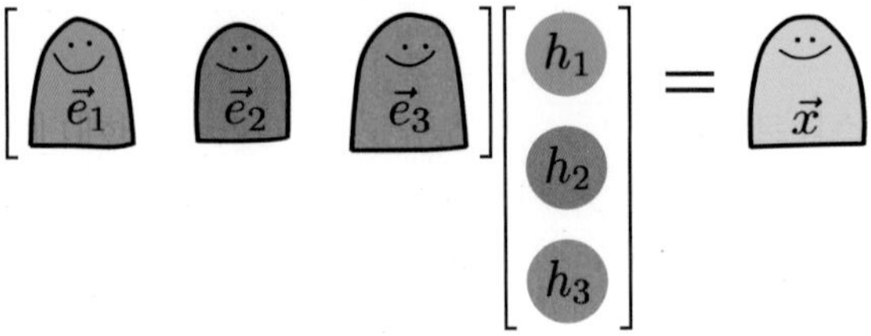

$$\begin{bmatrix} \vec{e}_1 & \vec{e}_2 & \vec{e}_3 \end{bmatrix}\begin{bmatrix} h_1 \\ h_2 \\ h_3 \end{bmatrix} = \vec{x}$$

마찬가지로 위의 지도를 사용해 $\vec{x}$를 아래와 같이 표현할 수 있습니다.

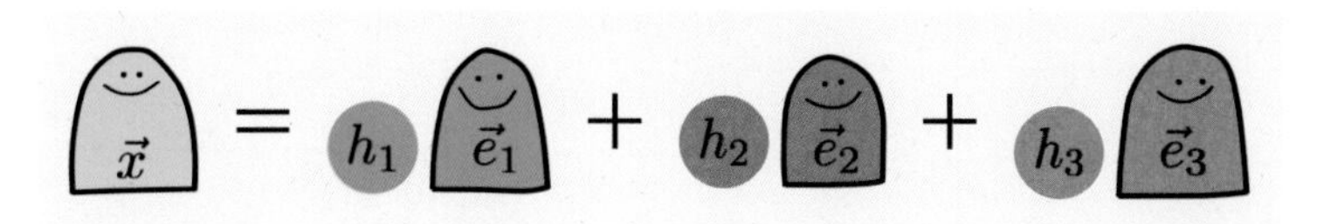

이 과정에 익숙해지도록 **A**와 **E**를 사용해 새로운 $\vec{x}$들을 위 지도처럼 표현하는 연습 문제를 준비하였습니다.

♣♣♣♣♣♣♣♣♣♣♣♣♣

[연습 문제]

첫 번째 연습 문제입니다.

```
library(pracma)
```

```
print(A)
```

$$\begin{bmatrix} 1 & 2 & 2 \\ 2 & 4 & 8 \\ 3 & 6 & 9 \end{bmatrix}$$

```
E <- eigen(A)$vectors
print(round(E,2))
```

$$\begin{bmatrix} -0.20 & 0.58 & -0.89 \\ -0.61 & -0.76 & 0.45 \\ -0.76 & 0.29 & 0.00 \end{bmatrix}$$

```
print(x)
```

$$\begin{bmatrix} 2 \\ 4 \\ 8 \end{bmatrix}$$

```
h <- inv(E) %*%x
```

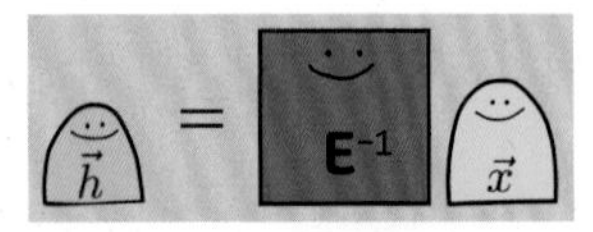


```
h[1]*E[,1] + h[2]*E[,2] + h[3]*E[,3]
```

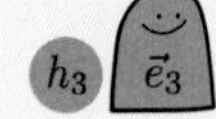

$$\begin{bmatrix} 2 \\ 4 \\ 8 \end{bmatrix}$$

♣♣♣♣♣♣♣♣♣♣♣♣♣♣♣♣♣♣♣♣♣♣♣♣♣♣

$\vec{x}$를 **A**의 아이건벡터의 리니어 컴비네이션으로 표현한 후에는 **A**와 $\vec{x}$가 오랜 대화를 통해 $\vec{x}$가 어디로 향하는지 다음 과정을 통해 확인할 수 있습니다.

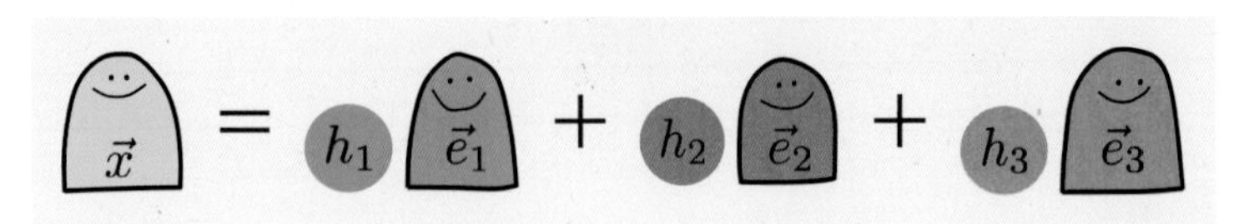

'숨은 그림 찾기'처럼 아래 과정에서 위 그림의 등호(=) 좌변의 $\vec{x}$를 등호(=) 우변의 표현으로 교체하겠습니다.

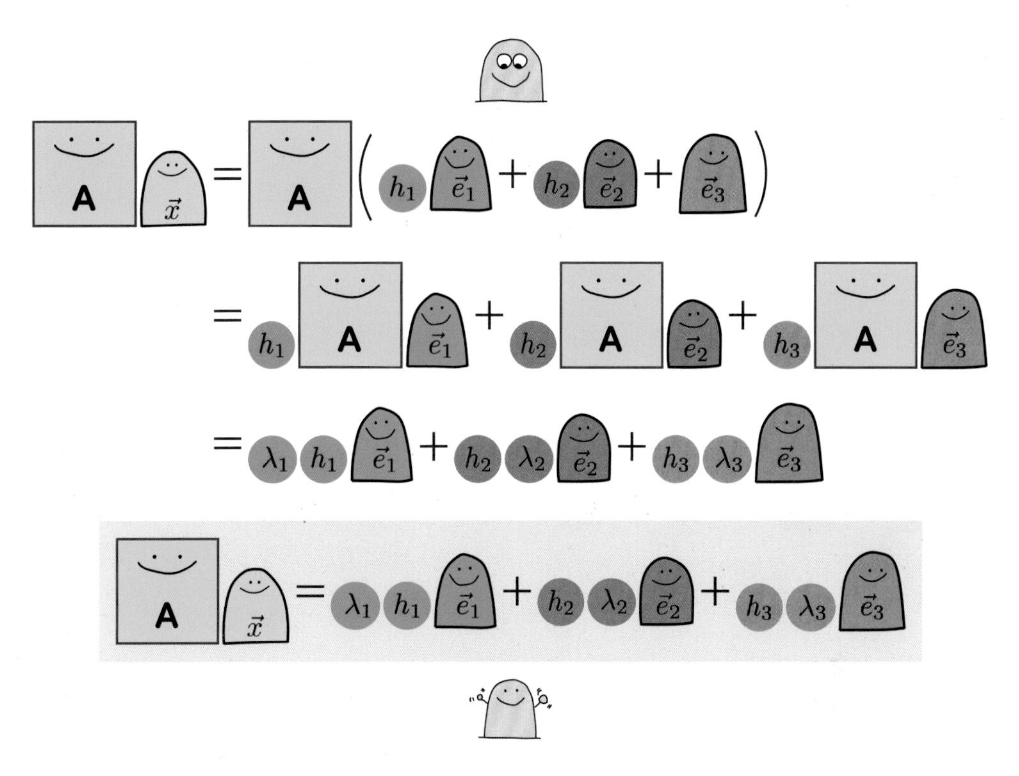

A와 $\vec{x}$가 나누는 한 번의 대화는 다음과 같이 표현할 수 있고

A와 $\vec{x}$가 세 번의 대화를 나누는 모습을 표현하면 다음과 같습니다.

세 번의 대화를 간략히 표현하면 다음과 같습니다.

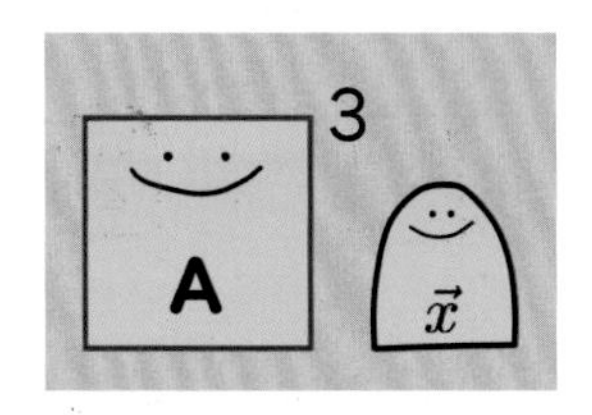

위와 같이 세 번의 대화를 나누면 $\vec{x}$에게 아래 그림과 같은 영향을 줍니다.

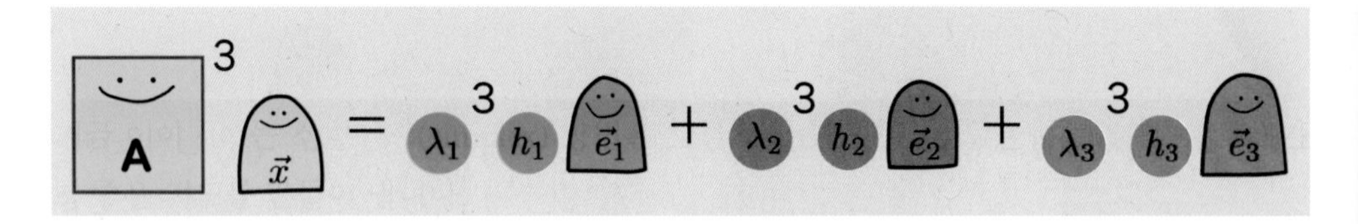

위의 표현을 지도 만드는 사람들은 다음과 같이 표현합니다.

$$A^3\vec{x} = \lambda_1^3 h_1 \vec{e}_1 + \lambda_2^3 h_2 \vec{e}_2 + \lambda_3^3 h_3 \vec{e}_3$$

마지막에 보인 두 가지 표현을 자세히 살펴보면, **A**와 $\vec{x}$가 오랜 대화를 나누는 동안

h_1, h_2, h_3의 값에 상관없이 이야기를 거듭할수록 λ_1, λ_2 혹은 λ_3에 의해 $\vec{x}$는 $\vec{e}_1, \vec{e}_2$ 혹은 $\vec{e}_3$ 방향으로 간다는 것을 보이고 있습니다.

이 관계에 대해 익숙해질 수 있도록 연습 문제를 준비하였습니다.

♣♣♣♣♣♣♣♣♣♣♣♣♣

[연습 문제]

두 번째 연습 문제입니다.

이 문제를 위해서 제가 지정하는 아이건밸류와 아이건벡터를 가지고 **A**를 만들었습니다.

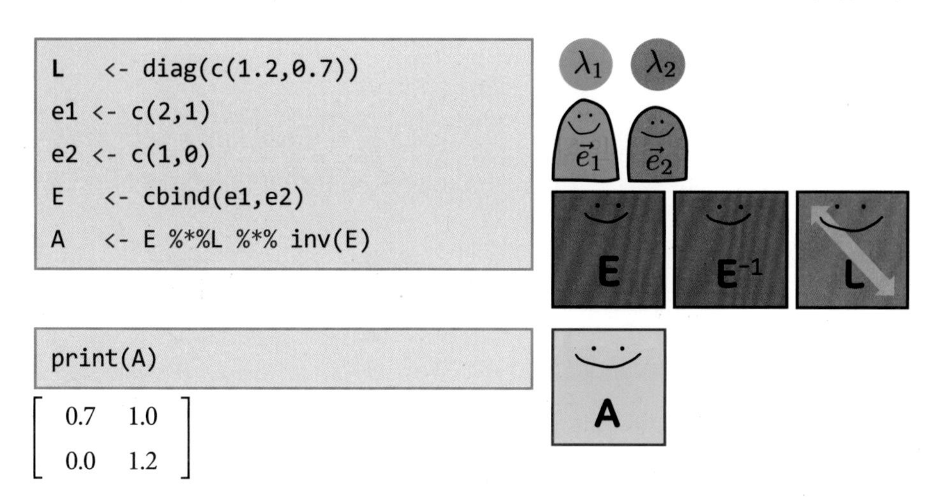

```
L   <- diag(c(1.2,0.7))
e1 <- c(2,1)
e2 <- c(1,0)
E   <- cbind(e1,e2)
A   <- E %*%L %*% inv(E)
```

```
print(A)
```

$$\begin{bmatrix} 0.7 & 1.0 \\ 0.0 & 1.2 \end{bmatrix}$$

A는 $\vec{x}$를 한 번 만날 때마다 다음과 같이 말합니다.

"지금 있는 곳에서 $\vec{e}_1$이 움직일 수 있는 방향을 따라 $\vec{e}_1$의 걸음 크기로 λ_1 걸음만큼, 그리고 $\vec{e}_2$가 움직일 수 있는 방향을 따라 $\vec{e}_2$의 걸음 크기로 λ_2 걸음만큼 걸어 가세요."

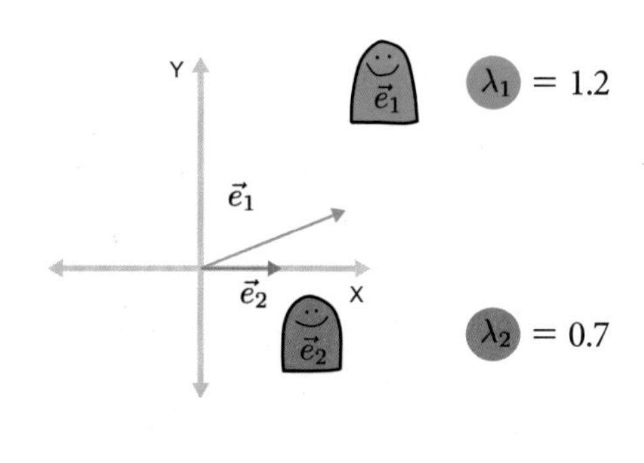

지도에 **A**의 $\vec{e}_1$과 $\vec{e}_2$를 화살표로 그리고 그들의 아이겐밸류들을 표시했습니다.

한 번 만나 대화를 나눌 때마다 걸어야 하는 발걸음의 수를 **아이겐밸류**로 나타낸다 했으므로 **A**와 대화하는 벡터는 매번 대화 때마다 $\vec{e}_1$의 방향과 걸음 크기로 1.2걸음, $\vec{e}_2$의 방향과 걸음 크기로 0.7 걸음 이동할 것입니다.

$\vec{e}_1$과 $\vec{e}_2$의 서브스페이스를 아래 지도에 점선으로 표현했습니다.

아래 지도의 벡터들이 **A**와 **한 번 대화를 나눌 때**, 현재 서 있는 위치에서 이동할 방향을 생각해 보세요.

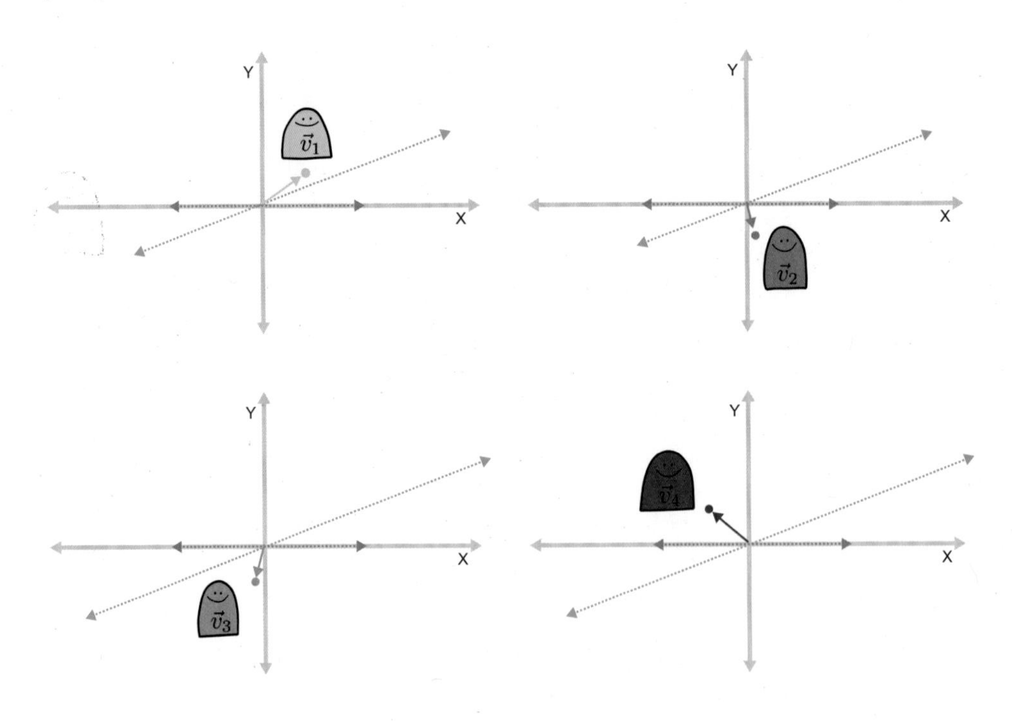

처음 위치에서 몇 번의 대화를 나눈 후의 모습입니다. 모두 다 가장 큰 아이건밸류를 가진 $\vec{e}_1$의 서브스페이스 쪽으로 걸어갔습니다.

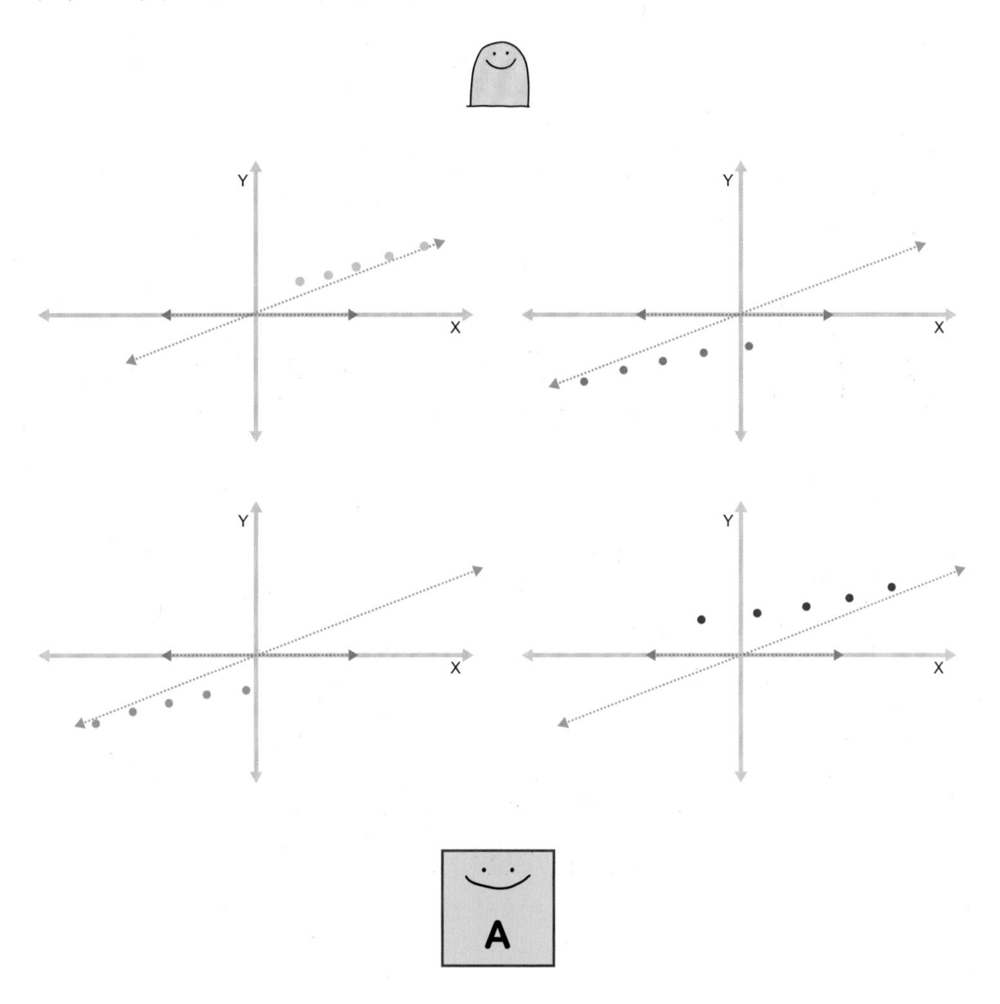

A의 아이건벡터는 **A**가 중요하게 생각하는 방향, 아이건밸류는 해당 아이건밸류에 연관된 아이건벡터를 얼마나 중요하게 생각하는지를 나타내는 중요도라고 이해할 수 있습니다.

지도 만드는 법을 배우다 문득

$\vec{x}$는 현재 나의 위치, **A**의 아이건벡터는 내가 가고자 하는 길, 그리고 아이건밸류는 그 길을 염원하는 나의 열정이나 마찬가지라는 생각에 이르렀습니다.

A가 $\vec{x}$와 한 번의 대화를 나누는 과정은 제가 쏟는 1년의 노력과 같고,

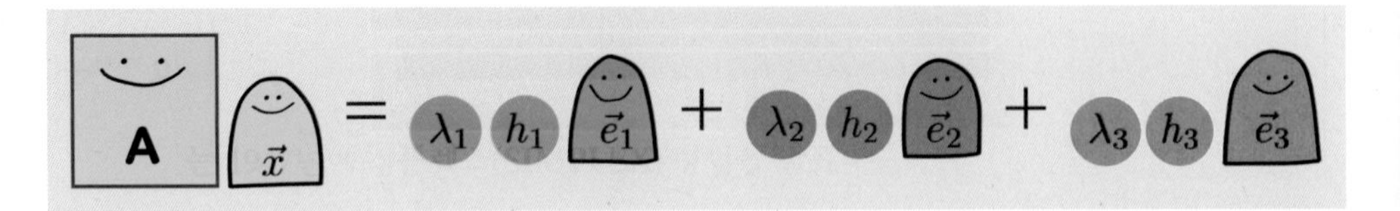

A가 대화 나눌 벡터를 디컴포즈(decompose)하는 과정은 지금 현재의 제 모습이 제가 생각하는 중요한 길들에 얼마 만큼 가깝게 왔는지를 알아 보는 것 같다고 생각했습니다.

걸음을 옮길 때마다 늘 어느 방향으로 가야 할지 선택해야 하는 모습도 우리네 삶과 닮아 있고요.

우리네 삶의 방향을 선택하는 일이 벡터들이 **A**의 가장 큰 아이건밸류에 관련된 아이건벡터의 방향 선택처럼 간단치는 않겠지만,

늘 무언가를 시도함으로써 그일을 시도하기 전에는 알 수 없었던 것들을 조금씩 알아 나가면서 성장하는 게 아닐까라고 생각했습니다.

그리고 아이건밸류와 아이건벡터의 관계를 배우는 동안, 공자께서 하신 멈추지만 않는다면, 아무리 천천히 가도 상관없다는 말씀이 생각났습니다.

"멈추지만 않는다면,
천천히 가는 것은
문제되지 않는다
不怕晚只怕站
불파만지파참."

공자의 초상 〈Wu Daozi, 685-758, 당나라 시대, wikipedia〉

그러니 이 책에 담은 제 얘기를 천천히 읽어도, 여유롭게 차를 마시면서 처음부터 반복해 천천히 여러번 읽어도 전혀 상관없습니다.

이야기를 끝까지 계속 읽고자 하는 의지만 있으면 됩니다.

뒤에 재미 있는 농담을 더 많이 풀어 놓겠습니다.

"농담을 더 하겠다니,
잡아 가야겠군."

"음, 어쩌면 비슷한 스타일
비슷한 포즈로 이리도 재미 없는
농담을 할 수 있지?
외계인인가, 아니면 공대생?"

"아몬드가 죽으면, 다이아몬드라고 합니다. 와하하하하하하하"

〈시〉

아이건 디컴퍼지션

지은이 

스퀘어 매트릭스 **A**와 $\vec{x}$의 대화는

부모의 사랑이라는 매트릭스와 자식이라는 벡터와의 대화

아이들이 올바른 아이건벡터 방향으로

아이건밸류만큼씩 성장하기를 바라는 모습과 같아라

스퀘어 매트릭스 **A**와 $\vec{x}$의 대화는

목표라는 나의 아이건벡터를 향해

노력이라는 매트릭스를 통해 아이건밸류만큼씩 성장해 나가는 모습

나의 꿈이라는 벡터와 나의 노력인 매트릭스의 아이건벡터가

같은 방향을 보게 되었을 때 비로소

리소네이트(resonate)를 꿈꾸어 본다

"다시는 시를 쓰지 않겠습니다. 다시는 시를 쓰지 않겠습니다. 다시는 시를 쓰지 않겠습니다. 다시는 시를 쓰지 않겠습니다. 다시는 시를 쓰지 않겠습니다. 다시는 시를 쓰지 않겠습니다. 다시는 시를 쓰지 않겠습니다. 다시는 시를 쓰지 않겠습니다. 다시는 시를 쓰지 않겠습니다. 다시는 시를 쓰지 않겠습니다. 다시는 시를 쓰지 않겠습니다. 다시는…"

5.5 오쏘고널리 다이아고널리저블 매트릭스

이번에는 특별한 지도를 전문적으로 만드는 사람들이 많이 쓰는 **시메트릭(symmetric) 매트릭스**에 대해 간략히 이야기하겠습니다.

스퀘어 매트릭스 중 다음과 같은 관계를 갖는 매트릭스를 **시메트릭 매트릭스**라고 합니다.

$$A = A^T$$

시메트릭 매트릭스는 실제로는 다음과 같이 생겼습니다.

시메트릭 매트릭스는 아이건 디컴포지션 춤을 추려는 스퀘어 매트릭스들 사이에서는 마치 왕 같은 존재의 매트릭스입니다.

보통은 **A**가 아이건 디컴포지션을 시도해 나온 결과물들과 다음과 같은 관계를 가지면, **A**가 다이고널리저블 매트릭스라는 사실을 알 수 있지만,

일반적으로는 **A**만 봐서는 **A**가 다이고널리저블(diagonalizable) 매트릭스임을 알 수 없었습니다.

하지만 **A**가 시메트릭이면

해당 **A**는 항상 다이고널리저블합니다. 그냥 다이고널리저블한 정도가 아니라 오쏘고널리 다이고널리저블(orthogonally diagonalizable)합니다.

이전에 그램 매트릭스에 대해 이야기하면서, 그램 매트릭스는 항상 시메트릭하지만 그램 매트릭스를 만드는 원래 매트릭스의 컬럼 벡터들이 디펜던트하다면,

해당 그램 매트릭스는 싱귤라 매트릭스가 되고

그램 매트릭스를 만드는 원래 매트릭스의 컬럼 벡터들이 인디펜던트하다면

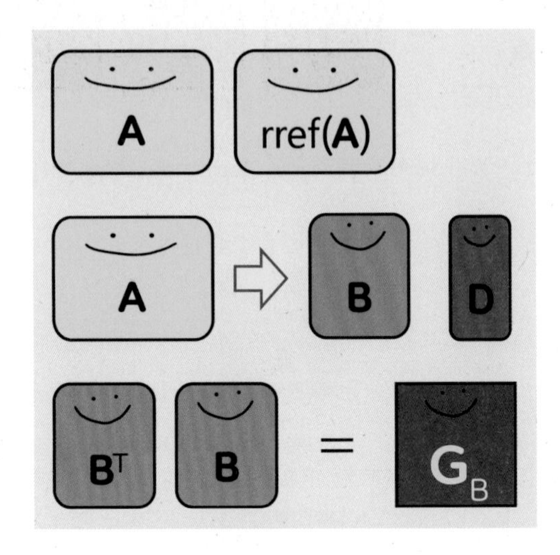

해당 그램 매트릭스는 넌싱귤라 매트릭스라고 얘기한 바 있습니다.

그리고 앞에서 얘기했듯이 매트릭스가 싱귤라인지 아닌지 여부가

매트릭스가 다이고널리저블한지 그렇지 않은지에 대한 정보를 주지는 않습니다.

하지만 **A**가 시메트릭 매트릭스이면, **A**가 싱귤라인지 아닌지에 상관없이

A는 항상 오쏘고널리 다이고널리저블(orthogonally diagonalizable)해서 항상 아이건 디컴포지션 춤에 성공하고,

뿐만 아니라 **E**가 오쏘고널 매트릭스여서 인벌스 춤을 출 필요도 없습니다.

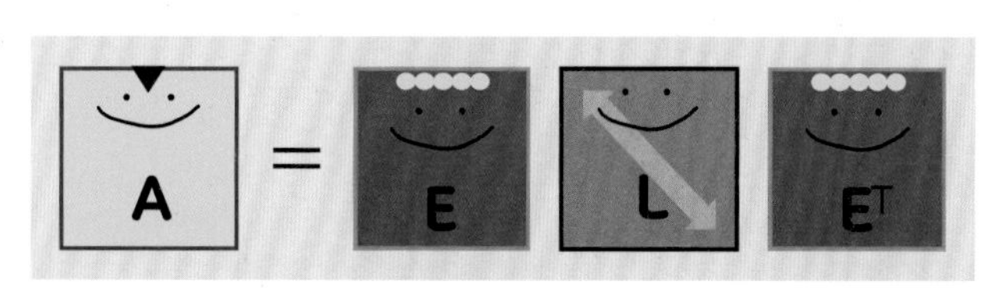

R의 도움을 받아 시메트릭 매트릭 **A**가 어떻게 오쏘고널리 다이고널리저블 여부를 확인하는지 그 과정에 익숙하기 위한 연습 문제를 준비하였습니다.

♣♣♣♣♣♣♣♣♣♣♣♣♣

[연습 문제]

첫 번째 문제입니다.

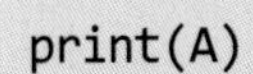

```
print(A)
```

$$\begin{bmatrix} 1 & 2 & 2 \\ 2 & 4 & 8 \\ 3 & 6 & 9 \end{bmatrix}$$

```
Rank(A)
```

2

```
GA <- t(A)%*%A
print(GA)
```

$$\begin{bmatrix} 14 & 28 & 45 \\ 28 & 56 & 90 \\ 45 & 90 & 149 \end{bmatrix}$$

```
L <- round(diag(eigen(GA)$values, 3), 1)
print(L)
```

$$\begin{bmatrix} 217.6 & 0.0 & 0 \\ 0.0 & 1.4 & 0 \\ 0.0 & 0.0 & 0 \end{bmatrix}$$

```
E <- round(eigen(GA)$vectors, 3)
E
```

$$\begin{bmatrix} -0.252 & -0.370 & 0.894 \\ -0.504 & -0.739 & -0.447 \\ -0.826 & 0.563 & 0.000 \end{bmatrix}$$

```
t(E)
```

$$\begin{bmatrix} -0.252 & -0.504 & -0.826 \\ -0.370 & -0.739 & 0.563 \\ 0.894 & -0.447 & 0.000 \end{bmatrix}$$

```
round(inv(E), 3)
```

$$\begin{bmatrix} -0.252 & -0.504 & -0.827 \\ -0.369 & -0.739 & 0.564 \\ 0.895 & -0.448 & 0.000 \end{bmatrix}$$

두 번째 문제입니다.

```
print(A)
```

$$\begin{bmatrix} 1 & 2 & -1 \\ 2 & 2 & 3 \\ 0 & 3 & 2 \end{bmatrix}$$

```
Rank(A)
```

3

```
GA <- t(A)%*%A
print(GA)
```

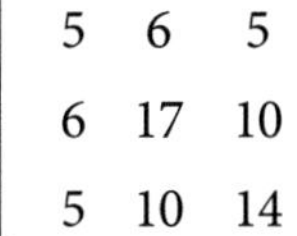

$$\begin{bmatrix} 5 & 6 & 5 \\ 6 & 17 & 10 \\ 5 & 10 & 14 \end{bmatrix}$$

```
L <- round(diag(eigen(GA)$values, 2), 1)
print(L)
```

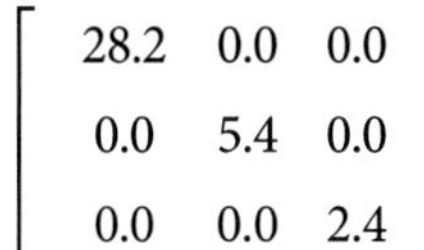

$$\begin{bmatrix} 28.2 & 0.0 & 0.0 \\ 0.0 & 5.4 & 0.0 \\ 0.0 & 0.0 & 2.4 \end{bmatrix}$$

```
E <- round(eigen(GA)$vectors, 3)
E
```

$$\begin{bmatrix} -0.319 & -0.037 & 0.947 \\ -0.719 & -0.641 & -0.267 \\ -0.617 & 0.766 & -0.178 \end{bmatrix}$$

```
round(t(E), 2)
```

$$\begin{bmatrix} -0.32 & -0.72 & -0.62 \\ -0.04 & -0.64 & 0.77 \\ 0.95 & -0.27 & -0.18 \end{bmatrix}$$

```
round(inv(E), 2)
```

$$\begin{bmatrix} -0.32 & -0.72 & -0.62 \\ -0.04 & -0.64 & 0.77 \\ 0.95 & -0.27 & -0.18 \end{bmatrix}$$

♣♣♣♣♣♣♣♣♣♣♣♣♣♣♣♣♣♣♣♣♣♣♣♣♣♣

5.6 마코프 매트릭스

A가 스퀘어이면서 그 안의 컬럼 벡터 값을 다 더하거나 로우 벡터 값을 다 더한 결과 값이 1이 되면서 매트릭스 안에 음수가 없는 특별한 매트릭스가 있습니다.

$$\mathbf{A} = \begin{bmatrix} 0.7 & 0.25 \\ 0.3 & 0.75 \end{bmatrix}$$

이러한 특별한 매트릭스의 이름을 **마코프 매트릭스**(Markov matrix)라고 합니다.

이번 이야기는 마코프 매트릭스에 대한 이야기입니다.

마코프 매트릭스를 지도 만드는 사람들은 일반적으로 **M**이라는 글짜를 써서 표시하는데, 벡터들의 언어로 항상 1을 추구하는 로우나 컬럼 벡터를 가진 음수를 모르는 매트릭스라는 뜻입니다.

하하하, 정말 입니다.

마코프 매트릭스는 그 안에 숫자 1이 있는지 없는지 여부에 따라 **M**으로 지도 만드는 방법이 다릅니다.

$$A = \begin{bmatrix} 0.7 & 0.25 \\ 0.3 & 0.75 \end{bmatrix} = M$$

이번 이야기에서는 이 두 가지 경우 중 1이 없는 경우, **M**을 사용해 $\vec{x}$가 **M**과 매트릭스 벡터 멀티플리케이션 춤을 춰 어디로 가는지 알아 보겠습니다.

예컨대 어느 학교에서 점심 시간이 시작되면 기린 반, 코끼리 반 두 개 교실에 있는 아이들이 친한 친구와 함께 식사하러 매 1분마다 각자의 반을 떠나 이동한다고 가정해 보겠습니다.

코끼리 반에는 100명, 기린 반에는 50명의 아이들이 있었습니다.

$$\vec{x}_0 = \vec{x}_0 = \begin{bmatrix} \text{코끼리} \\ \text{기린} \end{bmatrix} = \begin{bmatrix} 100 \\ 50 \end{bmatrix}$$

그리고 누군가가 평소 점심 시간에 학생들의 이동을 관찰하여 다음과 같은 정보를 알려 주었답니다.

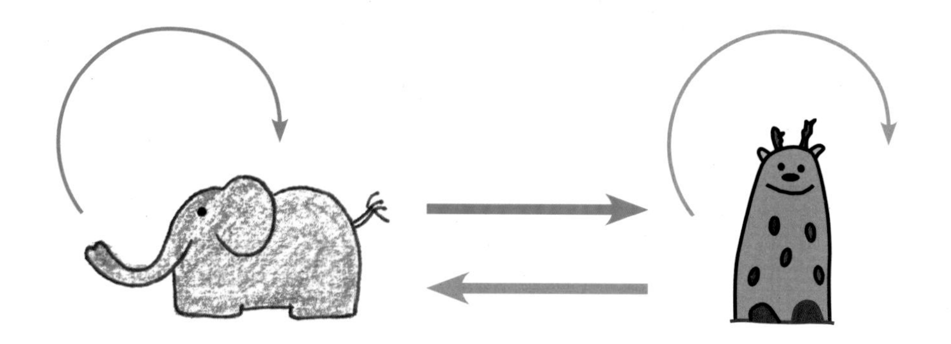

❖매 1분마다 코끼리 반의 70%는 코끼리 반에 남아 있고, 30%는 기린 반으로 이동합니다.
❖매 1분마다 기린 반의 75%는 기린 반에 남아 있고, 25%는 코끼리 반으로 이동합니다.

매일 점심 시간에 같은 현상이 반복되면, 매 분 각 반에 있는 학생들 숫자를 다음 마코프 매트릭스를 사용해 예측할 수 있습니다.

$$M = \begin{bmatrix} 0.7 & 0.25 \\ 0.3 & 0.75 \end{bmatrix}$$

점심 시간이 되어 코끼리 반과 기린 반에 있는 학생 수를 매 분 기록한 숫자를 벡터로 $\vec{x}_1, \vec{x}_2, \cdots, \vec{x}_t$로 나타내고, $\vec{x}_0$에서 그 숫자가 어떻게 바뀌는지 그림으로 보이겠습니다.

아래에 $\vec{x}_0$와 **M**의 아이건벡터들의 서브스페이스와 아이건밸류를 그림으로 보였습니다.

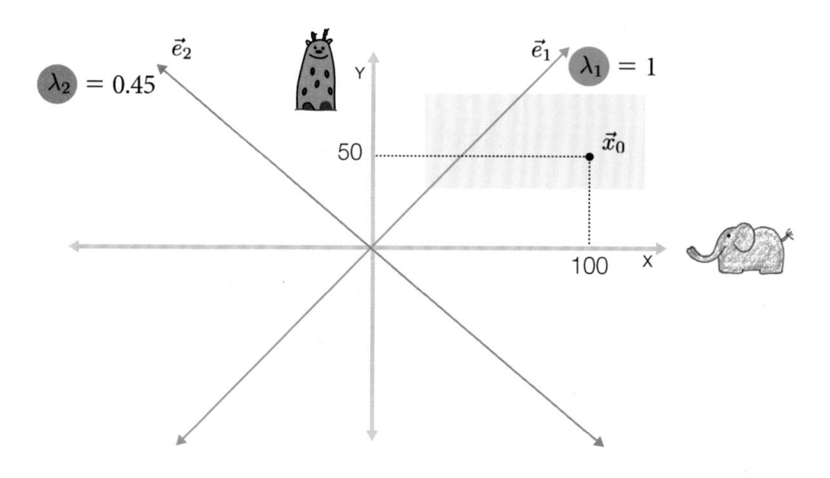

위 지도의 회색 상자 부분을 확대해 $\vec{x}_0$가 **M**과 대화하면서 어떻게 변하는지 아래에 다시 표현했습니다.

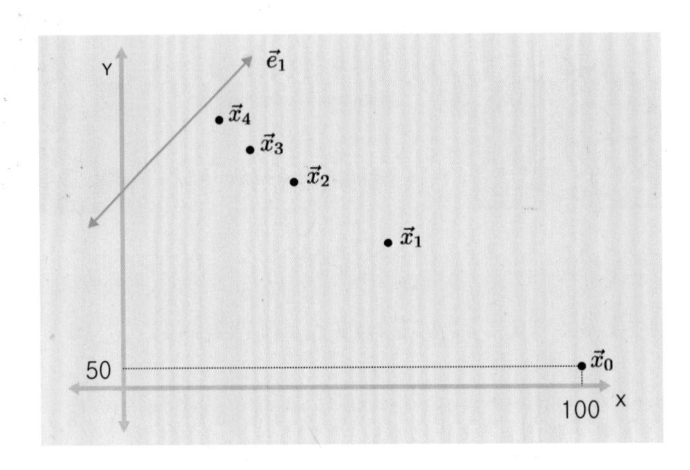

각 교실의 학생 수가 시간이 지나면서 어떻게 바뀌는지 다음과 같이 **M**의 도움으로 알 수 있습니다.

$$\mathbf{M}\ \vec{x}_0 = \vec{x}_1$$

이것을 지도 만드는 사람들은 다음과 같이 표현하고

$$M\vec{x}_0 = \begin{bmatrix} 0.7 & 0.25 \\ 0.3 & 0.75 \end{bmatrix} \begin{bmatrix} X_1 \\ X_2 \end{bmatrix} = \vec{x}_1$$

R은 다음과 같이 표현합니다.

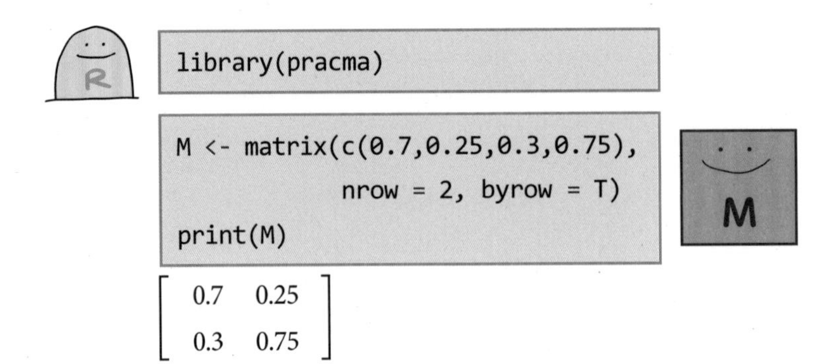

```
library(pracma)
```

```
M <- matrix(c(0.7,0.25,0.3,0.75),
            nrow = 2, byrow = T)
print(M)
```

$$\begin{bmatrix} 0.7 & 0.25 \\ 0.3 & 0.75 \end{bmatrix}$$

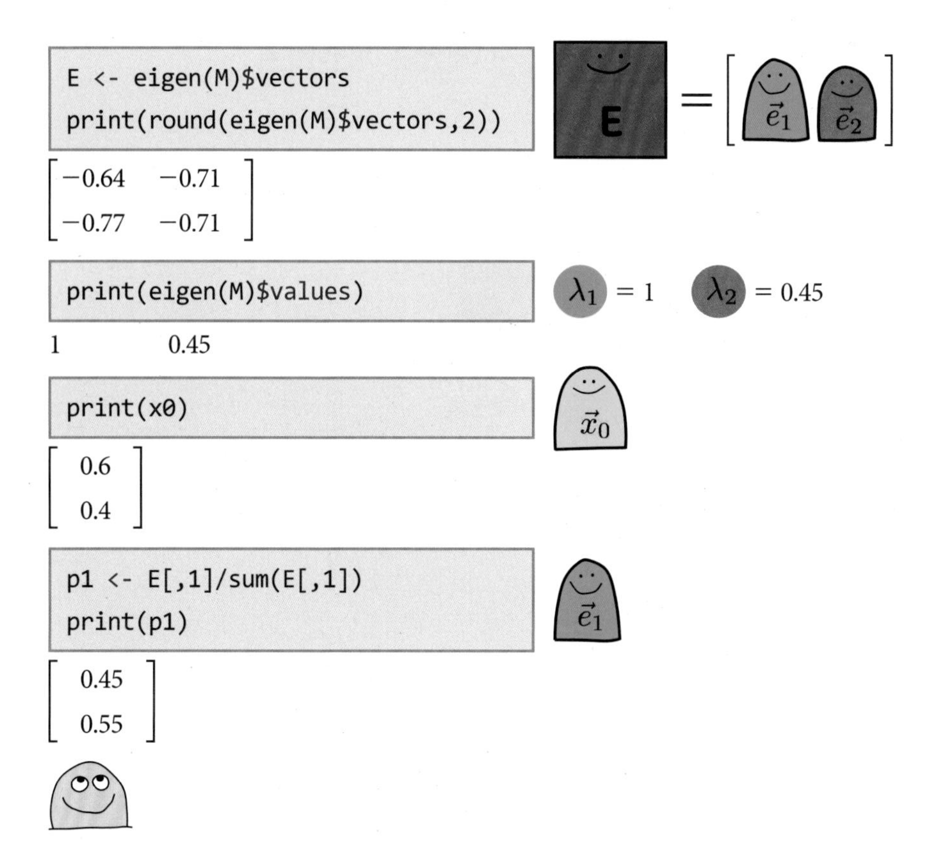

```
E <- eigen(M)$vectors
print(round(eigen(M)$vectors,2))
```

$$\begin{bmatrix} -0.64 & -0.71 \\ -0.77 & -0.71 \end{bmatrix}$$


```
print(eigen(M)$values)
```

1 0.45


```
print(x0)
```

$$\begin{bmatrix} 0.6 \\ 0.4 \end{bmatrix}$$


```
p1 <- E[,1]/sum(E[,1])
print(p1)
```

$$\begin{bmatrix} 0.45 \\ 0.55 \end{bmatrix}$$

마지막에 보인 $\vec{p}_1$은 **스테이트 벡터**(state vector)라고 부르는 벡터로, 벡터 안의 숫자가 0과 1 사이에 있으며, 그 수들을 모두 합할 때 1이 되는 벡터를 말합니다. $\vec{p}_1$은 가장 큰 아이건밸류와 관계된 아이건벡터를 스테이트 벡터로 모양을 바꿔 준 것입니다.

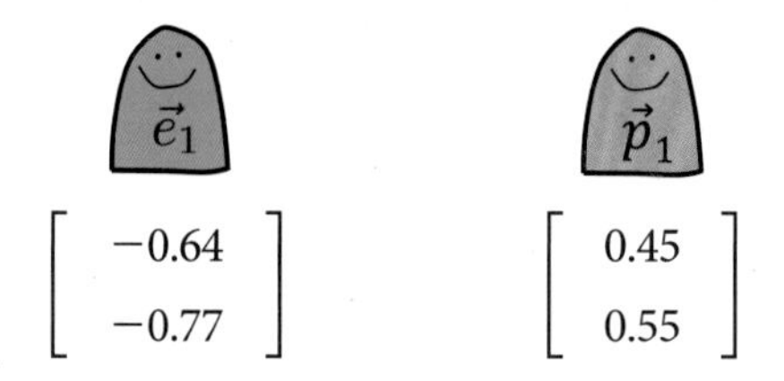

이렇게 바뀐 형태의 벡터 $\vec{p}_1$도 $\vec{e}_1$의 서브스페이스 안에 있는 벡터입니다.

5.7 압솔빙 스테이트를 가진 마코프 매트릭스

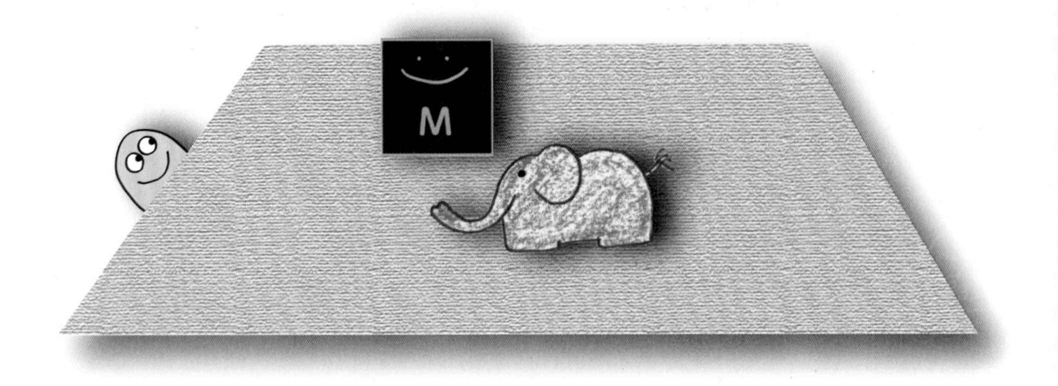

이전 이야기에 나왔던 예제에서 처음 상태를 표시하는 $\vec{x}_0$가 $[100\ 50]^T$가 아닌 다른 상태, 예컨대 $[125\ 25]^T$에서 시작하더라도 **M**과 여러 번의 대화, 가령 30번 정도의 대화로 $\vec{x}_{30}$이 되면 모두 같은 상태가 되는 것을 보게 될 것입니다. 그 이유는 대화를 하면 할수록 처음 상태와 상관없이 아이건밸류가 가장 큰 아이건벡터 쪽으로 모두 움직이기 때문입니다.

M이 $\vec{x}_0$와 계속 이야기하다 보면 도달하게 되는 상태를 **스테디 스테이트 벡터**(steady state vector) 혹은 **이퀼리브리엄 벡터**(equilibrium vector)라고 하는데, 지도 만드는 사람들은 이것을 $\vec{q}$로 쓰고 다음과 같이 표현합니다.

$$M\vec{q} = \vec{q}$$

이런 스테디 스테이트 벡터를 가지는 일반적인 마코프 매트릭스를 **레귤러 마코프 매트릭스**(regular Markov matrix)라 하고

스테디 스테이트(steady state) 벡터가 없는, 일반적이지 않은 마코프 매트릭스를 **압솔빙 마코프 매트릭스**(absorbing Markov matrix)라고 합니다. 이번 이야기는 압솔빙 마코프 매트릭스에 대하여 지도 만들기 장인인 그린스테드(Grinstead, Charles M.)와 스넬(Snell, J. Laurie)이 1997년에 쓴『*Introduction to Probability*』에 나온 내용을 토대로 재구성해 이야기하겠습니다.

아래 그림에는 귀여운 아기 판다가 좋아하는 대나무를 먹을 수 있는 장소 다섯 군데가 표시되어 있습니다.

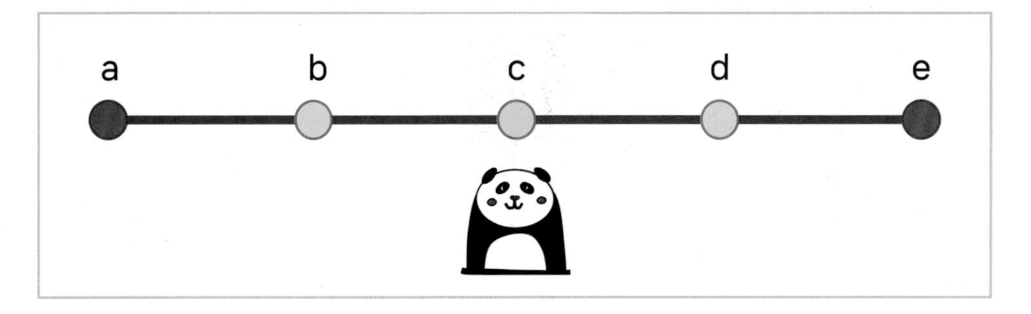

아기 판다가 a, b, c, d, e로 표기된 5군데 중 노란색으로 표시되어 있는 b, c, d에 가면 50%의 확률로 그 옆으로 이동하지만, 보라색으로 표시되어 있는 a나 e에 가면 판다가 최고로 좋아하는 대나무들이 있어 그날은 거기에 머물며 좀체 이동하지 않습니다.

귀여운 아기 판다가 여러 장소로 옮겨 다니는 확률을 다음 표에 보인 바와 같이 마코프 매트릭스로 표현할 수 있습니다. 표로 나타낸 매트릭스 **M** 안의 숫자들은 마코프 매트릭스의 조건을 만족시키면서 1이라는 숫자가 있습니다(보라색 상자를 보세요).

	a	b	c	d	e
a	1	0	0	0	0
b	0.5	0	0.5	0	0
c	0	0.5	0	0.5	0
d	0	0	0.5	0	0.5
e	0	0	0	0	1

1이라는 숫자를 발견하면, 해당 마코프 매트릭스는 일반적인 마코프 매트릭스가 아니라 압솔빙 마코프 매트릭스임을 알 수 있습니다.

이런 압솔빙 마코프 매트릭스와 대화하는 벡터들이 어느 방향으로 움직일지 확인하려면 **M** 안의 특정 숫자들의 위치를 먼저 바꿔 주어야 합니다.

위치 변화를 확인하기 위해 위의 표에 분홍색, 초록색, 노랑색으로 표시하였습니다.

"짜잔~, 위치를 바꿨습니다."

	b	c	d	a	e
b	0	0.5	0	0.5	0
c	0.5	0	0.5	0	0
d	0	0.5	0	0	0.5
a	0	0	0	1	0
e	0	0	0	0	1

안에 서로 다른 색으로 표시한 부분들이 각각의 매트릭스가 될 것입니다.

	b	c	d	a	e
b	0	0.5	0	0.5	0
c	0.5	0	0.5	0	0
d	0	0.5	0	0	0.5
a	0	0	0	1	0
e	0	0	0	0	1

각 매트릭스의 이름을 아래와 같이 짓고,

	b	c	d	a	e
b	Q			R	
c					
d					
a					
e					

로우와 컬럼에 있는 스테이트(state)를 표기했습니다.

	TR	ABS
TR	Q	R
ABS		

위에서 **TR**은 트랜지셔널 스테이트(transitional state)를 의미하는 표시로, 판다가 드나드는 노란색 표시 지점입니다.

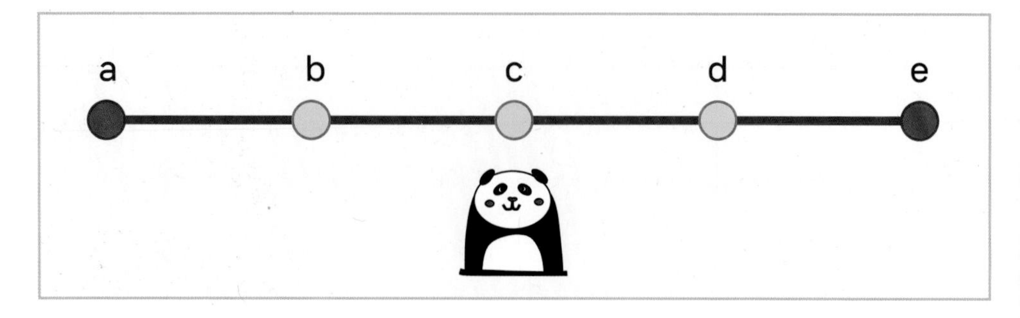

위 표에서 **ABS**는 압솔빙 스테이트(**ab**sorbing **s**tate)를 의미하는 표시로, 판다가 한 번 들어가면 좀체 나오지 않는 곳을 표시한 보라색 지점입니다.

R과 함께 압솔빙 스테이트(absorbing state)가 있는 **M**을 가지고 판다가 어디로 갈지 예측할 때, 지도 만드는 사람들은 **M**에 있던 **Q**를 가지고 다음과 같이 **N**을 만듭니다.

$$N = (I - Q)^{-1}$$

이제 지도 만드는 사람들은 **N**을 가지고 **Q**와 **R**과 더불어 판다가 어디로 갈지 예측할 수 있습니다.

$$Q = \begin{bmatrix} 0 & 0.5 & 0 \\ 0.5 & 0 & 0.5 \\ 0 & 0.5 & 0 \end{bmatrix} \qquad R = \begin{bmatrix} 0.5 & 0 \\ 0 & 0 \\ 0 & 0.5 \end{bmatrix}$$

R의 도움을 받아 다음과 같이 **N**을 찾을 수 있습니다.

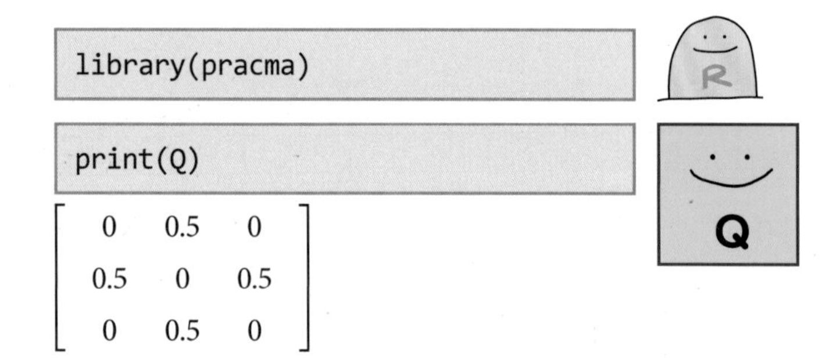

```
library(pracma)
```

```
print(Q)
```

$$\begin{bmatrix} 0 & 0.5 & 0 \\ 0.5 & 0 & 0.5 \\ 0 & 0.5 & 0 \end{bmatrix}$$

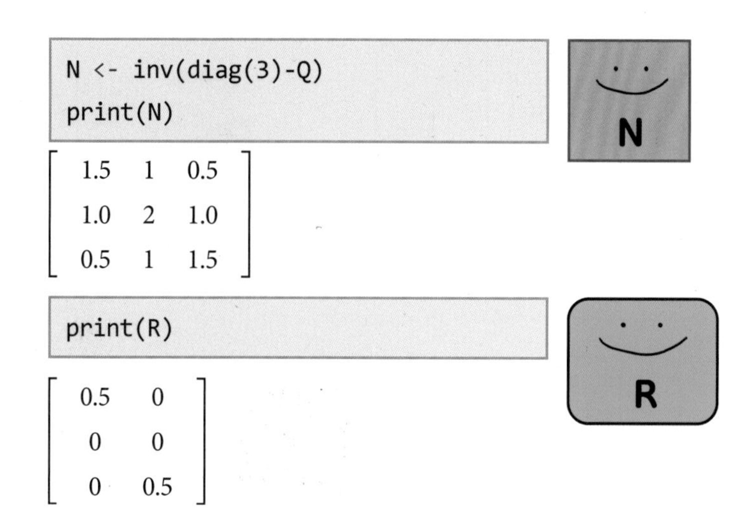


```
N <- inv(diag(3)-Q)
print(N)
```

$$\begin{bmatrix} 1.5 & 1 & 0.5 \\ 1.0 & 2 & 1.0 \\ 0.5 & 1 & 1.5 \end{bmatrix}$$

```
print(R)
```

$$\begin{bmatrix} 0.5 & 0 \\ 0 & 0 \\ 0 & 0.5 \end{bmatrix}$$

Q, **R**, 그리고 **N**이 있으므로 이제 판다가 어디로 갈지 예측할 수 있습니다.

그럼 이제 위 그림에서 판다의 위치 관련 세 가지 질문을 해 보겠습니다.

첫 번째 질문입니다.

지금 c에 있는 판다는 자기가 좋아하는 대나무가 있는 a나 e에 도착하기 전에 다른 지점에 몇 번씩 들를까요?

다음과 같이 **N**이 알려 주는 정보에 따르면, 판다가 c에서 시작하면 평균적으로 b에 한 번, c에 두 번, d에 한 번씩 들렀다가 a나 e에 도착한다는 걸 알 수 있습니다.

두 번째 질문입니다.

판다는 몇 번만에 자기가 좋아하는 대나무가 있는 a나 e에 도착할 수 있을까요?

이것은 **N**의 세 컬럼 벡터들을 더하여 알 수 있습니다. **N**의 세 컬럼 벡터들은 모두 1만 들어 있는 벡터를 만든 후 **N**과 닷 프로덕트하여 구할 수 있습니다.

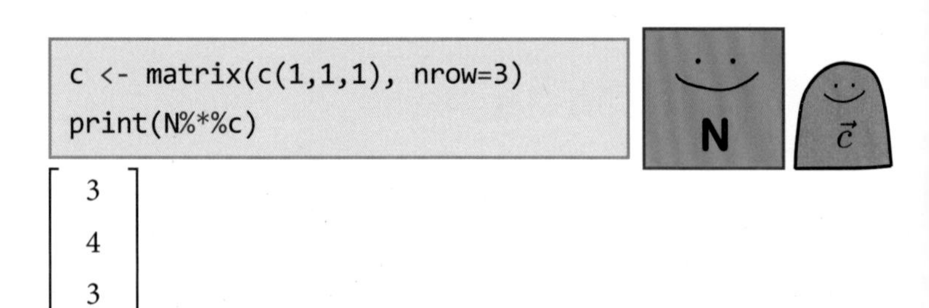

```
c <- matrix(c(1,1,1), nrow=3)
print(N%*%c)
```

$$\begin{bmatrix} 3 \\ 4 \\ 3 \end{bmatrix}$$

위 결과에 따르면 b에서 시작하면 3번, c에서 시작하면 4번, d에서 시작하면 3번만에 a나 e에 도착한다고 생각할 수 있습니다.

마지막 세 번째 질문입니다.

최종적으로 판다는 a에 도착할까요? 아니면 e에 도착할까요?

이 질문은 **N**과 **R**을 다음과 같이 매트릭스 멀티플리케이션한 후 나온 결과물을 통해 대답할 수 있습니다.

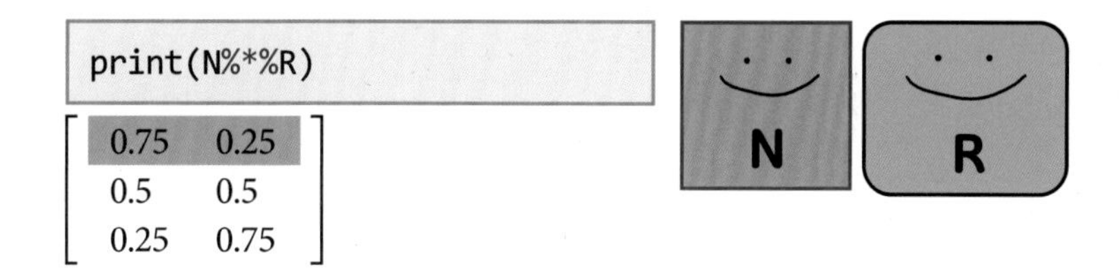

```
print(N%*%R)
```

```
[ 0.75  0.25
  0.5   0.5
  0.25  0.75 ]
```


위 결과에 따르면 b에서 시작해 a에 도달할 가능성은 75%, e에 도달할 가능성은 25%입니다.

R에게 inv(**A**)라고 물어 보면, R이 **A**의 인벌스를 자동으로 알려주듯, 여러분은 지금 전문 지도를 만드는 사람이 되어 가는 과정에서 압솔빙(absorbing) 마코프 매트릭스라는 새로운 도구를 익혀 가는 중입니다.

서로를 추억하는 아쉬움

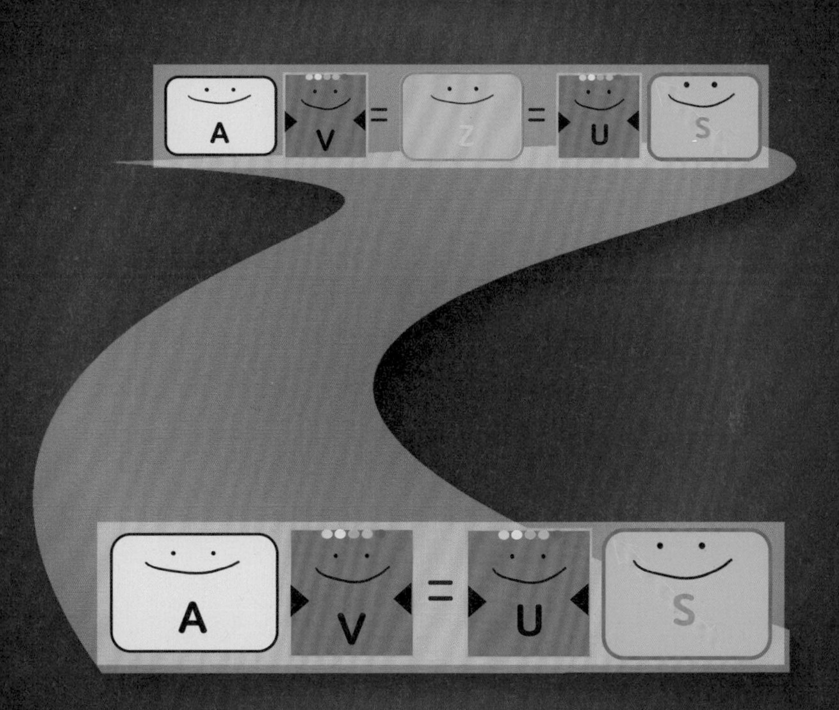

6.1 싱귤라 밸류 디컴포지션(SVD)

어느 날 문득, 서로 떨어져 살게 된 어릴 적 친구가 연락하거나 찾아오면 그렇게 반가울 수 없습니다.

그리고 그런 감정은 아마 **A** 안에 같이 있다 다른 스페이스에 떨어져 살게 된 로우 벡터와 컬럼 벡터들도 마찬가지일 것입니다.

A의 디멘션이 2×3이므로 디멘션이 R^3인 도메인에 살게 된 로우 벡터와 디멘션이 R^3에 살게 된 컬럼 벡터는 헤어짐이 아쉬워 마지막 춤을 추는데,

지도 만드는 사람들은 그 춤을 **싱귤라 밸류 디컴포지션**(singular value decomposition), 줄여서 흔히 **SVD**라고 표현합니다. SVD는 벡터들의 세계에선 추억을 남기기 위한 춤이라는 뜻입니다.

이번 이야기의 주제는 **A** 안에 있는 로우 벡터들과 컬럼 벡터들이 다른 스페이스로 가기 전에 서로를 추억하기 위해 추는 춤과 그 결과물에 대한 이야기입니다.

본격적으로 SVD에 대한 이야기를 하기 전에 먼저 모든 매트릭스들이 출 수 있었던, 간단한 춤인 트랜스포즈와 오직 스퀘어 매트릭스(square matrix)만 시도했을 수 있었던 인벌스와 아이건 디컴포지션에 대해 다시 한 번 간략히 정리하고 넘어가겠습니다.

매트릭스들의 트랜스포즈는 지도 만드는 사람들이 만나 서로 가볍게 인사하는 것이나 마찬가지 정도로 쉬운 춤이라고 이야기했습니다.

반면에 인벌스는 매우 어려운 춤이었습니다. 너무 어려워 매트릭스가 렉탱귤러(rectangular)일 때는 시도조차 할 수 없으므로 아래와 같은 과정을 거쳐 넌싱귤라 그램 매트릭스를 만들었습니다.

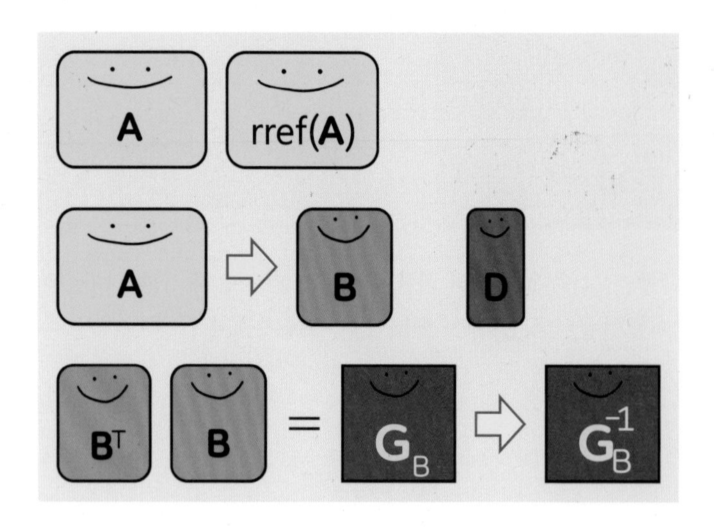

스퀘어 매트릭스는 인벌스를 시도할 수는 있지만, 스퀘어 매트릭스라고 해서 모두 넌싱귤러 매트릭스도 아니었습니다.

스퀘어 매트릭스들이 인벌스라는 힘든 춤을 춰 자신의 인벌스를 찾는 이유는 매트릭스 멀티플리케이션을 통해 가장 안정적이라는 이야기를 듣는 매트릭스 **I**를 만들고자 함인데,

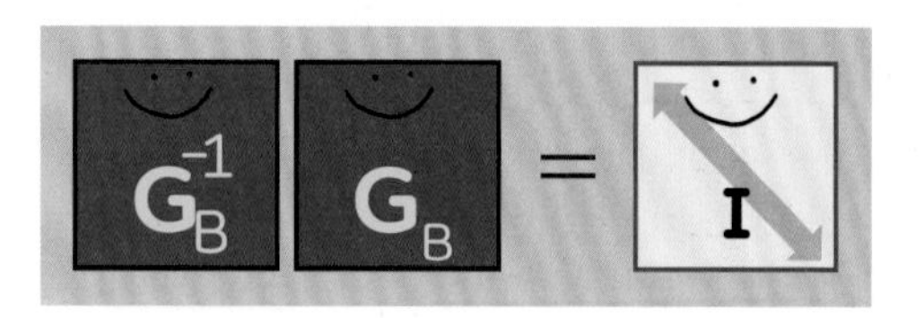

오쏘고널 매트릭스 같은 경우는 힘들여 그 어려운 인벌스 춤을 추지 않고도 트랜즈포즈만으로도 가장 안정적이라는 이야기를 듣는 매트릭스 **I**를 만들 수 있었습니다.

지도 만드는 사람들이 이 사실을 처음 알았을 때 깜짝 놀랐었죠!

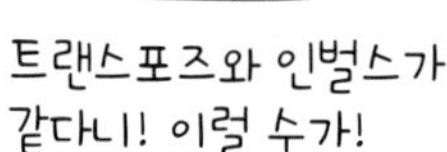

오쏘고널 매트릭스가 지도 만드는 사람들을 또 한 번 깜짝 놀라게 했을 때는 바로 시메트릭 매트릭스가 아이건 디컴포지션 춤을 출 때였습니다.

모든 스퀘어 매트릭스가 시도할 수 있지만 모두 성공할 수는 없는 또 하나의 춤 아이건 디컴포지션에 대해 이야기할 때도 $\mathbf{E}^{-1}$의 존재 여부에 따라 **A**의 아이건 디컴포지션 가능 여부가 결정되었으므로, 춤을 춘 후에 **E**가 싱귤라인지 넌싱귤라인지 조심스레 확인해야 했습니다.

하지만, 시메트릭 매트릭스가 아이건 디컴포지션 춤을 추어 나온 결과물 **E**는 항상 넌싱귤라일 뿐만 아니라 각각의 컬럼 벡터들이 서로 직교하는 오쏘고널 매트릭스였던 것입니다.

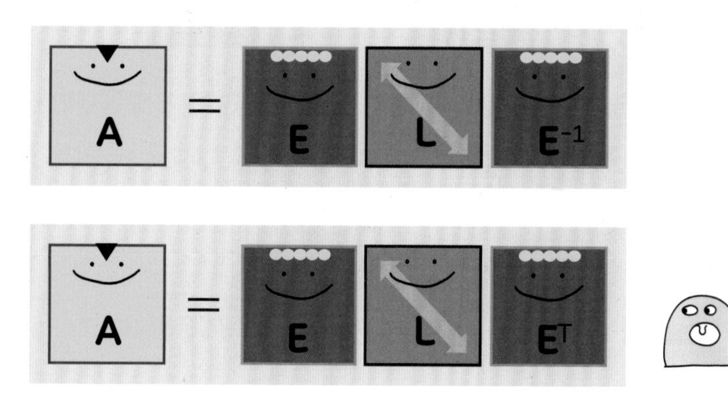

시메트릭 매트릭스가 아이건 디컴포지션을 추면 항상 오쏘고널 매트릭스가 나온다는 사실을 알게 된 지도 만드는 사람들은 어떤 특별한 지도를 만들 때 이 매트릭스를 사용하기 시작했다고 전해집니다.

이처럼 오쏘고널 매트릭스는 등장할 때마다 지도 만드는 사람들에게 깜짝 놀랄 만한 새로운 방법을 알려 주었는데,

그 특별한 오쏘고널 매트릭스가 렉탱귤러이건 스퀘어이건 시메트릭이건 상관없이 모두가 출 수 있는 SVD를 추고 나면,

그 결과물로 오쏘고널 매트릭스가 탄생합니다. 그것도 두 개나 말이에요!

그리고 SVD 춤의 결과물로 탄생한 두 개의 오쏘고널 매트릭스에 관련된 **싱귤라 밸류**(singular value)라는 특별한 숫자들도 함께요.

싱귤라 밸류는 벡터들의 세계에선 추억의 무게라는 뜻으로 통합니다.

이 추억의 무게는 **A**의 컬럼 벡터들이 스팬하던 C(**A**)의 특정 베이시스 벡터들과 **A**의 로우

벡터들이 스팬하던 R(**A**)의 특정 베이시스 벡터들의 추억이기에 그 개수는 **A**의 컬럼 랭크와 같습니다.

$$\mathbf{A} = \begin{bmatrix} 1 & 1 & 1 \\ 1 & -1 & 3 \end{bmatrix}$$

Rank(A)

2

위에서 R이 **A**의 랭크가 2라고 알려 주었으므로 C(**A**)의 베이시스 벡터가 두 개라는 사실을 알 수 있고, 이 사실을 통해 지도 만드는 사람들은 **A**가 SVD를 추면 두 개의 싱귤라 밸류가 나온다는 것을 압니다.

SVD 춤의 결과 탄생한 싱귤라 밸류들은 가장 안정적 매트릭스로 알려진 **I**의 안이나 **I**와 비슷하지만, **A**와 디멘션이 같은 매트릭스 안에 다음 그림처럼 모이게 할 수 있습니다.

$$\mathbf{S} = \begin{bmatrix} S_1 & 0 \\ 0 & S_2 \end{bmatrix} \qquad \mathbf{S} = \begin{bmatrix} S_1 & 0 & 0 \\ 0 & S_2 & 0 \end{bmatrix}$$

둘 다 싱귤라 밸류가 모인 매트릭스들이므로 이번 이야기에서는 둘 다 **S**라 부르겠습니다.

A와 **A**의 SVD 결과물의 관계는 다음과 같습니다.

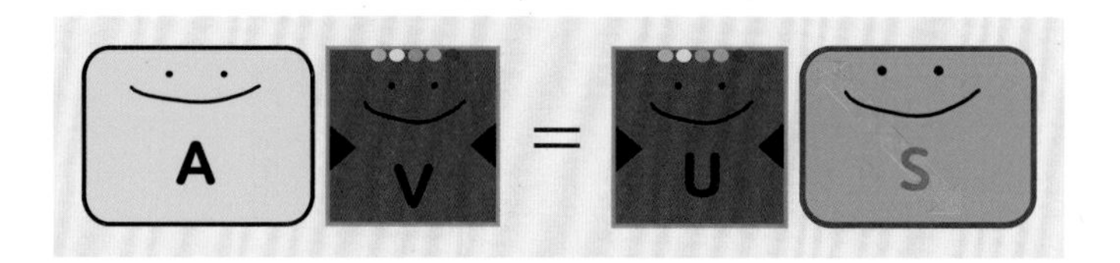

A의 디멘션이 2×3이면 **V**는 3×3, **U**는 2×2, 그리고 **S**는 2×3인 매트릭스가 됩니다.

SVD 춤은 **어떤 특정** R(**A**)의 베이시스 벡터들과 **어떤 특정** C(**A**)의 베이시스 벡터들이 추억을 서로 공유하려고 추는 춤이라고 이야기했습니다.

R(**A**)와 C(**A**)의 베이시스 안에 있는 베이시스 벡터들은 그 사이즈가 달라도 개수는 같아야 하므로 **A**처럼 랭크가 2인 매트릭스는 R(**A**)와 C(**A**) 안에 베이시스 벡터가 두 개씩 있어야 합니다.

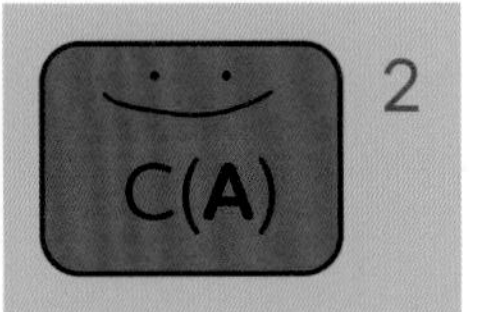

SVD 춤은 어떤 특정 R(**A**)와 C(**A**)의 베이시스 벡터들이 1대 1로 서로의 추억을 공유하기 위해 추는 춤인데, 여기 있는 **V** 안에는 인디펜던트 벡터 세 개, 그리고 **U** 안에는 두 개가 있습니다.

V 안에는 인디펜던트 벡터가 3개, 그리고 **U** 안에는 인디펜던트 벡터가 2개 있으므로 **V** 안에는 추억을 공유하지 못하는 베이시스 벡터가 하나 있습니다. 이렇게 추억을 공유하지 못하는 벡터가 **V**에 있을 때, 그 벡터들은 N(**A**)의 베이시스 벡터가 되고,

추억을 공유하지 못하는 벡터가 **U**에 있을 때, 그 벡터들은 N($\mathbf{A}^\mathrm{T}$)의 베이시스 벡터가 됩니다.

추억을 공유하지 않은 **V**에 있는 벡터도 함께 있으면 다음과 같은 관계를 갖게 되고

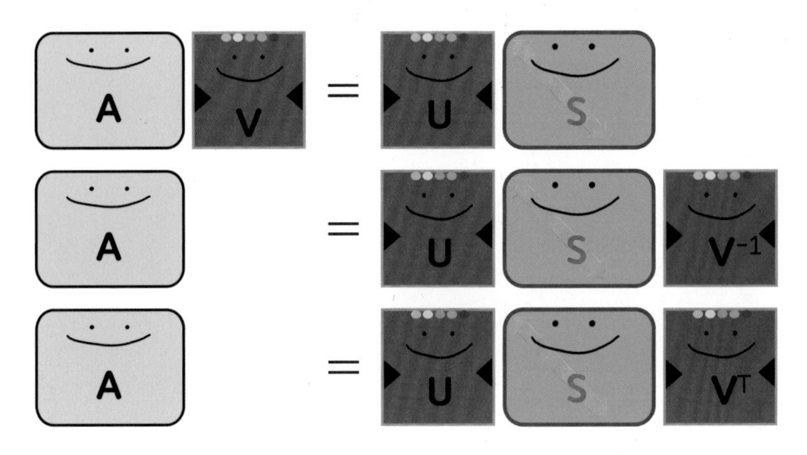

SVD의 결과물에 추억을 공유하는 벡터들만 있으면 다음과 같은 결과를 도출합니다.

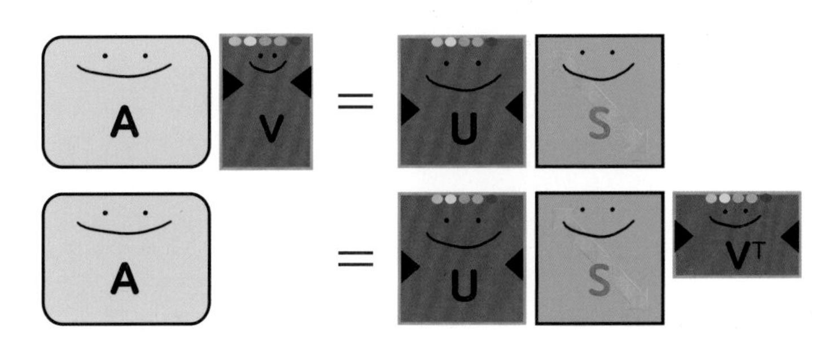

위에서 얘기한 매트릭스로 표현한 지도를 지도 만드는 사람들은 다음과 같이 표현합니다.

$$AV = US$$
$$A = USV^{-1}$$
$$A = USV^{T}$$

그리고 R은 **A**의 SVD가 내놓은 결과물에 추억을 공유하는 벡터들을 다음과 같이 보여 줄 수 있습니다.

```
library(pracma)
```

```
print(A)
```

$$\begin{bmatrix} 1 & 2 & -2 \\ -1 & -1 & -3 \end{bmatrix}$$

```
Rank(A)
```

2

```
S <- diag(svd(A)$d)
print(round(S, 2))
```

$$\begin{bmatrix} 3.63 & 0.00 \\ 0.00 & 2.61 \end{bmatrix}$$

```
U <- svd(A)$u
print(round(U, 2))
```

$$\begin{bmatrix} -0.58 & -0.81 \\ -0.81 & 0.58 \end{bmatrix}$$

```
V <- svd(A)$v
print(round(V, 2))
```

$$\begin{bmatrix} 0.06 & -0.53 \\ -0.10 & -0.84 \\ 0.99 & -0.05 \end{bmatrix}$$

```
U%*%S%*%t(V)
```

$$\begin{bmatrix} 1 & 2 & -2 \\ -1 & -1 & -3 \end{bmatrix}$$

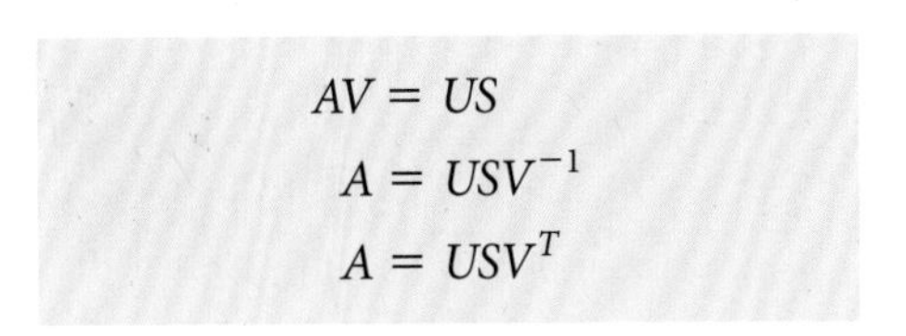

$$AV = US$$
$$A = USV^{-1}$$
$$A = USV^T$$

A가 SVD를 추는 과정을 익히기 위한 연습 문제를 준비하였습니다.

♣♣♣♣♣♣♣♣♣♣♣♣♣

[연습 문제]

첫 번째 문제입니다.

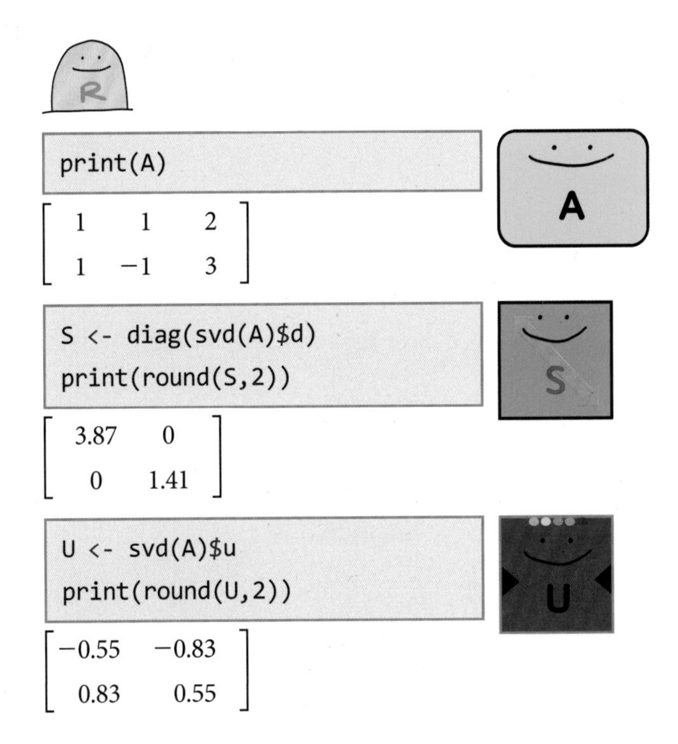


```
print(A)
```

$$\begin{bmatrix} 1 & 1 & 2 \\ 1 & -1 & 3 \end{bmatrix}$$

```
S <- diag(svd(A)$d)
print(round(S,2))
```

$$\begin{bmatrix} 3.87 & 0 \\ 0 & 1.41 \end{bmatrix}$$

```
U <- svd(A)$u
print(round(U,2))
```

$$\begin{bmatrix} -0.55 & -0.83 \\ 0.83 & 0.55 \end{bmatrix}$$

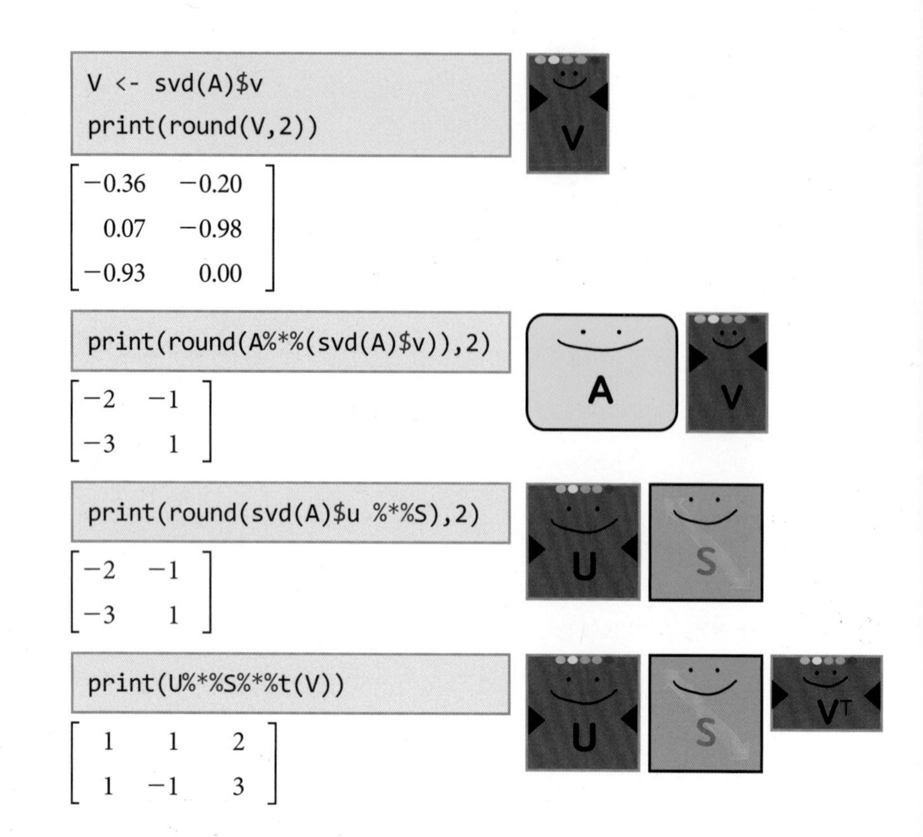

```
V <- svd(A)$v
print(round(V,2))
```

$$\begin{bmatrix} -0.36 & -0.20 \\ 0.07 & -0.98 \\ -0.93 & 0.00 \end{bmatrix}$$

```
print(round(A%*%(svd(A)$v)),2)
```

$$\begin{bmatrix} -2 & -1 \\ -3 & 1 \end{bmatrix}$$

```
print(round(svd(A)$u %*%S),2)
```

$$\begin{bmatrix} -2 & -1 \\ -3 & 1 \end{bmatrix}$$

```
print(U%*%S%*%t(V))
```

$$\begin{bmatrix} 1 & 1 & 2 \\ 1 & -1 & 3 \end{bmatrix}$$

한 문제 더 준비하였습니다.

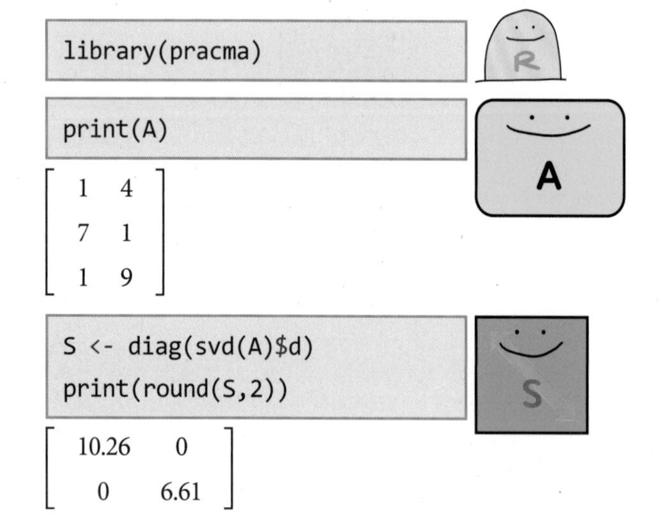

```
library(pracma)
```

```
print(A)
```

$$\begin{bmatrix} 1 & 4 \\ 7 & 1 \\ 1 & 9 \end{bmatrix}$$

```
S <- diag(svd(A)$d)
print(round(S,2))
```

$$\begin{bmatrix} 10.26 & 0 \\ 0 & 6.61 \end{bmatrix}$$

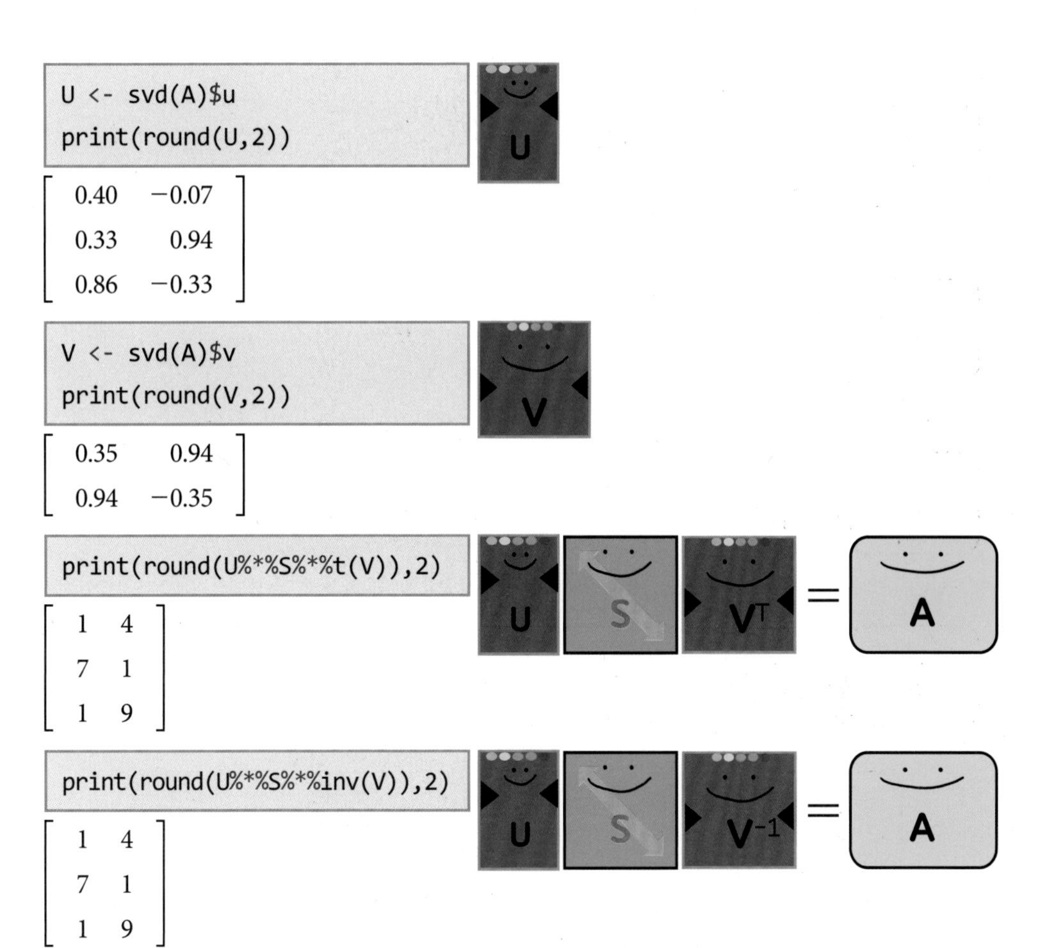

```
U <- svd(A)$u
print(round(U,2))
```

$$\begin{bmatrix} 0.40 & -0.07 \\ 0.33 & 0.94 \\ 0.86 & -0.33 \end{bmatrix}$$

```
V <- svd(A)$v
print(round(V,2))
```

$$\begin{bmatrix} 0.35 & 0.94 \\ 0.94 & -0.35 \end{bmatrix}$$

```
print(round(U%*%S%*%t(V)),2)
```

$$\begin{bmatrix} 1 & 4 \\ 7 & 1 \\ 1 & 9 \end{bmatrix}$$

```
print(round(U%*%S%*%inv(V)),2)
```

$$\begin{bmatrix} 1 & 4 \\ 7 & 1 \\ 1 & 9 \end{bmatrix}$$

A가 SVD를 추는 과정을 정리하면 다음과 같습니다.

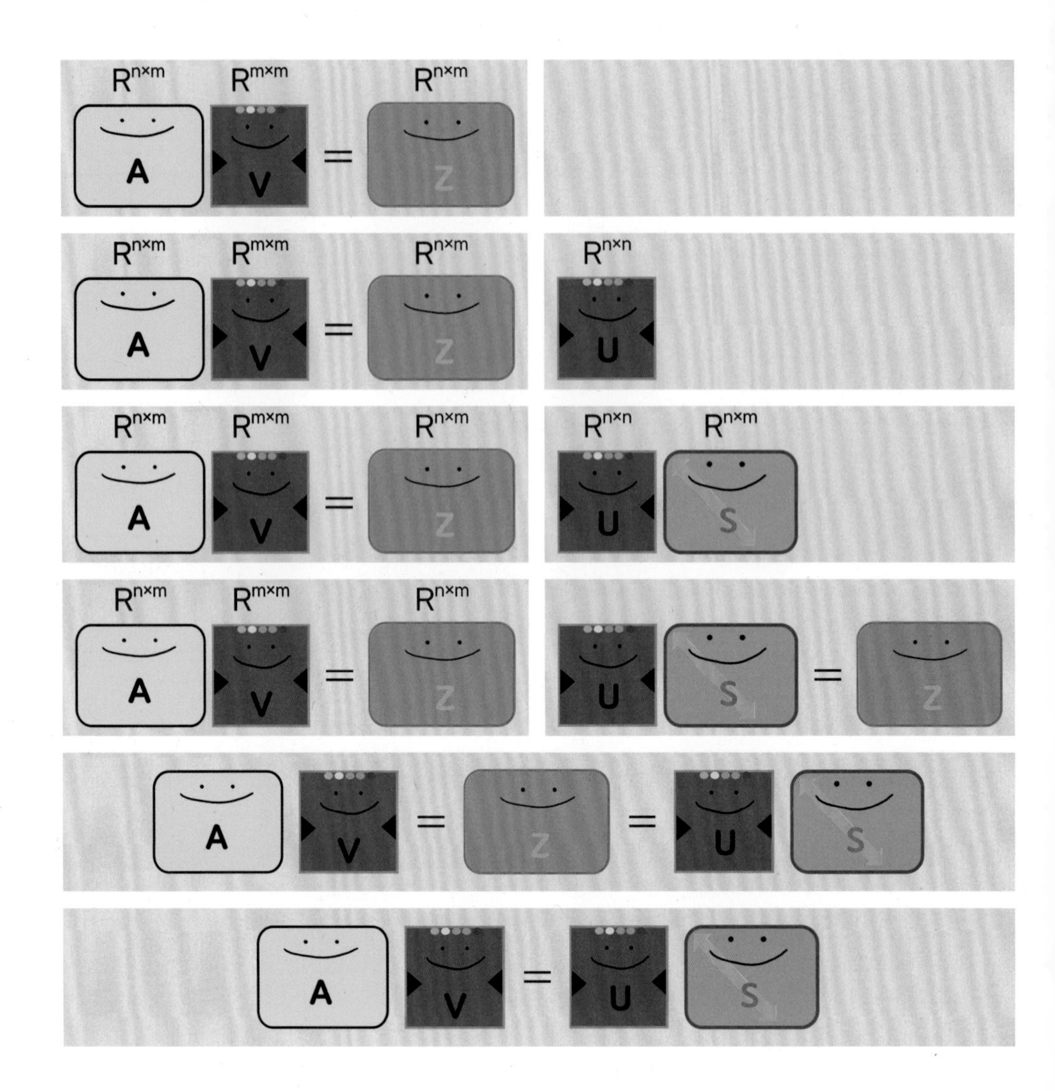

R^n×m
R^m×m
R^n×m
A
V
Z
R^n×n
U
R^n×m
S
=

6.2 수도인벌스

A는 2×3 매트릭스이면 스퀘어 매트릭스가 아니므로 인벌스를 시도할 수 없습니다.

하지만, SVD의 결과물로 인벌스와 비슷한 상대를 찾을 수는 있습니다.

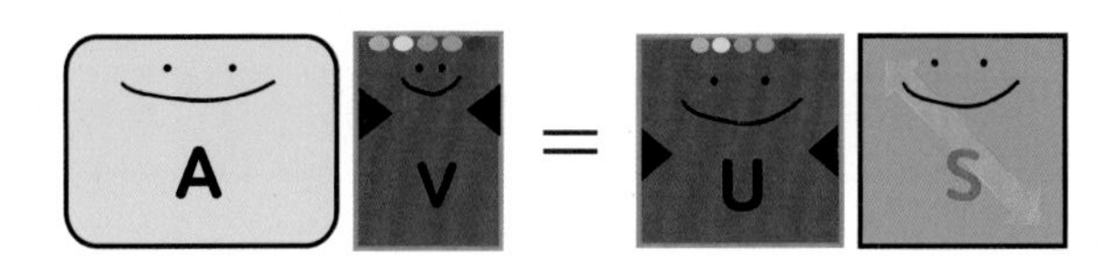

그 상대를 **수도인벌스**(pseudoinverse)라 하는데, 벡터들의 세계에선 인벌스 비슷한 매트릭스라는 뜻으로 통합니다.

수도인벌스(pseudoinverse)와 **A**가 디멘션을 맞춰 닷 프로덕트하면 어떤 매트릭스가 생기는지

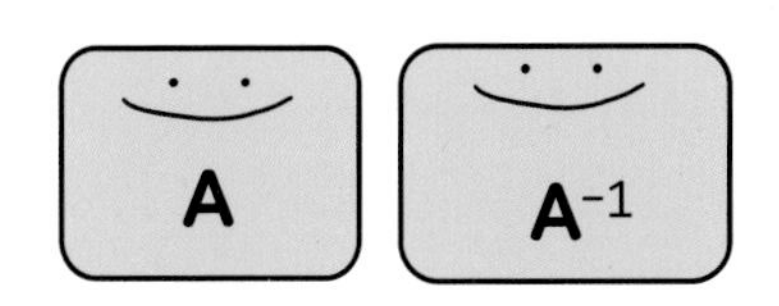

매트릭스들의 춤으로 먼저 보이면 아래와 같습니다.

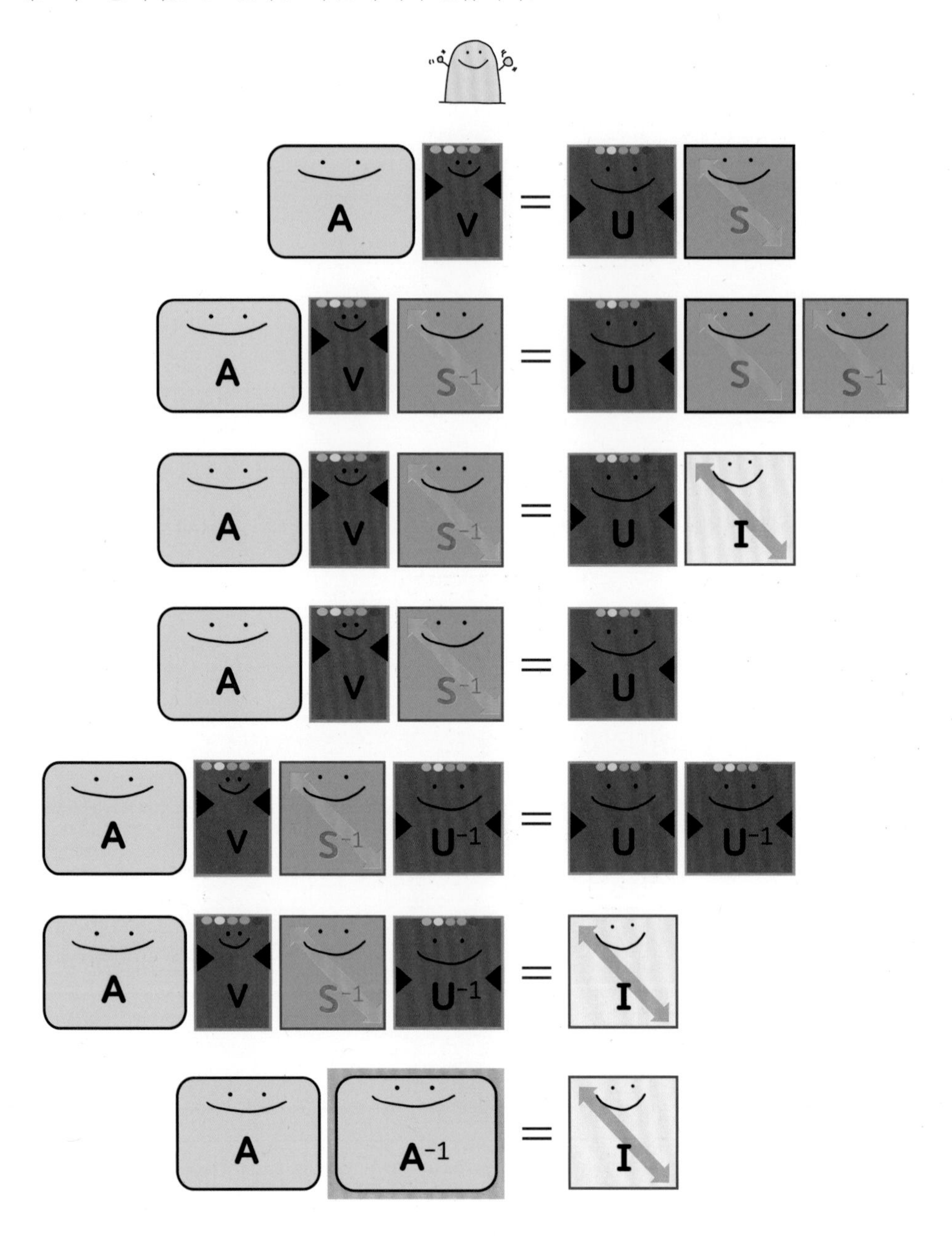

위 과정을 익히기 위한 연습 문제를 준비했습니다.

♣♣♣♣♣♣♣♣♣♣♣♣♣

[연습 문제]

첫 번째 문제입니다.

```
library(pracma)
```

```
print(A)
```

$$\begin{bmatrix} 1 & 2 & -2 \\ -1 & -1 & -3 \end{bmatrix}$$

```
S <- diag(svd(A)$d)
print(round(S,2))
```

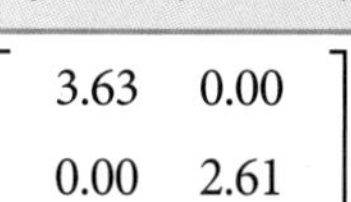

$$\begin{bmatrix} 3.63 & 0.00 \\ 0.00 & 2.61 \end{bmatrix}$$

```
U <- svd(A)$u
print(round(U,2))
```

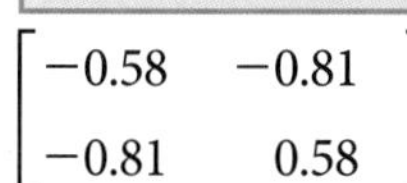

$$\begin{bmatrix} -0.58 & -0.81 \\ -0.81 & 0.58 \end{bmatrix}$$

```
V <- svd(A)$v
print(round(V,2))
```

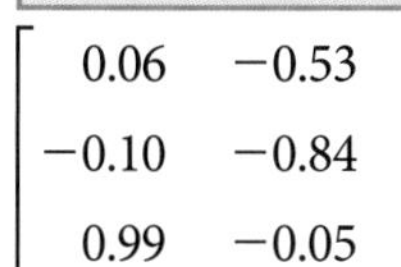

$$\begin{bmatrix} 0.06 & -0.53 \\ -0.10 & -0.84 \\ 0.99 & -0.05 \end{bmatrix}$$

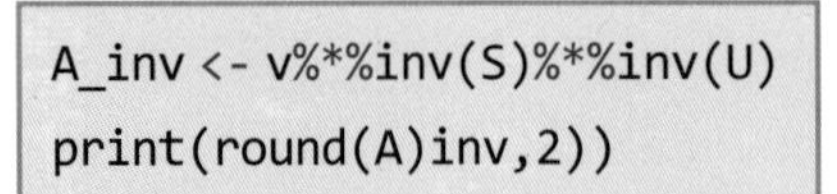

```
A_inv <- v%*%inv(S)%*%inv(U)
print(round(A)inv,2))
```

=

$$\begin{bmatrix} 0.16 & -0.13 \\ 0.28 & -0.17 \\ -0.14 & -0.23 \end{bmatrix}$$

```
result <- A%*%A_inv
print(round(result,2))
```

=

$$\begin{bmatrix} 1 & 0 \\ 0 & 1 \end{bmatrix}$$

두 번째 문제입니다.

```
print(A)
```

$$\begin{bmatrix} 1 & 1 & 2 \\ 1 & -1 & 3 \end{bmatrix}$$

```
S <- diag(svd(A)$d)
print(round(S,2))
```

$$\begin{bmatrix} 3.87 & 0 \\ 0 & 1.41 \end{bmatrix}$$

```
U <- svd(A)$u
print(round(U,2))
```

$$\begin{bmatrix} -0.55 & -0.83 \\ -0.83 & 0.55 \end{bmatrix}$$

```
V <- svd(A)$v
print(round(V,2))
```

$$\begin{bmatrix} -0.36 & -0.20 \\ 0.07 & -0.98 \\ -0.93 & 0.00 \end{bmatrix}$$

```
A_inv <- v%*%inv(S)%*%inv(U)
print(round(A)inv,2))
```

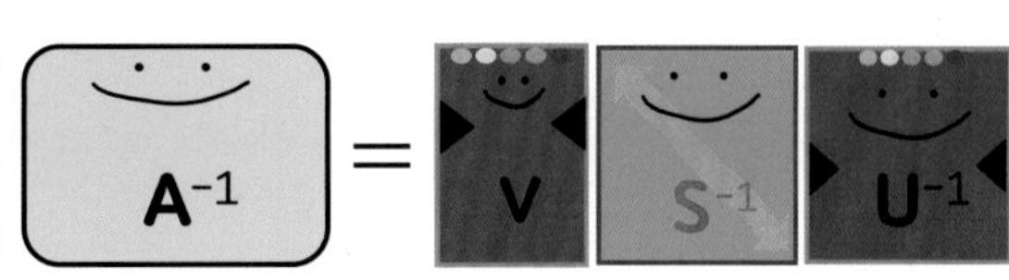

$$\begin{bmatrix} 0.17 & 0.0 \\ 0.57 & -0.4 \\ 0.13 & 0.2 \end{bmatrix}$$

```
result <- A%*%A_inv
print(round(result,2))
```

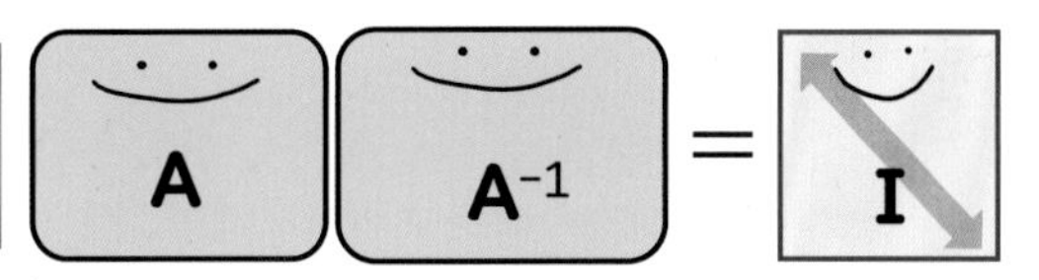

$$\begin{bmatrix} 1 & 0 \\ 0 & 1 \end{bmatrix}$$

6.3 닷 프로덕트, 매트릭스 멀티플리케이션, 리니어 컴비네이션, 프로젝션, 그리고 PCA에 대한 짧은 이야기

아래 그림에서 $\vec{v}_1$을 $\vec{v}_3$와 $\vec{v}_2$에 프로젝트(project)하면 $\vec{v}_3$와 $\vec{v}_2$는 자신의 서브스페이스에서 어디를 향해 몇 걸음을 걸어야 $\vec{v}_1$을 볼 수 있는지 알 수 있습니다.

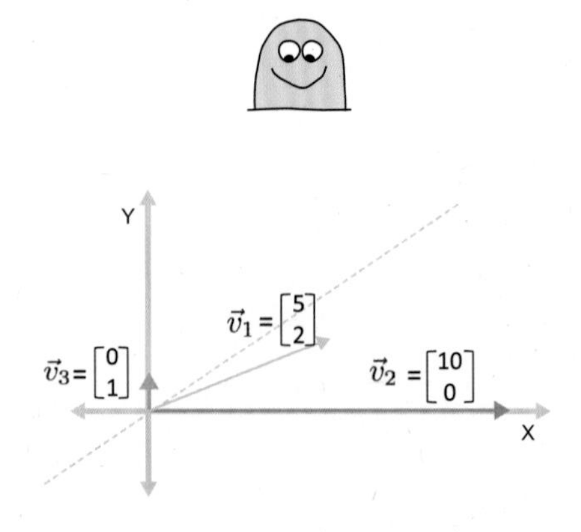

그림을 보면 $\vec{v}_2$가 걸어야 하는 실제 거리가 $\vec{v}_3$가 걸어야 하는 거리보다 더 큽니다. 하지만 $\vec{v}_1$을 $\vec{v}_2$와 $\vec{v}_3$에 프로젝트(project)하여 걸어야 하는 걸음 수만 비교하면, $\vec{v}_3$의 걸음 크기가 $\vec{v}_2$보다 훨씬 작기 때문에 $\vec{v}_3$가 걸어야 할 걸음 수는 더 많습니다.

```
v1 <- c(5, 2)
v2 <- c(10, 0)
v3 <- c(0, 1)
print(t(v1)%*%v2/(t(v2)%*%v2))
```

0.5

```
print(t(v1)%*%v3/(t(v3)%*%v3))
```

2

위에 보인 것처럼 $\vec{v}_2$는 자신의 발걸음 크기로 0.5걸음, $\vec{v}_3$는 자신의 발걸음 크기로 2걸음 걸어야 합니다. 발걸음 수만으로 누가 더 많이 걸어야 $\vec{v}_1$을 볼 수 있는지 알기 위해서는 $\vec{v}_2$와 $\vec{v}_3$가 각자 자신의 놈(norm)을 통해 자신의 발걸음 크기를 1로 만들어야 합니다.

프로젝트 후에 그 걸음 수만으로 누가 어떤 서브스페이스에 더 가까이 있는지 멀리 있는지를 알기 위해서는 $\vec{v}_2$와 $\vec{v}_3$에 $\vec{v}_1$을 프로젝트하기 전에 $\vec{v}_2$와 $\vec{v}_3$들의 놈(norm)을 아래와 같이 1로 만들고

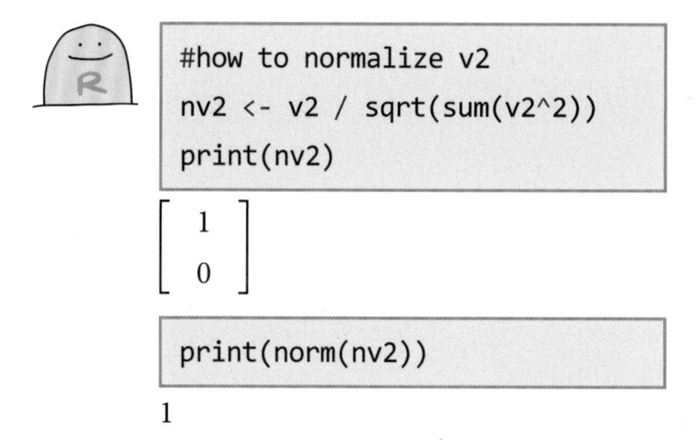

```
#how to normalize v2
nv2 <- v2 / sqrt(sum(v2^2))
print(nv2)
```

$$\begin{bmatrix} 1 \\ 0 \end{bmatrix}$$

```
print(norm(nv2))
```

1

```
#how to normalize v2
nv3 <- v3 / sqrt(sum(v3^2))
print(nv3)
```

$$\begin{bmatrix} 0 \\ 1 \end{bmatrix}$$

```
print(norm(nv3))
```

1

이렇게 놈(norm)이 1인 벡터를 **유닛 벡터**(unit vector)라고 합니다. $\vec{v}_2$와 $\vec{v}_3$의 유닛 벡터는 걸음 크기만 1로 바뀔 뿐, 그들이 있었던 서브스페이스나 움직일 수 있는 방향이 유닛 벡터로 바뀌기 전과 동일합니다.

유닛 벡터로 바꾼 후, 아래와 같이 프로젝트하면 $\vec{v}_1$을 보기 위해 $\vec{v}_2$가 더 많이 걸어야 하는지 $\vec{v}_3$가 더 많이 걸어야 하는지 걸음 숫자들만으로 알 수 있습니다.

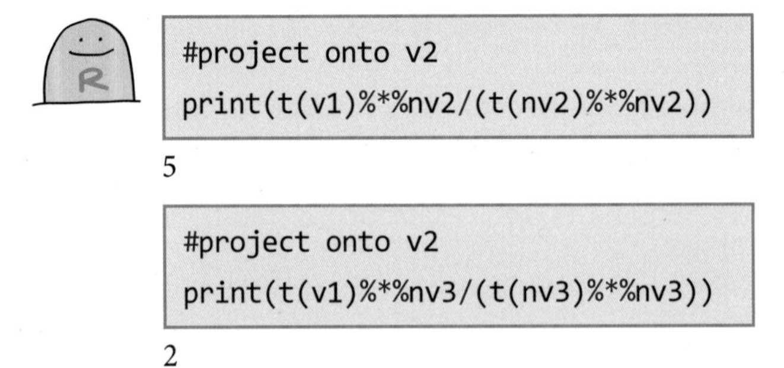


```
#project onto v2
print(t(v1)%*%nv2/(t(nv2)%*%nv2))
```

5

```
#project onto v2
print(t(v1)%*%nv3/(t(nv3)%*%nv3))
```

2

유닛 벡터를 사용해도 아직 문제가 하나 더 남아 있습니다. 아래 그림 가장 왼쪽에 있는 세 개의 벡터 중 $\vec{v}_1$을 가운데 그림에 보인 것처럼 다른 두 벡터에 프로젝트하고, 프로젝트된 벡터들을 가장 오른쪽 그림에 보인 것처럼 서로 더하면 원래 있었던 $\vec{v}_1$이 있었던 지점과 매우 다른 곳으로 갈 수 있기 때문입니다.

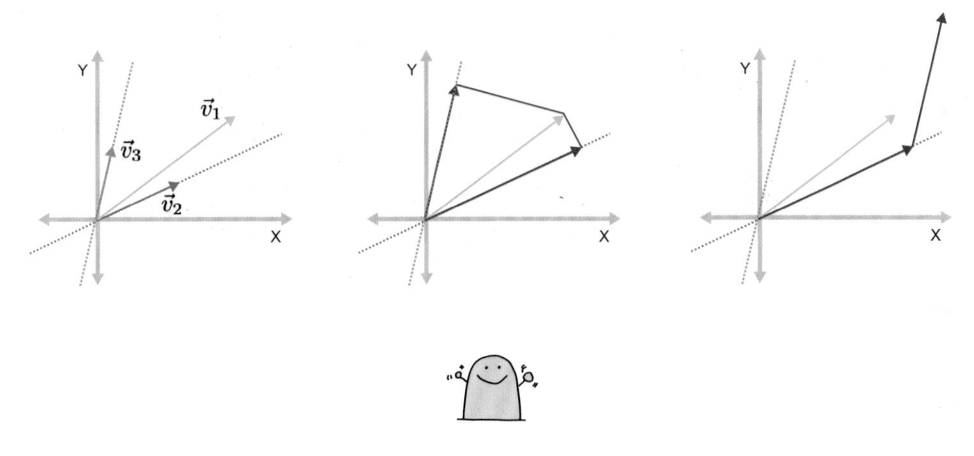

그래서 프로젝트할 때 벡터들은 오쏘고널(orthogonal)한 유닛 벡터를 사용합니다. 그러면 아래 보인 것처럼 위에서 얘기했던 문제가 해결됩니다.

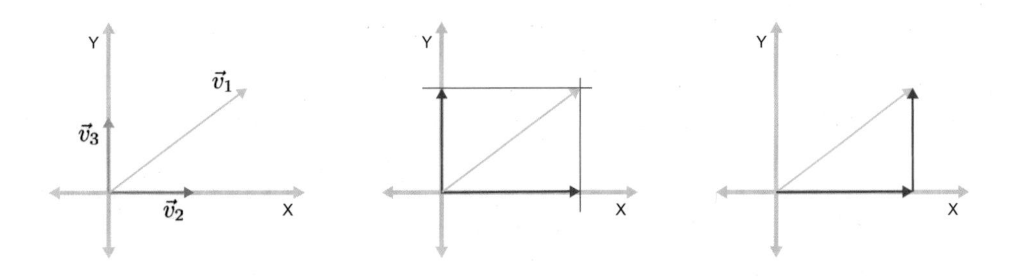

앞에서 얘기한 두 가지 문제가 프로젝트할 벡터들이 오쏘고널하면서 노멀(normal)하면 모두 해결됩니다.

오쏘고널(orthogonal)하면서 노멀(normal)한 벡터들을 **오쏘노멀**(orthonormal)한 벡터라고 하는데, 오쏘노멀 벡터를 사용하면 벡터들끼리 추는 프로젝션(projection) 춤이 매우 간단해집니다.

왜냐 하면 오쏘노멀 벡터는 놈(norm)이 1이므로 $\vec{v}_1$처럼 놈(norm)이 1인 벡터와 닷 프러덕트(dot product)할 때는 그 닷 프러덕트의 결과물과 프로젝트하는 것이 같게 됩니다. 춤이 훨씬 간단하게 되는 것이죠.

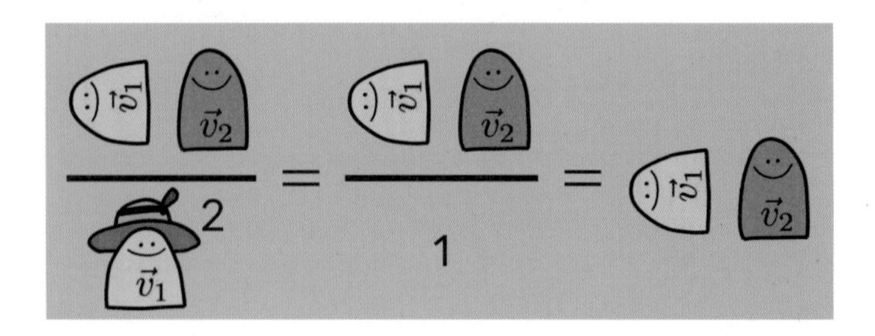

만약 **A**의 로우 벡터들이 서로 오쏘노멀(orthonormal)하다면, **A**와 $\vec{x}$의 닷 프러덕트 결과물인 $\vec{b}$는 $\vec{x}$를 보기 위해 각각의 로우 벡터들이 걸어야 하는 걸음 수와 방향을 알려 주는 동시에 $\vec{x}$를 보기 위해 어느 로우 벡터가 가장 많이 걸어야 하는지도 알려 줍니다.

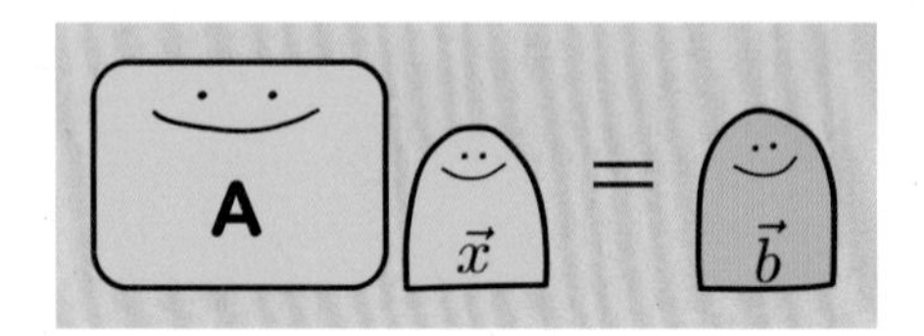

$\vec{v}_1$이라는 벡터가 $\vec{u}_1$이라는 오쏘노멀(orthonormal)한 벡터와 닷 프로덕트 하는 것과, $\vec{v}_1$을 $\vec{u}_1$에 프로젝트하는 것이 비슷하게 보이나요?

이 책의 첫 부분에서 매트릭스와 벡터가 아래 그림처럼 있을 때, $\vec{x}$는 **A** 컬럼 벡터들의 리니어 컴비네이션으로 $\vec{b}$에게 가는 길을 알려 주는 것이라고 얘기한 바 있습니다.

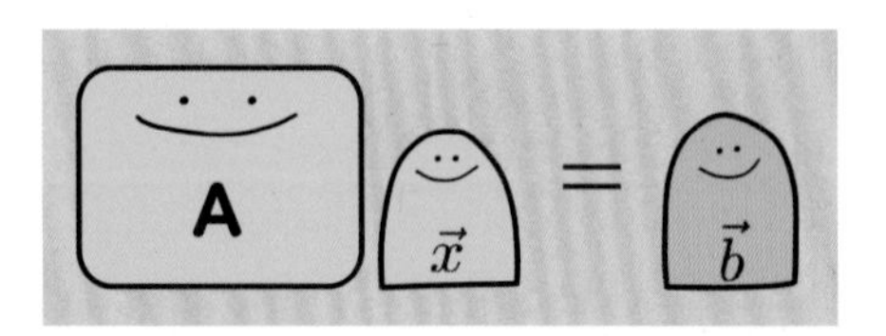

A가 스퀘어 매트릭스일 때는 **A**와 $\vec{x}$의 닷 프러덕트는 **A**가 $\vec{x}$를 **A**의 아이건 밸류와 아이건벡터들에 의해 $\vec{b}$로 움직이게 하는 것이라고 얘기하였습니다.

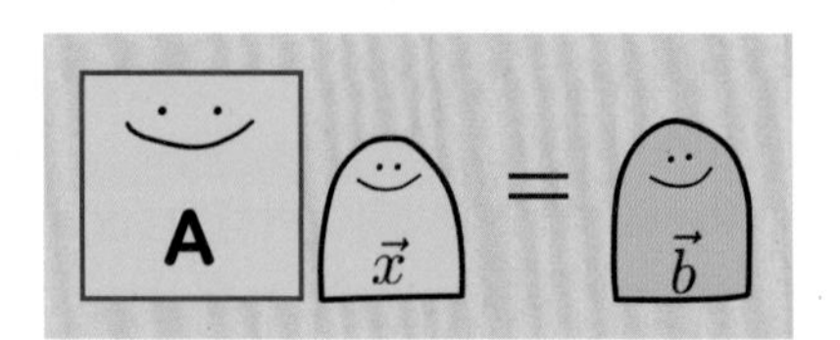

A가 그램 슈미트(Gram-Schmidt) 프로세스 춤을 추어 오쏘고널 매트릭스가 되면,

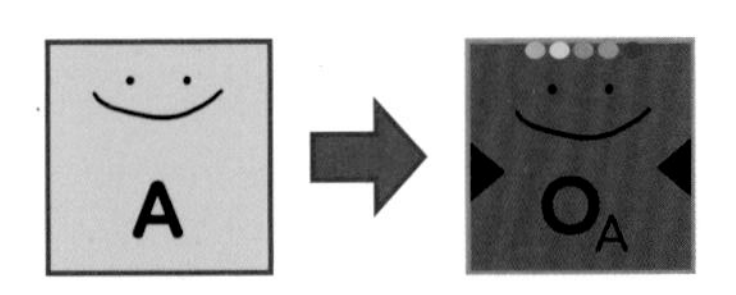

$\mathbf{O_A}$와 $\vec{x}$가 닷 프러덕트한다는 얘기는 $\vec{x}$를 $\mathbf{O_A}$의 로우 벡터에게 프로젝트하는 것이고, $\vec{b}$는 $\mathbf{O_A}$의 로우 벡터들이 $\vec{x}$를 보기 위해 자신의 서브스페이스에서 걸어야 하는 걸음 수를 알려 줍니다.

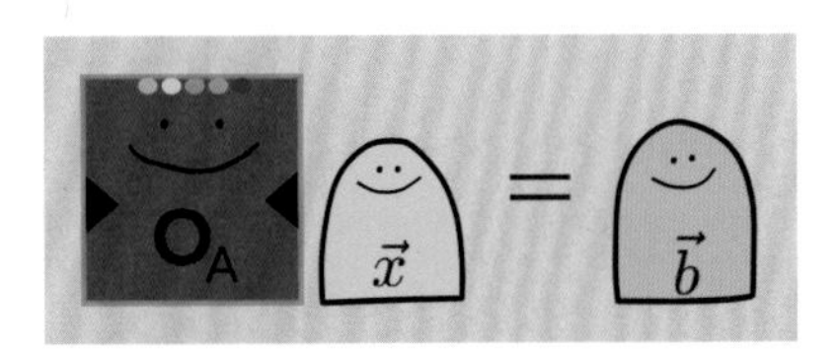

```
A <- matrix(c(1,2,3,-1,3,2), nrow = 3)
A
```

$$\begin{bmatrix} 1 & -1 \\ 2 & 3 \\ 3 & 2 \end{bmatrix}$$

```
Rank(A)
```

2

```
OA <- orthonormalization(A)
OA
```

$$\begin{bmatrix} 0.2672612 & -0.7715167 & 0.5773503 \\ 0.5345225 & 0.6172134 & 0.5773503 \\ 0.8017837 & -0.1543033 & -0.5773503 \end{bmatrix}$$

```
x <- matrix(c(2,1,5), nrow = 3)
x
```

$$\begin{bmatrix} 2 \\ 1 \\ 5 \end{bmatrix}$$

```
b <- OA%*%x
b
```

$$\begin{bmatrix} 2.649757 \\ 4.573010 \\ -1.437487 \end{bmatrix}$$

```
t(OA)%*%b
```

$$\begin{bmatrix} 2 \\ 1 \\ 5 \end{bmatrix}$$

```
t(b)%*%OA
```

$$\begin{bmatrix} 2 & 1 & 5 \end{bmatrix}$$

A가 추는 **SVD** 춤의 결과물로 나오는 **V**, **U**, 그리고 싱귤라 밸류들을 가지고 지도 만들기 고급 과정 이상을 배운 사람들은 **프린시플 컴포넌트 어널리시스**(principal component analysis)라는 방법을 통해 **A**가 표현할 수 있는 지도에 대해 더 자세한 것을 확인할 수 있습니다.

프린시플 컴포넌트 어널리시스(principal component analysis)를 지도 만드는 사람들은 일반적으로 **PCA**라고 줄여 부릅니다.

SVD와 PCA에 대해 더 이야기하기 전에 **A**의 SVD 결과물을 먼저 확인해 보겠습니다.

```
print(A)
```

$$\begin{bmatrix} 1.0 & 2.0 & 3.0 & 4.0 & 5.0 \\ 0.2 & 0.8 & 0.7 & 1.1 & 1.7 \end{bmatrix}$$

$$\mathbf{A} = \begin{bmatrix} \vec{v}_1 & \vec{v}_2 & \vec{v}_3 & \vec{v}_4 & \vec{v}_5 \end{bmatrix}$$

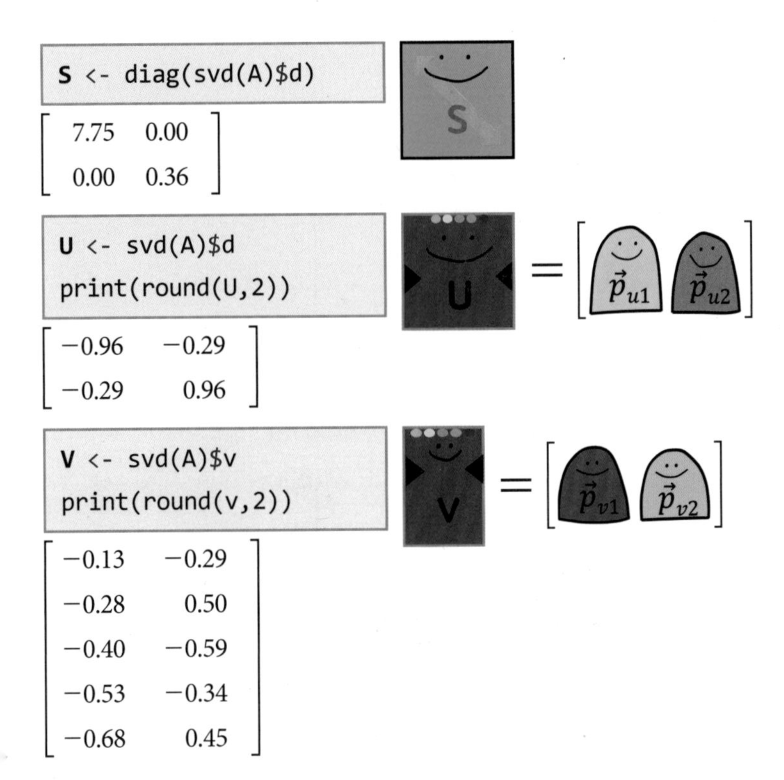

A가 SVD 춤을 춰 나온 결과물인 **V**와 **U** 안에 있는 컬럼 벡터들을 **A**의 프린시플 컴포넌트(principal component)라고 합니다.

V와 **U**에 컬럼 벡터들이 들어 가 있는 순서는 싱귤라 밸류가 큰 순서부터 작은 순서이며, 컬럼 벡터들은 오쏘노멀합니다.

아래 그림에 $\vec{p}_{u1}$과 $\vec{p}_{u2}$가 보라색과 파란색 화살표로 자신들의 서브스페이스와 함께 표현되어 있습니다.

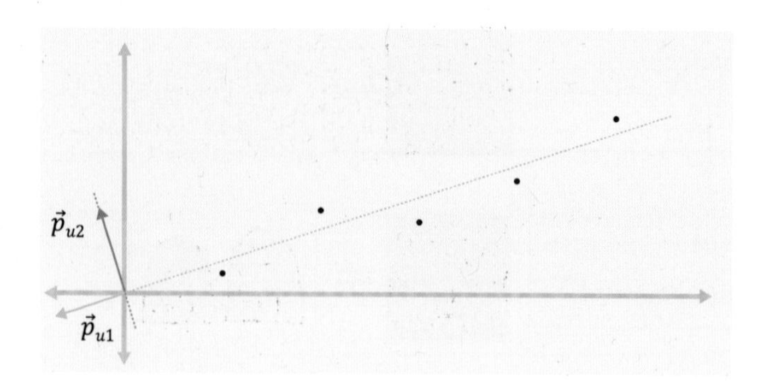

그리고 그 위에 **A**의 컬럼 벡터들의 위치를 다음과 같이 표현할 수 있습니다.

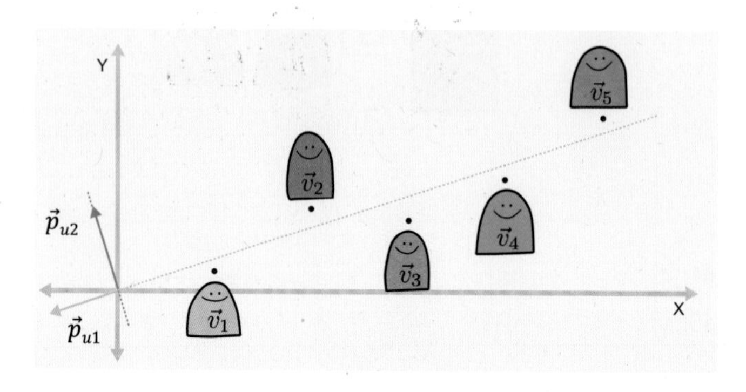

U는 오쏘고널 매트릭스입니다. 그래서 **A**에 있는 컬럼 벡터들이 다음과 같이 **U**와 닷 프러덕트하는 과정은

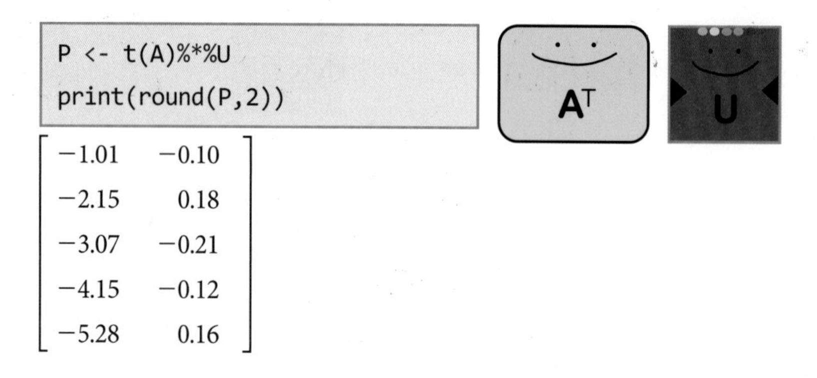


```
P <- t(A)%*%U
print(round(P,2))
```

$$\begin{bmatrix} -1.01 & -0.10 \\ -2.15 & 0.18 \\ -3.07 & -0.21 \\ -4.15 & -0.12 \\ -5.28 & 0.16 \end{bmatrix}$$

A의 컬럼 벡터들을 **U** 안에 있는 컬럼 벡터에게 프로젝트하는 과정이 됩니다.

그리고 그 결과물은 $\vec{p}_{u1}$과 $\vec{p}_{u2}$의 발걸음으로 $\vec{v}_1$에서 $\vec{v}_5$까지 각각의 벡터를 보려면 얼마만큼 스팬해야 하는지 구한 후, 그 발걸음 수를 $\vec{p}_{u1}$과 $\vec{p}_{u2}$의 서브스페이스에 표시한 것입니다.

얘기했던 결과물을 $\vec{p}_{u1}$과 $\vec{p}_{u2}$를 기준으로 그림을 돌려서 그리면 다음과 같이 보입니다.

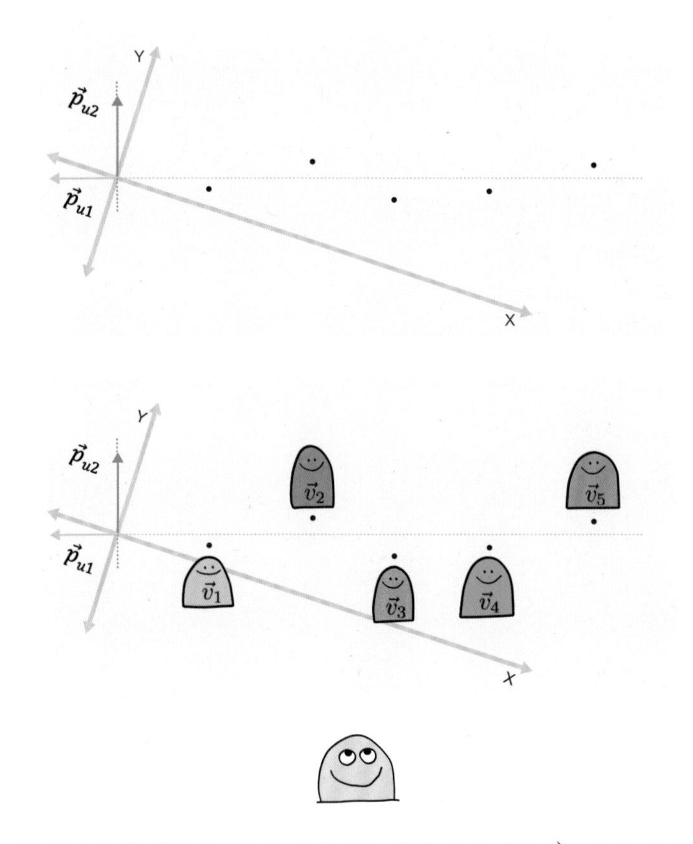

그림에 있는 벡터들의 위치를 두 개의 베이시스 벡터가 아니라 $\vec{p}_{u1}$만의 리니어 컴비네이션으로 비슷하게 표현할 수 있습니다. 이렇게 원래 스페이스에서 여러 개의 베이시스 벡터로 표현해야 했던 벡터들의 위치를 싱귤라 밸류가 큰 프린시플 컴포넌트(principal component) 몇 개만으로 표현하는 기술이 지도 만드는 사람들이 이야기하는 PCA 기술입니다.

이 기술은 이 책의 후속 편으로 계획하고 있는 〈통계와 확률〉 이야기에서 자세히 얘기하겠

습니다. 〈통계와 확률〉 이야기에서 다시 만날 때까지 다시 한 번 선형대수 이야기를 천천히 읽고 또 읽어 완전히 익힐 수 있기를 바랍니다.

지금까지 제 이야기를 들어 준 여러분들께 감사드립니다.

〈끝〉

이야기를 마치며

제 첫 이야기인 선형대수 이야기를 계획한 부분까지 이어 올 수 있어서 매우 즐거웠습니다. 제 이야기가 독자 여러분들에게 흥미로운 경험이 되었기를 바랍니다.

이야기 전체의 구성에 대해 정리하여 다시 얘기하면 다음과 같습니다.

제1장은 벡터들의 놈(norm)과 프로젝션(projection), 그리고 스팬(span)에 대해 중점을 두었습니다. 제2장에서는 스팬에 대해 설명한 후, 제3장에서 설명할 매트릭스가 가진 4개의 기본 서브스페이스인 로우 스페이스(row space), 널스페이스(nullspace), 컬럼 스페이스(column space), 그리고 레프트 널스페이스(left nullspace) 이해를 위해 필요한 정보를 설명했습니다.

네 개의 서브스페이스의 관계를 이해하려면 이 과정의 이야기를 여러 번 반복해서 읽어야 할 수도 있습니다.

이렇게 1, 2, 3장에서 스페이스와 서브스페이스의 관계를 설명한 후 제4장에서 지도 만드는 법에 대한 이야기를 이어갔습니다.

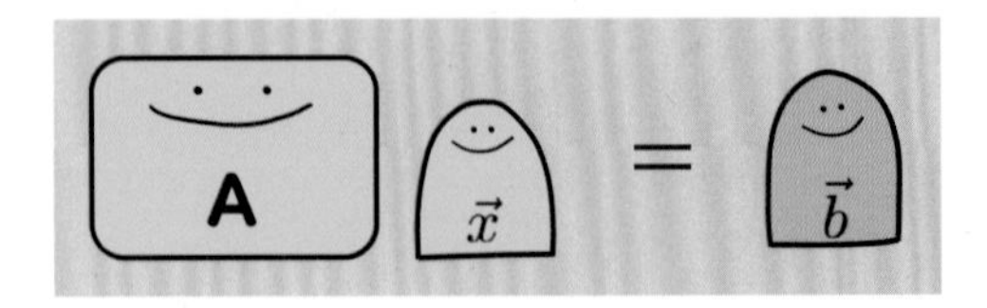

제 이야기에 나오는 지도는 연립방정식(systems of equations)을 뜻하며, 지도 만드는 법이란 연립방정식을 만족시키는 값을 찾는 방법을 의미합니다.

그리고 매트릭스와 벡터의 연산(operation)을 설명할 때는 춤이라는 표현으로 묘사했습니다.

지도를 만드는 법, 연립방정식을 만드는 법에 대해 설명한 후,

제4장 마지막 부분에서 선형 프로그래밍에 대해 소개했습니다. 이 부분은 대학원이나 데이터 과학을 공부할 분들에게 많은 도움이 될 듯했기 때문입니다.

데이터 과학을 공부하는 과정에서 최적해(optimization)를 사용하는 부분이 많은데, 그때 4장에서 소개한 내용을 한 번 더 읽어 보시면 좋을 듯합니다.

제1장부터 제4장까지 중심적 내용이 $\vec{x}$를 구하는 것이었다면

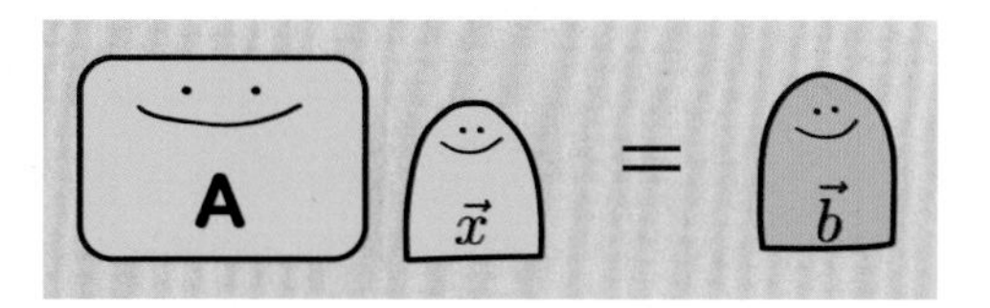

제5장의 중심은 A와 관련된 이야기였습니다.

제5장에서는 아이건밸류(eigenvalue, 고윳값), 아이건벡터(eigenvector, 고유벡터) 그리고 마코프체인(Markov chain)에 대해 설명했습니다.

마코프 체인은 나중에 조건부 확률(conditional probability)을 공부할 때도 매우 유익하게 사용될 것입니다.

제 이야기의 마지막 장인 제6장에서는 싱귤라 밸류 디컴포지션(singular value decomposition, SVD)에 대한 설명을 준비했습니다. SVD는 프린시플 컴포넌트 어날리시스(priclpal component analysis, PCA)를 이해하는 데 필요한 내용이며, PCA는 데이터 과학에서 디멘션 리덕션(dimension reduction)이라는 것을 할 때 많이 사용하는 방법입니다.

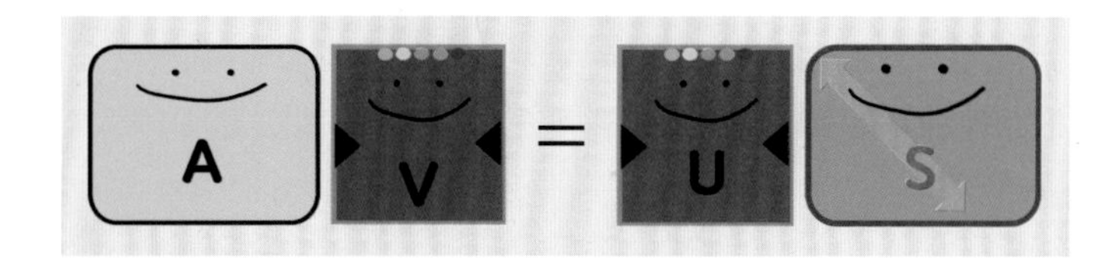

이 책의 목표는 데이터 과학 공부를 시작하려는 분들과 앞으로 경험적 데이터(empirical data)를 많이 분석해야 하는 분들에게 도움이 되고자 하는 것입니다. 이 책의 내용에 익숙해지면 이어지는 내용을 학습하는 데 도움이 될 것입니다.

바쁘신 와중에 제 이야기를 읽고 조언과 더불어 서평과 추천사를 써 주신 여러 교수님들께 제 삶의 베이시스 벡터(basis vector)가 되어 주신 데 대해 고마움을 전합니다.

그리고 이 책의 초고를 읽고 도움을 주신 함승우 님, 주양준 님, 김영서 님, 윤정인 님. 고마운 마음은 맛난 음식으로 대신하겠습니다.

중간에 포기하고 싶은 마음이 들었을 때, 응원해 주신 마음 따뜻하신 웹툰 작가님과 웹툰협회 원수연 작가님,

이 책을 준비하는 동안 많은 조언을 아끼지 않으신 강동대학교 김한재 교수님께 고마움을 전합니다.

마지막으로 책을 준비하는 과정에서 카오스북 오성준 대표를 만난 걸 행운이라고 생각합니다. 편집 과정에서 함께 의논하며 이 책이 더 좋은 방향으로 발전할 수 있었습니다. 오성준 대표님께 고마움을 전합니다.

이제 이야기를 마치며 매우 많은 이유로 제 삶에 깃든 소중한 분들에 대한 고마운 마음이 들었습니다.

제 삶이라는 서브스페이스(subspace) 안에서 제가 느끼는 모든 감정을 스팬하게 해주는 소중한 사람들,

책을 쓰는 아빠에게 좋은 조언을 해 준 딸과 귀여움으로 많은 웃음을 안겨 준 아들, 그리고 제 인벌스(inverse)에게 제 이야기 공간을 통해

다시 한 번 제 삶에 있어 줘 고맙다는 말을 전합니다.

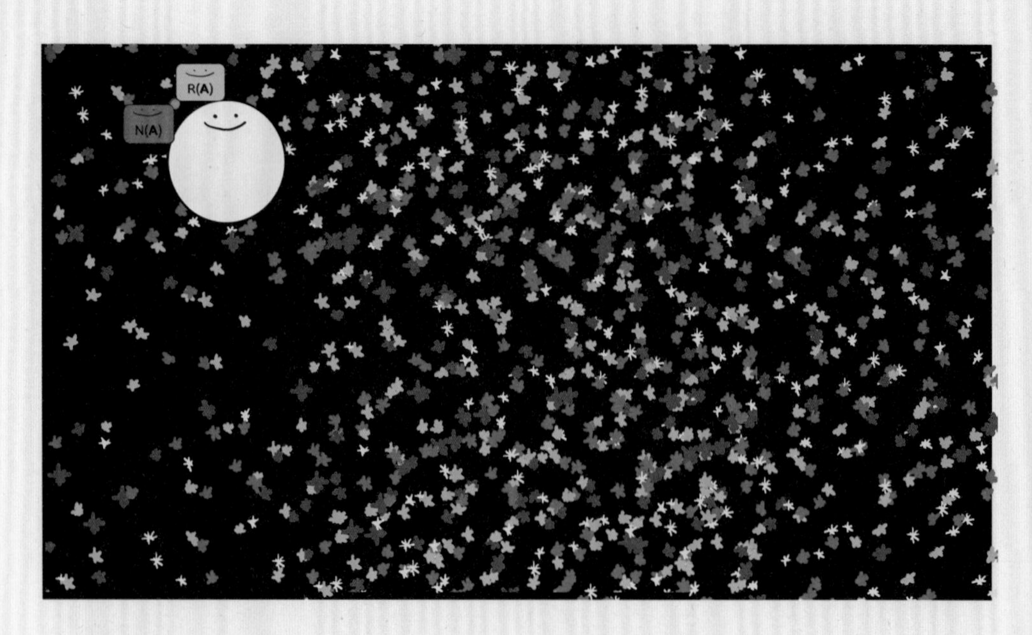

제가 준비한 이야기를 끝까지 읽어주셔서 다시 한 번 감사드립니다.

용어 정리

영문	한글 (대한수학회 참조)	샘의 해석
basis	기저, 밑, 바탕	어떤 서브스페이스를 스팬하기 위해 필요한 인디펜던트 벡터들의 모임
basis vector	기저 벡터	베이시스 안에 있는 벡터들
codomain	공(변)역	매트릭스 안에 있는 컬럼 벡터들이 사는 세상
column rank of A	A의 열 차수	매트릭스 A 안에 있는 인디펜던트 컬럼 벡터들의 개수. 이 숫자는 항상 로우 랭크(row rank)와 같다.
column space of A	A의 열 공간	매트릭스 A의 컬럼 벡터들이 다 같이 걸어갈 수 있는 서브스페이스. A의 컬럼 벡터들이 다 같이 스팬할 수 있는 공간이다. 이 subspace는 codomain 안에 있다.
column vector	열 벡터	숫자가 세로로 한 줄 들어 있는 벡터
dependent vector	종속 벡터	같은 서브스페이스를 공유하는 이웃 같은 벡터
diagonal matrix	대각 행렬	대각선에만 0이 아닌 숫자이고 다른 곳은 0인 매트릭스
diagonalizable matrix	대각화 가능 매트릭스	diagonal matrix를 포함한 3개 매트릭스의 matrix multiplication으로 표현된다.

영문	한글 (대한수학회 참조)	샘의 해석
dimension of matrix	매트릭스의 차원	벡터에 들어 있는 로우 벡터와 컬럼 벡터의 개수
dimension of vector	벡터의 차원	size of vector와 같은 용어로, vector 안에 들어 있는 숫자의 갯수를 이야기 한다.
direction of vector	벡터의 방향	벡터가 움직일 수 있는 방향. 두 방향밖에 없다.
domain	정의역, 영역	매트릭스 안에 있는 로우 벡터들이 사는 세상
dot product	내적, 스칼라 곱	벡터들의 춤. 결과물은 숫자 하나로 나타나며 그 결과가 0인 두 벡터는 orthgonal하다.
gram matrix	그램 매트릭스	자신과의 매트릭스 멀티플리케이션으로 만들어진, 대각선을 기준으로 대칭이 되는 스퀘어 매트릭스
Gram-Schmid process	그램 슈미트 프로세스	nonsingular matrix가 orthogonal matrix가 되고 싶어 추는 춤
hyperplane	초평면	앗, $\vec{0}$이 어디로 갔을까?
identity matrix	항등 행렬, 단위 행렬	가장 안정적인 매트릭스
independent vector	독립 벡터	같은 서브스페이스에 없는 벡터
inverse	역, 역원, 역수	스퀘어 매트릭스만 시도할 수 있는 춤. 시도한다고 다 성공하는 춤은 아니다. 춤의 결과물을 inverse라고 하며, 매트릭스들은 자신의 인벌스와 매트릭스 멀티플리케이션으로 아이덴티티 매트릭스 I를 만드는 것이 목적이다.
invertibility	인버터빌리티	매트릭스가 넌싱귤라인지 싱귤라인지 이야기하는 것
linear combination	일차 결합	벡터들의 걸음 수
Markov matrix	마코프 행렬	음수가 없으며, 각각의 로우 벡터들 안의 수의 합이 1이거나, 각각의 컬럼 벡터들 안에 있는 수의 합이 1인 벡터

영문	한글 (대한수학회 참조)	샘의 해석
matrix multiplication	행렬 곱	매트릭스 안에 있는 벡터들끼리 단체로 추는 dot product. linear combination으로 할 수도 있고, 다른 한쪽이 orthogoanl matrix이면 프로젝션이 된다.
matrix	행렬	한 개 이상의 벡터들을 모이게 할 수 있는 존재. 벡터들이 매트릭스 안에 모이는 이유는 같이 더 많은 곳을 스팬하기 위해서이다.
N(**A**)		**A**의 컬럼 벡터들의 리니어 컴비네이션으로 $\vec{0}$에게 가는 길을 알려 주는 벡터들이 스팬하는 서브스페이스
N($\mathbf{A}^T$)		N($\mathbf{A}^T$)에 있는 모든 벡터들은 A의 왼쪽에서 A의 로우 벡터들의 리니어 컴비네이션에서 $\vec{0}$로 가는 길을 알려 준다. A의 로우 벡터들의 리니어 컴비네이션으로 $\vec{0}$에게 가는 길을 알려 주는 벡터들이 스팬하는 서브스페이스이다.
nonsingular matrix	정칙 행렬	inverse에 성공한 매트릭스. 혼자가 아니라 짝이 있는 인벌스가 있는 즐겁고, 행복하고, 사는 것이 쉽게 느껴지는 부러운 매트릭스이다.
norm	놈, 노름	벡터의 발걸음의 크기
nullity	널리티	nullspace의 랭크
orthgonal	직교	벡터가 바라볼 수 있는 방향
orthogonal complement subspace	직교 여공간	단짝 친구 서브스페이스들끼리 부르는 별명. 내 서브스페이스에 있는 벡터들이 바라보는 방향으로 스팬하는 벡터들이 사는 서브스페이스.
projection	사영, 투영	벡터가 자기 서브스페이스에 없는 벡터를 보기 위해 자기의 서브스페이스 안에서 자기 발걸음의 크기로 걸어야 하는 수
Pseudo inverse	유사 역원	인벌스와 비슷한 매트릭스
Rank-nullity theorem	랭크 널리티 법칙	로우 랭크와 컬럼 랭크는 항상 같다.
rectangular matrix	직사각 행렬	로우 벡터와 컬럼 벡터의 개수가 다른 매트릭스

영문	한글 (대한수학회 참조)	샘의 해석
row space of A, R(A)	A의 행 공간	A 안에 있는 로우 벡터들이 다 같이 걸어갈 수 있는 서브스페이스. A의 로우 벡터들이 다 같이 스팬할 수 있는 곳
row vector	행 벡터	숫자가 가로로 한 줄 들어 있는 벡터
rref	알알이에프	0과 1만 있으면 술래, 가위바위보!
singular matrix	특이 행렬	인벌스 춤에 실패한 스퀘어 매트릭스. 컬럼 벡터에 디펜던트 벡터가 있다. 혼자여서 쓸쓸한 매트릭스
singular value decomposition (SVD)	특잇값 분해	추억의 무게
size of vector	벡터 사이즈	벡터 안에 들어 있는 숫자의 개수
span	스팬, 생성, 펼침	곁으로 다가가 이야기를 들어 주고 응원해 주기
square matrix	정사각 행렬	로우 벡터와 컬럼 벡터의 개수가 같은 매트릭스
subspace	부분 공간	벡터가 걸어 다닐 수 있는 공간
transpose	전치	상대에게 "안녕하세요? 날씨가 좋군요." 하며 건네는 정도의 인사. 매우 쉬운 준비 운동으로 벡터들의 언어로는 함께 닷 프러덕트 춤을 출 상대와 디멘션을 맞춰 달라는 의미
vector	벡터	여러 개의 숫자들을 한 줄로 품을 수 있는 존재. 벡터 안의 숫자들은 벡터가 움직일 수 있는 방향, 벡터가 볼 수 있는 방향, 그리고 벡터가 움직일 수 있는 걸음의 크기를 나타낸다.
zero vector	영 벡터	별명은 null. 다시 시작할 수 있는 곳. 모든 벡터들의 기준이 되는 벡터

연습 문제 정답

1.1 벡터가 움직일 수 있는 방향에 대하여

10쪽 첫 번째 연습 문제 정답

(a) $3\vec{v}_3$ (b) $-4\vec{v}_2$ (c) $2\vec{v}_1$

11쪽 두 번째 연습 문제 정답

(a) $2\vec{v}_1 + 3\vec{v}_3 - 4\vec{v}_2$ (b) $-4\vec{v}_2 + 3\vec{v}_3 + 2\vec{v}_1$ (c) $3\vec{v}_3 - 4\vec{v}_2 + 2\vec{v}_1$

1.3 벡터의 놈(norm)과 프로젝션

30쪽 두 번째 연습 문제 정답

	(1)	(2)	(3)	(4)	(5)	(6)
$\text{Proj}_{\vec{v}_1}\vec{v}_2$	작다	0	크다	작다	크다	크다
$\text{Proj}_{\vec{v}_2}\vec{v}_1$	크다	0	작다	크다	작다	작다

(2)의 답이 0인 이유는 두 벡터가 오쏘고널(orthogonal)하기 때문입니다.

2.2 지도를 만들 때 매트릭스 옆에 선 컬럼 벡터의 역할

41쪽 두 번째 연습 문제 정답

$$\begin{bmatrix} \vec{a}_1 & \vec{a}_2 & \vec{a}_3 \end{bmatrix} \begin{bmatrix} -2.0 \\ 3.3 \\ 1.7 \end{bmatrix} = \vec{b}$$

42쪽 세 번째 연습 문제 정답

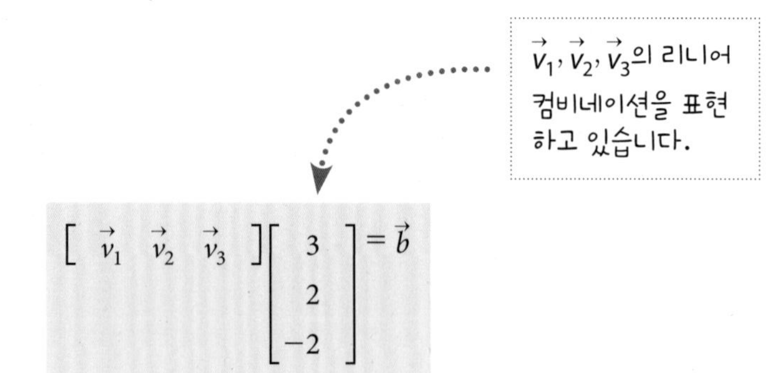

$$\begin{bmatrix} \vec{v}_1 & \vec{v}_2 & \vec{v}_3 \end{bmatrix} \begin{bmatrix} 3 \\ 2 \\ -2 \end{bmatrix} = \vec{b}$$

2.5 매트릭스 트랜스포즈와 인벌스에 대하여

73쪽 연습 문제 정답

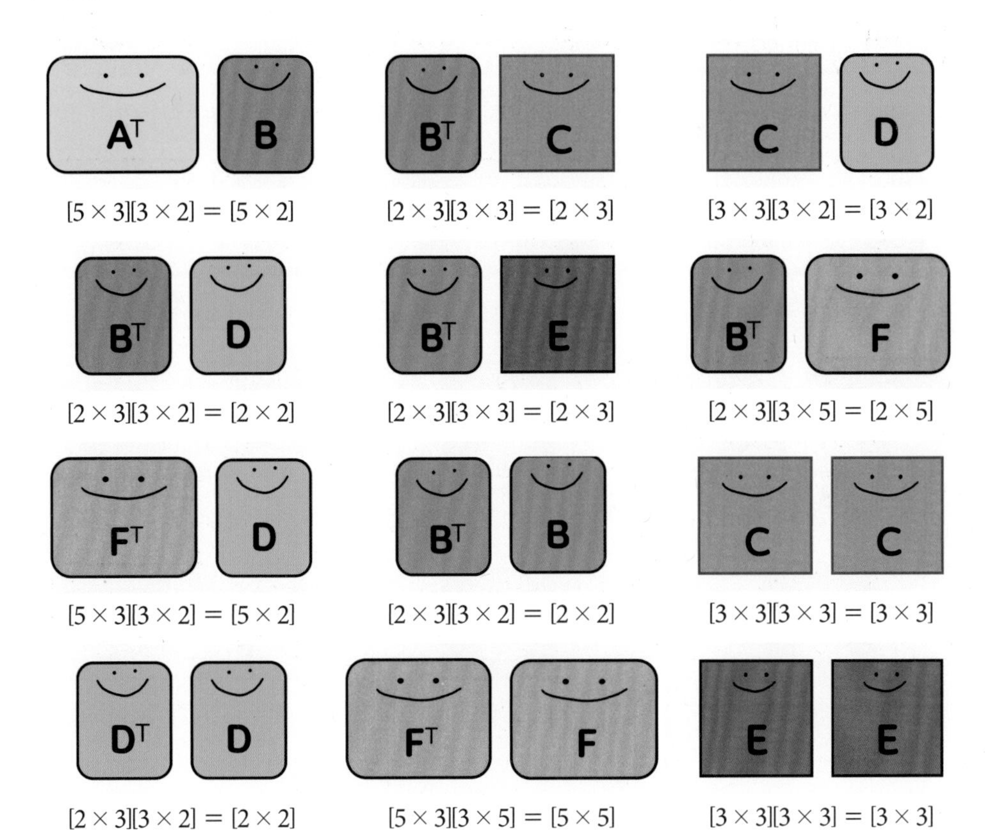

78쪽 연습 문제 정답

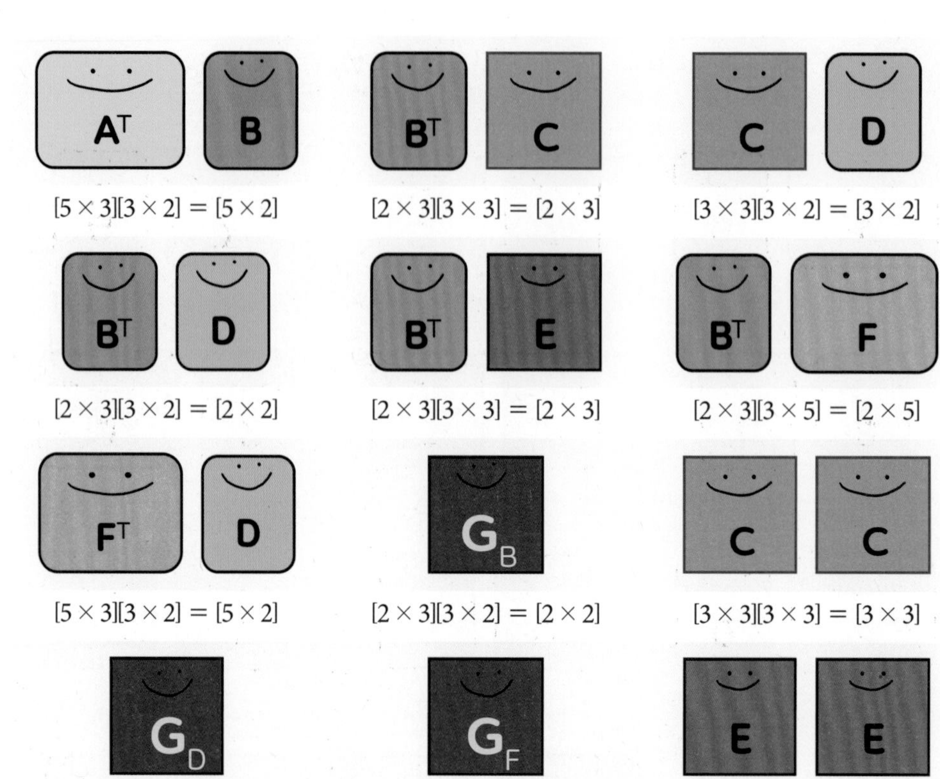
A^T
B
$[5 \times 3][3 \times 2] = [5 \times 2]$
B^T
C
$[2 \times 3][3 \times 3] = [2 \times 3]$
C
D
$[3 \times 3][3 \times 2] = [3 \times 2]$
B^T
D
$[2 \times 3][3 \times 2] = [2 \times 2]$
B^T
E
$[2 \times 3][3 \times 3] = [2 \times 3]$
B^T
F
$[2 \times 3][3 \times 5] = [2 \times 5]$
F^T
D
$[5 \times 3][3 \times 2] = [5 \times 2]$
G_B
$[2 \times 3][3 \times 2] = [2 \times 2]$
C
C
$[3 \times 3][3 \times 3] = [3 \times 3]$
G_D
$[2 \times 3][3 \times 2] = [2 \times 2]$
G_F
$[5 \times 3][3 \times 5] = [5 \times 5]$
E
E
$[3 \times 3][3 \times 3] = [3 \times 3]$

3.2 랭크 널리티 법칙

111쪽 연습 문제 정답

n×m	N	m	R(A)	N(A)	C(A)	N(AT)
2×3	2	3	2	1	2	0
3×5	3	5	2	3	2	1
4×3	4	3	3	0	3	1
10×7	10	7	3	4	3	7
2×6	2	6	2	4	2	0
7×m	7	9	6	3	6	1

5.2 아이건밸류를 보고 A가 싱귤라인지 아닌지 알아보는 법

209쪽 첫 번째 연습 문제 정답

n×n	R(A)	N(A)	C(A)	$N(A^T)$
2×2	2	0	2	0
3×3	3	0	3	0
4×4	4	0	4	0
5×5	5	0	5	0
6×6	6	0	6	0
7×7	7	0	7	0

210쪽 두 번째 연습 문제 정답

$n \times n$	R(A)	N(A)	C(A)	$N(A^T)$
2×2	1	1	1	1
3×3	2	1	2	1
4×4	3	1	3	1
5×5	4	1	4	1
6×6	5	1	5	1
7×7	6	1	6	1

5.3 다이아고날리저블 매트릭스

215쪽 연습 문제 정답

?

찾아보기

[한글 찾아보기]

[영문 찾아보기]